U0395982

专转本高等数学

微积分

潘　新　魏彦睿　主编

苏州大学出版社

图书在版编目(CIP)数据

专转本高等数学.微积分/潘新,魏彦睿主编.——
苏州:苏州大学出版社,2023.8
ISBN 978-7-5672-4367-5

Ⅰ.①专… Ⅱ.①潘… ②魏… Ⅲ.①微积分－成人
高等教育－升学参考资料 Ⅳ.①O13

中国国家版本馆 CIP 数据核字(2023)第 096375 号

专转本高等数学

微积分

Zhuanzhuanben Gaodeng Shuxue

Weijifen

潘 新 魏彦睿 主编

责任编辑 李 娟

苏州大学出版社出版发行
(地址:苏州市十梓街1号 邮编:215006)
苏州市深广印刷有限公司印装
(地址:苏州市高新区浒关工业园青花路6号2号厂房 邮编:215151)

开本 787 mm×1 092 mm 1/16 印张 16.25 字数 386 千
2023 年 8 月第 1 版 2023 年 8 月第 1 次印刷
ISBN 978-7-5672-4367-5 定价:49.00 元

图书若有印装错误,本社负责调换
苏州大学出版社营销部 电话:0512-67481020
苏州大学出版社网址 http://www.sudapress.com
苏州大学出版社邮箱 sdcbs@suda.edu.cn

编 写 组

主　编　潘　新　魏彦睿

参　编　潘　新　魏彦睿　李鹏祥

　　　　曹文斌　殷建峰　殷冬琴

　　　　顾莹燕　顾霞芳

编写说明

　　高等数学是高等院校理工类、经管类专业的基础课程,也是上述专业专转本考试的必考科目.在最新版的《江苏省普通高校"专转本"选拔考试高等数学科目考试大纲》中,将高等数学考试内容分为微积分和线性代数两个部分.基于考试要求,我们编写了本书,供各类考生学习或参考.本书也可作为高职院校高等数学课程的教材.

　　本书主要介绍高等数学中微积分的知识,全书共八章,包括函数、极限与连续,导数与微分,导数的应用,不定积分,定积分,常微分方程,无穷级数,多元函数微积分.每章分为若干小节,大多数小节配有相应的习题,每章后附有若干历年考试真题,方便考生了解考题难度和类型.书后附录一为各章专题练习,供考生进行考前练习,巩固知识.附录二为微积分常用公式.附录三为习题的参考答案.

　　本书由苏州经贸职业技术学院数学教研室集体编写.编者在编写本书时参阅了有关书籍,恕不一一指明出处,在此一并向作者致谢.

　　由于时间仓促,编者水平有限,书中难免有不妥之处,望同行、读者指正.

编　者

2023 年 6 月

CONTENTS 目 录

第 1 章

函数、极限与连续

本章内容

　　函数的概念及表示方法,函数的有界性、单调性、奇偶性和周期性,分段函数、复合函数、反函数和隐函数,基本初等函数和初等函数,数列极限与函数极限的定义及性质,函数的左极限和右极限,无穷小量和无穷大量的概念及关系,无穷小量的性质,无穷小量的比较,极限的四则运算,两个重要极限,函数连续的定义,函数的间断点及其分类,连续函数的运算性质与初等函数的连续性,闭区间上连续函数的性质.

§1-1　初等函数

一、函数的概念

1. 函数的定义

定义 1　设 D 是一非空实数集,如果存在一个对应法则 f,使得对 D 内的每一个值 x,都有 y 与之对应,那么称 f 为定义在集合 D 上的一个函数,记作

$$y = f(x), x \in D.$$

其中 x 称为**自变量**,y 称为**因变量**或**函数值**,D 称为**定义域**,集合 $\{y = f(x), x \in D\}$ 称为**值域**.

　　说明　(1) 在函数的定义中,如果对每个 $x \in D$,对应的函数值 y 总是唯一的,这样定义的函数称为单值函数.如果对每个 $x \in D$,总有确定的 y 值与之对应,但这个 y 不总是唯一的,这样定义的函数称为多值函数.例如,由方程 $x^2 + y^2 = 1$ 所确定的以 x 为自变量的函数 $y = \pm\sqrt{1-x^2}$ 是一个多值函数,而它的每一个分支 $y = \sqrt{1-x^2}$,$y = -\sqrt{1-x^2}$ 都是单值函数. 以后若无特别说明,所说的函数都是指单值函数.

　　(2) 构成函数的两要素是定义域 D 及对应法则 f.如果两个函数的定义域相同,对应法则也相同,那么这两个函数就是相同的,否则就是不同的.

　　(3) 函数的表示方法主要有三种:表格法(列表法)、图形法(图象法)、解析法(公式法).

2. 几个特殊的函数

　　(1) 分段函数.

　　在自变量的不同变化范围中,对应法则用不同式子来表示的函数,称为分段函数.

例如，$y=\begin{cases}2x-1, & -1<x\leqslant 2,\\ x^2+1, & 2<x\leqslant 4\end{cases}$为分段函数.

分段函数的定义域是各段定义区间的并集.

（2）隐函数.

变量之间的关系是由一个方程确定的函数，称为隐函数.

例如，由方程 $x^2+y^2=1$ 确定的函数为隐函数.

（3）由参数方程所确定的函数.

例如，由参数方程 $\begin{cases}x=\varphi(t),\\ y=\psi(t)\end{cases}$（$\alpha\leqslant t\leqslant\beta$，$t$ 为参数）确定 y 与 x 之间的函数关系，则称此函数为由参数方程所确定的函数.

3. 函数的定义域

在实际问题中，函数的定义域要根据问题的实际意义确定.当不考虑函数的实际意义时，函数的定义域就是使得函数解析式有意义的一切实数组成的集合，这种定义域称为函数的自然定义域.在这种约定之下，一般的用解析式表达的函数可简记为 $y=f(x)$.

求函数的定义域时要注意以下几个方面：

（1）函数解析式的分母不能为零；

（2）函数解析式的偶次根号下非负；

（3）函数解析式的对数式中的真数恒为正；

（4）分段函数的定义域应取各分段区间定义域的并集；

（5）某些三角函数在某些点上无定义；

（6）反三角函数 $\arcsin x$，$\arccos x$ 的定义域为 $[-1,1]$.

例 1 求下列函数的定义域：

（1）$y=\dfrac{1}{x}-\sqrt{x+2}$；

（2）$y=\lg\dfrac{x-1}{2}-\sqrt{x^2-4}$；

（3）$y=\begin{cases}\sin x, & -1\leqslant x<2,\\ \ln x, & 2\leqslant x<3.\end{cases}$

解 （1）要使函数有意义，必须 $x\neq 0$，且 $x+2\geqslant 0$，解得 $x\geqslant -2$.

所以函数的定义域为 $\{x\mid x\geqslant -2$ 且 $x\neq 0\}$.

（2）要使函数有意义，必须 $\begin{cases}\dfrac{x-1}{2}>0,\\ x^2-4\geqslant 0,\end{cases}$ 解得 $\begin{cases}x>1,\\ x\geqslant 2 \text{ 或 } x\leqslant -2,\end{cases}$ 即 $x\geqslant 2$.

所以函数的定义域为 $\{x\mid x\geqslant 2\}$.

（3）函数为分段函数，其定义域为 $\{x\mid -1\leqslant x<3\}$.

4. 函数的几种特性

（1）函数的奇偶性.

设函数 $f(x)$ 的定义域 D 关于原点对称.

如果对于任一 $x\in D$，有 $f(-x)=f(x)$，那么称 $f(x)$ 为偶函数；

如果对于任一 $x\in D$，有 $f(-x)=-f(x)$，那么称 $f(x)$ 为奇函数.

补充：如果函数 $f(x)$ 的定义域 D 关于原点不对称，那么该函数为非奇非偶函数，无须进一步通过计算判断函数的奇偶性。

（2）函数的单调性。

设函数 $y=f(x)$ 的定义域为 D，区间 $I \subset D$。对于区间 I 上任意两点 x_1 及 x_2，当 $x_1 < x_2$ 时，若 $f(x_1) < f(x_2)$，则称函数 $f(x)$ 在区间 I 上是单调增加的；若 $f(x_1) > f(x_2)$，则称函数 $f(x)$ 在区间 I 上是单调减少的。

单调增加和单调减少的函数统称为单调函数。

（3）函数的有界性。

设函数 $f(x)$ 的定义域为 D，如果存在一个常数 $M > 0$，使得对任一 $x \in D$ 有 $|f(x)| \leqslant M$，那么称函数 $f(x)$ 在 D 内有界；如果这样的 M 不存在，即对任何 M，总存在 $x_0 \in D$，使得 $|f(x_0)| > M$，那么称函数 $f(x)$ 在 D 内无界。

（4）函数的周期性。

设函数 $f(x)$ 的定义域为 D，若存在一个正数 T，使得对于任一 $x \in D$，$x \pm T \in D$，有 $f(x+T) = f(x)$，则称 $f(x)$ 为周期函数，T 称为 $f(x)$ 的周期。

（5）反函数。

设函数 $y=f(x)$ 的定义域是 D，值域是 $f(D)$。如果对于值域 $f(D)$ 中的每一个 y，在 D 中有且只有一个 x 使得 $g(y)=x$，则按此对应法则得到了一个定义在 $f(D)$ 上的函数，并把该函数称为函数 $y=f(x)$ 的反函数，记为 $x=f^{-1}(y)$。

- -

注　（1）习惯上我们用 x 表示自变量，用 y 表示因变量，于是函数 $y=f(x)$ 的反函数通常写成 $y=f^{-1}(x)$。

（2）若函数 $y=f(x)$ 的自变量 x 与因变量 y 一一对应，则 $y=f(x)$ 存在反函数。

由定义可知，反函数的定义域即原函数的值域，反函数的值域即原函数的定义域，反函数与原函数的图象关于直线 $y=x$ 对称。

例如，函数 $y=2x+1$ 的反函数为 $y=\dfrac{x-1}{2}$。

- -

（6）三角函数和反三角函数。

如图 1-1，定义以下三角函数：

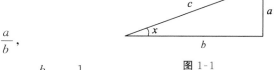

$$\sin x = \frac{a}{c}, \cos x = \frac{b}{c}, \tan x = \frac{a}{b},$$

图 1-1

$$\csc x = \frac{c}{a} = \frac{1}{\sin x}, \sec x = \frac{c}{b} = \frac{1}{\cos x}, \cot x = \frac{b}{a} = \frac{1}{\tan x}.$$

三角函数的反函数称为反三角函数。以 $y=\arcsin x$ 为例说明：

三角函数 $y=\sin x$，规定 $x \in \left[-\dfrac{\pi}{2}, \dfrac{\pi}{2}\right]$，$y \in [-1, 1]$，则 $y=\sin x$ 存在反函数，反解得 $x=\arcsin y$，改写为 $y=\arcsin x$，此时 $x \in [-1, 1]$，$y \in \left[-\dfrac{\pi}{2}, \dfrac{\pi}{2}\right]$。

其他三个反三角函数以此类推，得到

$$y = \arccos x, x \in [-1, 1], y \in [0, \pi];$$

$$y = \arctan x, x \in (-\infty, +\infty), y \in \left(-\frac{\pi}{2}, \frac{\pi}{2}\right);$$

$$y = \text{arccot } x, x \in (-\infty, +\infty), y \in (0, \pi).$$

例 2 计算 $\arcsin \dfrac{1}{2}$.

解 因为 $\sin \dfrac{\pi}{6} = \dfrac{1}{2}$,所以 $\arcsin \dfrac{1}{2} = \dfrac{\pi}{6}$.

二、初等函数

1. 基本初等函数

常数函数:$y = C(C$ 为常数$)$.

幂函数:$y = x^{\alpha}(\alpha \in \mathbf{R})$.

指数函数:$y = a^x(a > 0, a \neq 1)$.

对数函数:$y = \log_a x(a > 0, a \neq 1)$.

三角函数:$y = \sin x, y = \cos x, y = \tan x, y = \cot x, y = \sec x, y = \csc x$.

反三角函数:$y = \arcsin x, y = \arccos x, y = \arctan x, y = \text{arccot } x$.

以上六类函数统称为**基本初等函数**.

为了方便,我们通常把多项式 $y = a_n x^n + a_{n-1} x^{n-1} + \cdots + a_1 x + a_0$ 也看作基本初等函数.

一些常用基本初等函数的解析式、定义域、值域、国家和特性见表 1-1:

表 1-1　一些常用基本初等函数的解析式、定义域、值域、图象和特性

函数类型	函数解析式	定义域与值域	图象	特性
常数函数	$y = C$	$x \in (-\infty, +\infty)$ $y \in \{C\}$		偶函数 有界
幂函数	$y = x$	$x \in (-\infty, +\infty)$ $y \in (-\infty, +\infty)$		奇函数 单调增加
幂函数	$y = x^2$	$x \in (-\infty, +\infty)$ $y \in [0, +\infty)$		偶函数 在 $(0, +\infty)$ 内单调增加, 在 $(-\infty, 0)$ 内单调减少

续表

函数类型	函数解析式	定义域与值域	图象	特性
幂函数	$y=x^3$	$x \in (-\infty, +\infty)$ $y \in (-\infty, +\infty)$		奇函数 单调增加
	$y=\dfrac{1}{x}$	$x \in (-\infty, 0) \cup (0, +\infty)$ $y \in (-\infty, 0) \cup (0, +\infty)$		奇函数 在 $(0, +\infty)$ 内 单调减少， 在 $(-\infty, 0)$ 内 单调减少
	$y=\sqrt{x}$	$x \in [0, +\infty)$ $y \in [0, +\infty)$		单调增加
指数函数	$y=a^x$ $(a>1)$	$x \in (-\infty, +\infty)$ $y \in (0, +\infty)$		单调增加
	$y=a^x$ $(0<a<1)$	$x \in (-\infty, +\infty)$ $y \in (0, +\infty)$		单调减少

函数类型	函数解析式	定义域与值域	图象	特性
对数函数	$y=\log_a x$ $(a>1)$	$x\in(0,+\infty)$ $y\in(-\infty,+\infty)$		单调增加
	$y=\log_a x$ $(0<a<1)$	$x\in(0,+\infty)$ $y\in(-\infty,+\infty)$		单调减少
三角函数	$y=\sin x$	$x\in(-\infty,+\infty)$ $y\in[-1,1]$		奇函数 有界函数 周期为 2π
	$y=\cos x$	$x\in(-\infty,+\infty)$ $y\in[-1,1]$		偶函数 有界函数 周期为 2π
	$y=\tan x$	$x\neq k\pi+\dfrac{\pi}{2}(k\in\mathbf{Z})$ $y\in(-\infty,+\infty)$		奇函数 无界函数 周期为 π
	$y=\cot x$	$x\neq k\pi(k\in\mathbf{Z})$ $y\in(-\infty,+\infty)$		奇函数 无界函数 周期为 π

续表

函数类型	函数解析式	定义域与值域	图象	特性
反三角函数	$y = \arcsin x$	$x \in [-1, 1]$ $y \in \left[-\dfrac{\pi}{2}, \dfrac{\pi}{2}\right]$		奇函数 单调增加 有界函数
	$y = \arccos x$	$x \in [-1, 1]$ $y \in [0, \pi]$		单调减少 有界函数
	$y = \arctan x$	$x \in (-\infty, +\infty)$ $y \in \left(-\dfrac{\pi}{2}, \dfrac{\pi}{2}\right)$		奇函数 单调增加 有界函数
	$y = \operatorname{arccot} x$	$x \in (-\infty, +\infty)$ $y \in (0, \pi)$		单调减少 有界函数

2. 复合函数

先看这么一个例子:考察具有同样高度 h 的圆柱体的体积 V,显然圆柱体体积的不同取决于它的底面积 S 的大小,即由公式 $V = Sh$(h 为常数)确定.而底面积 S 的大小又由其半径 r 确定,即公式 $S = \pi r^2$.V 是 S 的函数,S 是 r 的函数,V 与 r 之间通过 S 建立了函数关系式 $V = Sh = \pi r^2 h$.它是由函数 $V = Sh$ 与 $S = \pi r^2$ 复合而成的,简单地说,V 是 r 的复合函数.

定义 2　设 y 是 u 的函数 $y = f(u)$,而 u 又是 x 的函数 $u = \varphi(x)$,且 $\varphi(x)$ 的值域与 $f(u)$ 的定义域的交集非空,那么 y 通过中间变量 u 的联系成为 x 的函数,我们把这个函数称为由函数 $y = f(u)$ 与 $u = \varphi(x)$ 复合而成的**复合函数**,记作 $y = f[\varphi(x)]$,其中 u 称为**中间变量**.

注意 （1）并不是任意两个函数都能复合成一个复合函数,如 $y=\ln u, u=-x^2-2$ 就不能复合成一个函数.

（2）学习复合函数有两方面要求:一方面,会把有限个作为中间变量的函数复合成一个函数;另一方面,会把一个复合函数分解为有限个较简单的函数.

（3）分解复合函数时应自外向内逐层分解并把各层函数分解到基本初等函数经有限次四则运算所得到的函数为止.

例 3 将 $y=\sin u, u=\ln x$ 复合成一个函数.

解 $y=\sin u=\sin(\ln x)$.

例 4 将 $y=\ln u, u=\cos v, v=2^x$ 复合成一个函数.

解 $y=\ln u=\ln(\cos v)=\ln(\cos 2^x)$.

从例 3、例 4 可以看出,函数复合的过程实际上是把中间变量依次代入的过程,而且由例 4 可以看出中间变量可以不限于一个.

例 5 指出下列函数的复合过程:

（1）$y=\tan(3x-1)$;

（2）$y=\arccos \dfrac{1}{\sqrt{x^2+2}}$.

解 （1）$y=\tan(3x-1)$ 是由 $y=\tan u$ 和 $u=3x-1$ 复合而成的.

（2）$y=\arccos \dfrac{1}{\sqrt{x^2+2}}$ 是由 $y=\arccos u, u=\dfrac{1}{\sqrt{v}}$ 和 $v=x^2+2$ 复合而成的.

例 6 设 $y=f(u)$ 的定义域为 $[1,5]$,求函数 $y=f(2x-1)$ 的定义域.

解 由复合函数的定义域知 $1\leqslant 2x-1\leqslant 5$,即 $1\leqslant x\leqslant 3$,所以所求的定义域为 $[1,3]$.

3．初等函数

定义 3 由基本初等函数经过有限次的四则运算或有限次的复合运算所构成的,并可用一个式子表示的函数,称为**初等函数**.否则,称为**非初等函数**.

例如,$y=\ln(3x-1)+\sin x^2, y=2x+\dfrac{\tan(3x-1)}{x^3}, y=\cos 2x+e^{3x}-3$ 等都是初等函数,而大部分分段函数是非初等函数.

4．点的邻域

为了讨论函数在一点附近的某些形态,我们引入数轴上一点的邻域的概念.邻域是高等数学中一个常用的概念.

定义 4 设 $x_0, \delta\in \mathbf{R}, \delta>0$,集合 $\{x\in \mathbf{R}\mid|x-x_0|<\delta\}=(x_0-\delta,x_0+\delta)$,即数轴上到点 x_0 的距离小于 δ 的点的全体,称为点 x_0 的 δ 邻域,记为 $U(x_0,\delta)$. 点 x_0, δ 分别称为该邻域的中心和半径.集合 $\{x\in \mathbf{R}\mid 0<|x-x_0|<\delta\}$ 称为点 x_0 的 δ 空心邻域,记为 $\mathring{U}(x_0,\delta)$.

补充:设 $P_0(x_0,y_0)$,平面上点 P_0 的某邻域是指以 P_0 为中心,以任意小的正数 δ 为半径的邻域,$\{(x,y)\in \mathbf{R}^2\mid\sqrt{(x-x_0)^2+(y-y_0)^2}<\delta\}$ 记为 $U(P_0,\delta)$;点 P_0 的某空心邻域是指以 P_0 为中心,以任意小的正数 δ 为半径的空心邻域,记为 $\mathring{U}(P_0,\delta)$.

◁ ———————— **§1-2 极 限** ▷ ————————

极限是高等数学中一个重要的基本概念.在微积分中,很多概念都是通过极限来定义的,极限描述的是在自变量的某个变化过程中函数的终极变化趋势.我们先讨论数列的极限,然后再讨论函数的极限.

一、数列极限

1. 数列的定义

定义 1 按一定规律排列得到的一串数

$$x_1,x_2,\cdots,x_n,\cdots$$

就叫作数列,记为 $\{x_n\}$,其中第 n 项 x_n 叫作数列的一般项或通项.

说明 (1) 数列可看作定义在正整数集合上的函数

$$x_n=f(n)(n=1,2,3,\cdots).$$

(2) 数列 $\{x_n\}$ 可以看作数轴上的一族动点,它依次取数轴上的点 $x_1,x_2,\cdots,x_n,\cdots$.

数列的例子:

(1) $\{2^n\}$:$2,2^2,2^3,\cdots,2^n,\cdots$;

(2) $\left\{\dfrac{1}{n}\right\}$:$1,\dfrac{1}{2},\dfrac{1}{3},\cdots,\dfrac{1}{100},\cdots,\dfrac{1}{n},\cdots$;

(3) $\{(-1)^n\}$:$-1,1,-1,\cdots,(-1)^n,\cdots$.

观察上面三个数列:(1) 当 n 无限增大时,2^n 也无限增大;(2) 当 n 无限增大时,$\dfrac{1}{n}$ 无限趋近于 0;(3) 当 n 无限增大时,$(-1)^n$ 总在 $1,-1$ 两个数值上跳跃.

2. 数列的极限

定义 2 对于数列 $\{x_n\}$,如果当项数 n 无限增大时,数列的一般项 x_n 无限趋近于某一确定的常数 A,那么称常数 A 是数列 $\{x_n\}$ 的极限,记为 $\lim\limits_{n\to\infty}x_n=A$(读作:当 n 趋向于无穷大时,x_n 的极限等于 A),或者记为 $x_n\to A(n\to\infty)$.

若数列存在极限,则称数列是**收敛**的;若数列不存在极限,则称数列是**发散**的.

由数列极限的定义知,上面数列(1)(3)是发散的,而数列(2)是收敛的,且收敛于 0,即 $\lim\limits_{n\to\infty}\dfrac{1}{n}=0$.

说明 (1) 判断一个数列有无极限,应该分析随着项数的无限增大,数列中相应的项是否无限趋近于某个确定的常数.如果这样的数存在,那么这个数就是该讨论数列的极限;否则,该数列的极限就不存在.

(2) 一般地,任何一个常数数列的极限就是这个常数本身.例如,常数数列 $3,3,3,$

3,…的极限就是 3.

我们已经知道数列可看作自变量取正整数的特殊的函数,若自变量不再限于正整数,而是连续变化的,数列就成了函数.下面我们结合数列的极限来学习函数极限的概念.

二、函数极限

根据自变量的变化过程,将函数极限分为两种情形:一种是 x 的绝对值 $|x|$ 无限增大(记作 $x \to \infty$);另一种是 x 无限趋近于某一值 x_0(记作 $x \to x_0$).下面分别讨论 x 在上述两种情况下函数 $f(x)$ 的极限.

1. 当 $x \to \infty$ 时,函数 $f(x)$ 的极限

定义 3　如果当 $|x|$ 无限增大($x \to \infty$)时,函数 $f(x)$ 无限地趋近于某一确定的常数 A,那么称常数 A 是函数 $f(x)$ 当 $x \to \infty$ 时的极限,记为 $\lim\limits_{x \to \infty} f(x) = A$ 或 $f(x) \to A$ $(x \to \infty)$.

注意　$x \to \infty$ 表示两层含义:(1) x 取正值,无限增大($x \to +\infty$);(2) x 取负值,无限减小($x \to -\infty$).若不指定 x 的正负,只是 $|x|$ 无限增大,则写成 $x \to \infty$.

当自变量只能或只需取其中一种变化时,我们可类似地定义单向极限.

定义 4　如果当 $x \to +\infty$(或 $x \to -\infty$)时,函数 $f(x)$ 无限地趋近于某一确定的常数 A,那么称常数 A 是函数 $f(x)$ 当 $x \to +\infty$(或 $x \to -\infty$)时的极限,记为 $\lim\limits_{x \to +\infty} f(x) = A$ (或 $\lim\limits_{x \to -\infty} f(x) = A$).

例 1　讨论函数 $y = \dfrac{1}{x} + 1$ 当 $x \to \infty$ 时的极限.

解　如图 1-2,当 $|x|$ 无限增大时,$\dfrac{1}{x} + 1$ 无限地趋近于 1,所以 $\lim\limits_{x \to \infty} \left(\dfrac{1}{x} + 1 \right) = 1$.

显然也有 $\lim\limits_{x \to +\infty} \left(\dfrac{1}{x} + 1 \right) = 1$,$\lim\limits_{x \to -\infty} \left(\dfrac{1}{x} + 1 \right) = 1$.

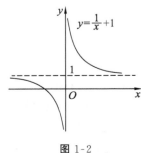

图 1-2

例 2　讨论函数 $y = \arctan x$ 当 $x \to \infty$ 时的极限是否存在.

解　由图 1-3 可知

$$\lim\limits_{x \to +\infty} \arctan x = \frac{\pi}{2}, \quad \lim\limits_{x \to -\infty} \arctan x = -\frac{\pi}{2},$$

所以当 $x \to \infty$ 时,$y = \arctan x$ 不能趋近于一个确定的常数,从而当 $x \to \infty$ 时,$y = \arctan x$ 的极限不存在.

由例 2 我们可以得出下面的结论:当且仅当 $\lim\limits_{x \to +\infty} f(x)$ 和 $\lim\limits_{x \to -\infty} f(x)$ 都存在并且相等为 A 时,$\lim\limits_{x \to \infty} f(x) = A$,即

$$\lim\limits_{x \to \infty} f(x) = A \Longleftrightarrow \lim\limits_{x \to +\infty} f(x) = \lim\limits_{x \to -\infty} f(x) = A.$$

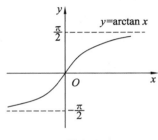

图 1-3

2. 当 $x \to x_0$ 时,函数 $f(x)$ 的极限

定义 5 设函数 $f(x)$ 在 x_0 的某邻域(点 x_0 可除外)内有定义,如果当 $x \to x_0$ 且 $x \neq x_0$ 时,函数 $f(x)$ 无限地趋近于某一确定的常数 A,那么称常数 A 是函数 $f(x)$ 当 $x \to x_0$ 时的极限,记为 $\lim\limits_{x \to x_0} f(x) = A$ 或 $f(x) \to A(x \to x_0)$.

例 3 求下列极限:

(1) $\lim\limits_{x \to x_0} C$($C$ 为常数);　　　　(2) $\lim\limits_{x \to x_0} x$.

解 (1) 因为 $y = C$ 是常数函数,不论 x 怎么变化,y 始终为常数 C,所以

$$\lim\limits_{x \to x_0} C = C.$$

(2) 因为 $y = x$,当 $x \to x_0$ 时,$y = x \to x_0$,所以

$$\lim\limits_{x \to x_0} x = x_0.$$

在定义 5 中我们需注意以下两点:

第一,定义中考虑的是当 $x \to x_0$ 且 $x \neq x_0$ 时,函数 $f(x)$ 的变化趋势,并不考虑 $f(x)$ 在 x_0 处是否有定义.如下例:

例 4 讨论函数 $y = \dfrac{x^2-1}{x-1}$ 当 $x \to 1$ 的极限.

解 由图 1-4 可知 $\lim\limits_{x \to 1} \dfrac{x^2-1}{x-1} = 2$.

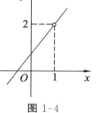

第二,定义中 $x \to x_0$ 是指以任意方式趋近于 x_0,包括 $x > x_0$,$x \to x_0(x \to x_0^+)$ 和 $x < x_0$,$x \to x_0(x \to x_0^-)$ 两种情况.

图 1-4

研究函数的性质,有时我们需要知道 x 仅从大于 x_0 的方向趋近于 x_0 或仅从小于 x_0 的方向趋近于 x_0 时,函数 $f(x)$ 的变化趋势.因此,下面给出当 $x \to x_0$ 时,函数 $f(x)$ 的左极限和右极限的定义.

定义 6 如果当 $x \to x_0^+$(或 $x \to x_0^-$)时,函数 $f(x)$ 无限地趋近于某一确定的常数 A,那么称常数 A 是函数 $f(x)$ 当 $x \to x_0$ 时的右极限(或左极限),记为

$$\lim\limits_{x \to x_0^+} f(x) = A(\text{或} \lim\limits_{x \to x_0^-} f(x) = A).$$

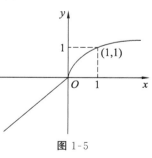

例 5 讨论函数 $f(x) = \begin{cases} x, & x < 0 \\ \sqrt{x}, & x \geq 0 \end{cases}$ 当 $x \to 0$ 时的极限.

解 由图 1-5 可知

$$\lim\limits_{x \to 0^+} f(x) = \lim\limits_{x \to 0^+} \sqrt{x} = 0,$$

$$\lim\limits_{x \to 0^-} f(x) = \lim\limits_{x \to 0^-} x = 0,$$

故 $\lim\limits_{x \to 0} f(x) = 0$.

图 1-5

例 6 讨论函数 $f(x) = \begin{cases} x, & x < 0 \\ 1, & x \geq 0 \end{cases}$ 当 $x \to 0$ 时的极限.

解 由图 1-6 可知

$$\lim\limits_{x \to 0^+} f(x) = \lim\limits_{x \to 0^+} 1 = 1,$$

$$\lim\limits_{x \to 0^-} f(x) = \lim\limits_{x \to 0^-} x = 0,$$

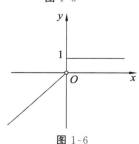

图 1-6

故 $\lim\limits_{x\to 0}f(x)$ 不存在.

由例 6 我们可以得出下面的结论：当且仅当 $\lim\limits_{x\to x_0^+}f(x)$ 和 $\lim\limits_{x\to x_0^-}f(x)$ 都存在并且相等为 A 时，$\lim\limits_{x\to x_0}f(x)=A$，即

$$\lim_{x\to x_0}f(x)=A\Leftrightarrow\lim_{x\to x_0^+}f(x)=A=\lim_{x\to x_0^-}f(x).$$

例 7 设函数 $f(x)=\begin{cases}2x-1, & x<0, \\ 0, & x=0, \\ x+2, & x>0,\end{cases}$ 求：

(1) $\lim\limits_{x\to 0}f(x)$；(2) $\lim\limits_{x\to 1}f(x)$.

解 (1) 由于 $x=0$ 是函数 $f(x)$ 的分段点(图 1-7)，且 $f(x)$ 在它的左右两侧表达式不同，所以要根据函数在一点极限存在的充要条件讨论.

$$\lim_{x\to 0^-}f(x)=\lim_{x\to 0^-}(2x-1)=-1,$$
$$\lim_{x\to 0^+}f(x)=\lim_{x\to 0^+}(x+2)=2,$$
$$\lim_{x\to 0^-}f(x)\neq\lim_{x\to 0^+}f(x),$$

所以 $\lim\limits_{x\to 0}f(x)$ 不存在.

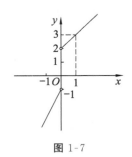

图 1-7

(2) 由于函数 $f(x)$ 在点 $x=1$ 附近左右两侧的表达式相同，所以

$$\lim_{x\to 1}f(x)=\lim_{x\to 1}(x+2)=3.$$

◄ §1-3 极限的运算法则 ►

根据极限的定义，通过观察和分析我们可求出一些简单函数的极限，对于一些较为复杂的函数，我们如何去求其极限呢？本节将介绍如何运用极限的四则运算法则来求函数极限.

在下面的定理中，如果不指出自变量 x 的趋向，即可以表示 $x\to\infty$，$x\to+\infty$，$x\to-\infty$，$x\to x_0$，$x\to x_0^+$，$x\to x_0^-$ 中的任何一种.

定理 1(极限的四则运算法则) 在自变量的某个变化过程中，如果 $\lim f(x)=A$，$\lim g(x)=B$，那么

(1) $\lim[f(x)\pm g(x)]=\lim f(x)\pm\lim g(x)=A\pm B$；

(2) $\lim[f(x)\cdot g(x)]=\lim f(x)\cdot\lim g(x)=A\cdot B$；

(3) 若 $B\neq 0$，则 $\lim\dfrac{f(x)}{g(x)}=\dfrac{\lim f(x)}{\lim g(x)}=\dfrac{A}{B}$.

说明 法则(1)(2)可推广到有限多个函数的情况.

推论 如果 $\lim f(x)=A$，那么

(1) $\lim kf(x)=k\cdot\lim f(x)=kA$，$k$ 为常数；

（2）$\lim f^n(x) = [\lim f(x)]^n = A^n$, n 为正整数.

说明　推论（2）中，只要 x 使函数有意义，就可以把正整数 n 推广到实数范围内，即
$$\lim f^\alpha(x) = [\lim f(x)]^\alpha = A^\alpha, \alpha \in \mathbf{R}.$$

例 1　求 $\lim\limits_{x \to 2}(3x + 2)$.

解　$\lim\limits_{x \to 2}(3x + 2) = \lim\limits_{x \to 2} 3x + \lim\limits_{x \to 2} 2 = 3 \lim\limits_{x \to 2} x + 2 = 3 \times 2 + 2 = 8$.

例 2　求 $\lim\limits_{x \to 2} \dfrac{x^2 + 3x - 2}{x + 1}$.

解　因为 $\lim\limits_{x \to 2}(x + 1) \neq 0$，所以
$$\lim_{x \to 2} \frac{x^2 + 3x - 2}{x + 1} = \frac{\lim\limits_{x \to 2}(x^2 + 3x - 2)}{\lim\limits_{x \to 2}(x + 1)} = \frac{(\lim\limits_{x \to 2} x)^2 + 3 \lim\limits_{x \to 2} x - \lim\limits_{x \to 2} 2}{\lim\limits_{x \to 2} x + \lim\limits_{x \to 2} 1}$$
$$= \frac{2^2 + 3 \times 2 - 2}{2 + 1} = \frac{8}{3}.$$

例 3　求 $\lim\limits_{x \to 3} \dfrac{x - 3}{x^2 - 9}$.

解　因为 $\lim\limits_{x \to 3}(x^2 - 9) = 0$，所以不能直接用极限的四则运算法则，但通过因式分解可将分母上极限为零的因子消去. 因此
$$\lim_{x \to 3} \frac{x - 3}{x^2 - 9} = \lim_{x \to 3} \frac{x - 3}{(x - 3)(x + 3)} = \lim_{x \to 3} \frac{1}{x + 3} = \frac{1}{6}.$$

例 4　求 $\lim\limits_{x \to 0} \dfrac{\sqrt{x + 1} - 1}{x}$.

解　因为 $\lim\limits_{x \to 0} x = 0$，所以不能直接用极限的四则运算法则，但通过根式有理化可将分母上极限为零的因子消去. 因此
$$\lim_{x \to 0} \frac{\sqrt{x + 1} - 1}{x} = \lim_{x \to 0} \frac{(\sqrt{x + 1} - 1)(\sqrt{x + 1} + 1)}{x(\sqrt{x + 1} + 1)} = \lim_{x \to 0} \frac{x}{x(\sqrt{x + 1} + 1)}$$
$$= \lim_{x \to 0} \frac{1}{\sqrt{x + 1} + 1} = \frac{1}{2}.$$

说明　以上两例均为 "$\dfrac{0}{0}$" 型极限，求该类型的极限可通过因式分解、根式有理化等消去分母上的零因子.

例 5　$\lim\limits_{x \to 1}\left(\dfrac{1}{1 - x} - \dfrac{2}{1 - x^2}\right)$.

解　$\lim\limits_{x \to 1}\left(\dfrac{1}{1 - x} - \dfrac{2}{1 - x^2}\right) = \lim\limits_{x \to 1} \dfrac{1 + x - 2}{(1 - x)(1 + x)} = \lim\limits_{x \to 1} \dfrac{x - 1}{(1 - x)(1 + x)}$
$$= -\lim_{x \to 1} \frac{1}{1 + x} = -\frac{1}{2}.$$

说明 例 5 为"$\infty-\infty$"型极限,求该类型的极限可通过通分转化.

例 6 求 $\lim\limits_{x\to\infty}\dfrac{x^2-1}{2x^2-x-1}$.

解 $\lim\limits_{x\to\infty}\dfrac{x^2-1}{2x^2-x-1}=\lim\limits_{x\to\infty}\dfrac{1-\dfrac{1}{x^2}}{2-\dfrac{1}{x}-\dfrac{1}{x^2}}=\dfrac{\lim\limits_{x\to\infty}\left(1-\dfrac{1}{x^2}\right)}{\lim\limits_{x\to\infty}\left(2-\dfrac{1}{x}-\dfrac{1}{x^2}\right)}=\dfrac{1}{2}.$

例 7 求 $\lim\limits_{x\to\infty}\dfrac{3x^2+x-1}{2x^3-3x+2}$.

解 $\lim\limits_{x\to\infty}\dfrac{3x^2+x-1}{2x^3-3x+2}=\lim\limits_{x\to\infty}\dfrac{\dfrac{3}{x}+\dfrac{1}{x^2}-\dfrac{1}{x^3}}{2-\dfrac{3}{x^2}+\dfrac{2}{x^3}}=\dfrac{0}{2}=0.$

注 以下结论在极限的反问题中常用:

若 $\lim g(x)=0$ 且 $\lim\dfrac{f(x)}{g(x)}$ 存在,则必有 $\lim f(x)=0$.

例 8 设 $\lim\limits_{x\to1}\dfrac{x^2+bx+c}{x^2-1}=2$,求 b,c 的值.

解 因为 $\lim\limits_{x\to1}(x^2-1)=0$,所给分式极限又存在,所以 $\lim\limits_{x\to1}(x^2+bx+c)=0$,即 $1+b+c=0$,得 $c=-1-b$.所以

$$\lim\limits_{x\to1}\dfrac{x^2+bx+c}{x^2-1}=\lim\limits_{x\to1}\dfrac{x^2+bx-1-b}{x^2-1}=\lim\limits_{x\to1}\dfrac{(x^2-1)+b(x-1)}{x^2-1}=\lim\limits_{x\to1}\dfrac{x+1+b}{x+1}$$

$$=\dfrac{2+b}{2}=2,$$

得 $b=2,c=-3$.

从上述各例中,我们发现在应用四则运算法则求极限时,首先要判断函数是否满足法则中的条件.如果不满足,要根据函数的特点作适当的恒等变换,使之符合条件,然后再使用极限的运算法则求出结果.

习题 1-3

1. 计算下列极限:

(1) $\lim\limits_{x\to1}\dfrac{x^2-3}{x^2+1}$;

(2) $\lim\limits_{x\to4}\dfrac{x^2-6x+8}{x^2-5x+4}$;

(3) $\lim\limits_{x\to-2}\dfrac{x^3+8}{x+2}$;

(4) $\lim\limits_{x\to\infty}\dfrac{1-x^2}{2x^2-1}$;

(5) $\lim\limits_{x\to\infty}\left(1+\dfrac{1}{x}\right)\left(2-\dfrac{1}{x^2}\right)$;

(6) $\lim\limits_{x\to\infty}\left(\dfrac{x^3}{x^2-1}-\dfrac{x^2+1}{x+1}\right)$;

(7) $\lim\limits_{x\to4}\dfrac{\sqrt{x+5}-3}{x-4}$;

(8) $\lim\limits_{x\to+\infty}\left(\sqrt{x+1}-\sqrt{x}\right)$;

(9) $\lim\limits_{n\to\infty}\dfrac{1+2+3+\cdots+(n-1)}{n^2}$;

(10) $\lim\limits_{n\to\infty}\left[\dfrac{1+3+5+\cdots+(2n-1)}{n+1}-\dfrac{2n+1}{2}\right]$;

(11) $\lim\limits_{x\to1}\dfrac{\sqrt{5x-4}-\sqrt{x}}{x-1}$;

(12) $\lim\limits_{x\to0}\dfrac{x^2}{1-\sqrt{1+x^2}}$.

2. 已知 $\lim\limits_{x\to3}\dfrac{x^2-2x+k}{x-3}$ 存在,确定 k 的值,并求此极限.

◀ §1-4 函数的连续性 ▶

许多变化过程都有渐变和突变,在数学上用函数的连续和间断来描述这两种变化.连续性是函数的重要性质之一.它不仅是函数研究的重要内容之一,也是计算极限的新方法.在现实生活中有很多变量都是连续变化的,如气温的变化、植物的生长、河水的流动等.本节将运用极限的概念对函数的连续性加以描述和研究,并在此基础上解决更多的极限计算问题.

一、函数在一点处连续

1. 连续的定义

所谓"函数连续变化",从直观上来看,就是它的图象是连续不断的.例如,函数 $f(x)=x+1$ 在 $x=1$ 处是连续的;而函数 $f_1(x)=\begin{cases}x+1, & x>1,\\x-1, & x\leqslant1,\end{cases}$ $f_2(x)=\dfrac{x^2-1}{x-1}$ 在 $x=1$ 处是不连续的(可作图观察).

一般地,对于函数在某一点处连续有下面的定义:

定义 1 如果函数 $y=f(x)$ 在点 x_0 的某一邻域内有定义,$\lim\limits_{x\to x_0}f(x)$ 存在并且 $\lim\limits_{x\to x_0}f(x)=f(x_0)$,那么称函数 $y=f(x)$ 在点 x_0 处连续,x_0 称为函数 $y=f(x)$ 的**连续点**.

注意 从定义1可以看出，$y=f(x)$在点x_0处连续必须同时满足以下三个条件：

(1) 函数$y=f(x)$在点x_0的某一邻域内有定义；

(2) 极限$\lim\limits_{x \to x_0} f(x)$存在；

(3) 极限值等于函数值，即$\lim\limits_{x \to x_0} f(x)=f(x_0)$.

例1 研究函数$f(x)=x^2+x+1$在$x=2$处的连续性.

解 (1) 函数$f(x)=x^2+x+1$在点$x=2$的某一邻域内有定义；

(2) 极限$\lim\limits_{x \to 2} f(x)=\lim\limits_{x \to 2}(x^2+x+1)=7$；

(3) 极限$\lim\limits_{x \to 2} f(x)=f(2)=7$.

因此，函数$f(x)=x^2+x+1$在$x=2$处连续.

2. 变量的增量

设变量x从它的一个初值x_0变到终值x，终值与初值的差$x-x_0$就叫作变量x的增量，记作Δx，即$\Delta x=x-x_0$.

设函数$f(x)$在点x_0的某一邻域内有定义，当自变量x在该邻域内从x_0变到$x_0+\Delta x$时，函数y相应地从$f(x_0)$变到$f(x_0+\Delta x)$，因此函数y的对应增量为$\Delta y=f(x_0+\Delta x)-f(x_0)$.

注 增量也称为改变量，它可以是正数，也可以是零或负数.为了应用方便，还要介绍函数$y=f(x)$在点x_0处连续的等价形式.

定义2 设函数$y=f(x)$在点x_0的某一邻域内有定义，如果当自变量x在x_0处的增量Δx趋近于零时，函数$y=f(x)$的相应增量$\Delta y=f(x_0+\Delta x)-f(x_0)$也趋近于零，也就是说有$\lim\limits_{\Delta x \to 0} \Delta y=0$或$\lim\limits_{\Delta x \to 0}[f(x_0+\Delta x)-f(x_0)]=0$，那么称函数$y=f(x)$在**点$x_0$处连续**，$x_0$称为函数$y=f(x)$的**连续点**.

相应于函数$f(x)$在x_0处的左、右极限的概念，有如下定义：

定义3 设函数$y=f(x)$在点x_0及其左半（或右半）邻域内有定义，如果$\lim\limits_{x \to x_0^-} f(x)=f(x_0)$（或$\lim\limits_{x \to x_0^+} f(x)=f(x_0)$），那么称函数$y=f(x)$在点$x_0$处**左连续**（或**右连续**）.

例如，函数$f(x)=\begin{cases} x+1, & x>1, \\ x-1, & x \leqslant 1 \end{cases}$在$x=1$处只是左连续.

不难知道，函数$y=f(x)$在点x_0处连续$\Leftrightarrow f(x)$在点x_0处既左连续又右连续.

例2 研究函数$f(x)=\begin{cases} x+1, & x>1, \\ 3x-1, & x \leqslant 1 \end{cases}$在$x=1$处的连续性.

解 (1) 函数$f(x)$在点$x=1$的某一邻域内有定义；

(2) 极限$\lim\limits_{x \to 1^-} f(x)=\lim\limits_{x \to 1^-}(3x-1)=2=f(1)$；

(3) 极限$\lim\limits_{x \to 1^+} f(x)=\lim\limits_{x \to 1^+}(x+1)=2=f(1)$.

$f(x)$ 在点 $x=1$ 处既左连续又右连续,所以函数 $f(x)$ 在 $x=1$ 处连续.

二、连续函数及其运算

1. 连续函数

定义 4　如果函数 $y=f(x)$ 在开区间 (a,b) 内每一点都连续,那么称函数 $y=f(x)$ 在区间 (a,b) 内连续,或称函数 $y=f(x)$ 为区间 (a,b) 内的**连续函数**,区间 (a,b) 称为函数 $y=f(x)$ 的**连续区间**.

如果函数 $y=f(x)$ 在闭区间 $[a,b]$ 上有定义,在区间 (a,b) 内连续,且在右端点 b 处左连续,在左端点 a 处右连续,那么称函数 $y=f(x)$ 在**闭区间 $[a,b]$ 上连续**.

在几何上,连续函数的图象是一条连续不间断的曲线.

因为基本初等函数的图象在其定义区间内是连续不间断的曲线,所以有以下结论:

基本初等函数在其定义区间内都是连续的.

所谓定义区间,就是包含在定义域内的区间.

2. 连续函数的运算

定理 1　如果函数 $f(x)$ 和 $g(x)$ 在点 x_0 处连续,那么它们的和、差、积、商(分母在点 x_0 处不等于零)也都在点 x_0 处连续,即

(1) $\lim\limits_{x \to x_0}[f(x) \pm g(x)] = \lim\limits_{x \to x_0} f(x) \pm \lim\limits_{x \to x_0} g(x) = f(x_0) \pm g(x_0)$;

(2) $\lim\limits_{x \to x_0}[f(x) \cdot g(x)] = \lim\limits_{x \to x_0} f(x) \cdot \lim\limits_{x \to x_0} g(x) = f(x_0) \cdot g(x_0)$;

(3) $\lim\limits_{x \to x_0} \dfrac{f(x)}{g(x)} = \dfrac{\lim\limits_{x \to x_0} f(x)}{\lim\limits_{x \to x_0} g(x)} = \dfrac{f(x_0)}{g(x_0)}, g(x_0) \neq 0$.

$f(x) \pm g(x)$ 连续性的证明:

因为 $f(x)$ 和 $g(x)$ 在点 x_0 处连续,所以它们在点 x_0 的某一邻域内有定义,从而 $f(x) \pm g(x)$ 在点 x_0 的该邻域内也有定义.再由连续性和极限运算法则,有

$$\lim\limits_{x \to x_0}[f(x) \pm g(x)] = \lim\limits_{x \to x_0} f(x) \pm \lim\limits_{x \to x_0} g(x) = f(x_0) \pm g(x_0).$$

根据连续性的定义,$f(x) \pm g(x)$ 在点 x_0 处连续.同样可证明后两个结论.

注意　和、差、积的情况可以推广到有限多个函数的情形.

---

3. 复合函数的连续性

定理 2　如果函数 $u=\varphi(x)$ 在点 x_0 处连续,且 $\varphi(x_0)=u_0$,而函数 $y=f(u)$ 在点 u_0 处连续,那么复合函数 $y=f[\varphi(x)]$ 在点 x_0 处也连续.

推论　如果 $\lim\limits_{x \to x_0}\varphi(x)$ 存在且为 u_0,而函数 $y=f(u)$ 在点 u_0 处连续,那么

$$\lim\limits_{x \to x_0} f[\varphi(x)] = f[\lim\limits_{x \to x_0}\varphi(x)] = f(u_0).$$

例 3　求 $\lim\limits_{x \to 1}\ln\dfrac{x^2-1}{x-1}$.

解　$\lim\limits_{x \to 1}\ln\dfrac{x^2-1}{x-1} = \ln\lim\limits_{x \to 1}\dfrac{x^2-1}{x-1} = \ln 2$.

4．初等函数的连续性

根据初等函数的定义,由基本初等函数的连续性及本节有关定理可得下面的重要结论:

一切初等函数在其定义区间内都是连续的.

这个结论不仅为我们提供了判断一个函数是不是连续函数的根据,而且为我们提供了计算初等函数极限的一种方法.

初等函数的连续性在求函数极限中的应用:

如果 $f(x)$ 是初等函数,且 x_0 是 $f(x)$ 的定义区间内的点,那么 $\lim\limits_{x \to x_0} f(x) = f(x_0)$.

例 4　求 $\lim\limits_{x \to 0} \sqrt{1-x+x^2}$.

解　因为初等函数 $f(x) = \sqrt{1-x+x^2}$ 在点 $x=0$ 处是有定义的,所以

$$\lim_{x \to 0} \sqrt{1-x+x^2} = \sqrt{1-0+0} = 1.$$

例 5　求 $\lim\limits_{x \to \frac{\pi}{2}} \ln(\sin x)$.

解　因为初等函数 $f(x) = \ln(\sin x)$ 在点 $x = \dfrac{\pi}{2}$ 处是有定义的,所以

$$\lim_{x \to \frac{\pi}{2}} \ln(\sin x) = \ln\left(\sin \frac{\pi}{2}\right) = \ln 1 = 0.$$

三、函数的间断点

1．间断点的概念

定义 5　设函数 $y = f(x)$ 在点 x_0 的某去心邻域内有定义.在此前提下,如果函数 $f(x)$ 有下列三种情形之一:

(1) 在点 x_0 处没有定义;

(2) 虽然在点 x_0 处有定义,但 $\lim\limits_{x \to x_0} f(x)$ 不存在;

(3) 虽然在点 x_0 处有定义且 $\lim\limits_{x \to x_0} f(x)$ 存在,但 $\lim\limits_{x \to x_0} f(x) \neq f(x_0)$.

那么函数 $f(x)$ 在点 x_0 处**不连续**,而点 x_0 称为函数 $f(x)$ 的**不连续点**或**间断点**.

2．间断点的分类

根据函数间断的不同情形,把间断点分成如下两类:

设 x_0 是函数 $y = f(x)$ 的间断点,若函数 $y = f(x)$ 在 x_0 处的左、右极限都存在,则称 x_0 是函数 $y = f(x)$ 的**第一类间断点**.在第一类间断点中,如果左、右极限存在但不相等,这种间断点称为**跳跃间断点**;如果左、右极限存在且相等(极限存在),这类间断点称为**可去间断点**.

如果函数 $y = f(x)$ 在点 x_0 处的左、右极限至少有一个不存在,那么称 x_0 是函数 $y = f(x)$ 的**第二类间断点**.如果极限趋向于无穷,这种间断点称为**无穷间断点**;如果函数来回振荡,这类间断点称为**振荡间断点**.

例如,$x = 2$ 是函数 $y = \dfrac{x^2-4}{x-2}$ 的第一类间断点中的可去间断点,$x = 0$ 是函数 $y = \dfrac{1}{x}$ 的第二类间断点中的无穷间断点.

例 6 讨论函数 $f(x) = \begin{cases} x-5, & -2 \leqslant x < 0, \\ -x+1, & 0 \leqslant x \leqslant 2 \end{cases}$ 在点 $x=0$ 与 $x=1$ 处的连续性.

解 （1）讨论 $f(x)$ 在点 $x=0$ 处的连续性：

函数 $f(x)$ 在点 $x=0$ 的邻域内有定义，且

$$\lim_{x \to 0^-} f(x) = \lim_{x \to 0^-}(x-5) = -5 \neq f(0),$$

$$\lim_{x \to 0^+} f(x) = \lim_{x \to 0^+}(-x+1) = 1 = f(0).$$

由上可得函数 $f(x)$ 在点 $x=0$ 处左、右极限存在，但是不相等，所以 $f(x)$ 在点 $x=0$ 处不连续，$x=0$ 是函数 $f(x)$ 的第一类间断点中的跳跃间断点.

（2）讨论 $f(x)$ 在点 $x=1$ 处的连续性：

函数 $f(x)$ 在点 $x=1$ 的邻域内有定义，且

$$\lim_{x \to 1} f(x) = \lim_{x \to 1}(-x+1) = 0 = f(1),$$

所以 $f(x)$ 在点 $x=1$ 处连续.

例 7 讨论函数 $f(x) = \dfrac{x-1}{x(x-1)}$ 的连续性，若有间断点，指出其类型.

解 函数 $f(x)$ 的定义域为 $(-\infty, 0) \bigcup (0,1) \bigcup (1, +\infty)$，故 $x=0$ 与 $x=1$ 是它的两个间断点.

$$\lim_{x \to 0} f(x) = \lim_{x \to 0} \frac{x-1}{x(x-1)} = \lim_{x \to 0} \frac{1}{x} = \infty,$$

$$\lim_{x \to 1} f(x) = \lim_{x \to 1} \frac{x-1}{x(x-1)} = \lim_{x \to 1} \frac{1}{x} = 1,$$

所以 $x=0$ 是函数 $f(x)$ 的第二类间断点中的无穷间断点，$x=1$ 是函数 $f(x)$ 的第一类间断点中的可去间断点.

一般地，初等函数的间断点出现在函数没有定义的点处，而分段函数的间断点还可能出现在分段点处.

四、闭区间上连续函数的性质

闭区间上的连续函数有一些重要性质，这些性质在直观上比较明显，因此，我们不加证明直接给出下面的结论.

定理 3（最大值和最小值定理） 如果函数 $y = f(x)$ 在闭区间 $[a, b]$ 上连续，那么函数 $y = f(x)$ 在 $[a, b]$ 上一定有最大值和最小值.

注意 如果函数在开区间内连续或在闭区间上有间断点，那么函数在该区间上就不一定有最大值或最小值.例如，在开区间 $(1,2)$ 内考察函数 $y = 3x$，它无最大值和最小值.

又如，函数 $f(x) = \begin{cases} -x+1, & 0 \leqslant x < 1, \\ 1, & x = 1, \\ -x+3, & 1 < x \leqslant 2 \end{cases}$ 在闭区间 $[0,2]$ 上无最大值和最小值.

定理 4（介值定理） 设函数 $y = f(x)$ 在闭区间 $[a, b]$ 上连续，m 与 M 分别是 $y = f(x)$ 在闭区间上的最小值和最大值，u 是介于 m 与 M 之间的任一实数，则在开区间

(a,b) 内至少有一点 ξ，使得 $f(\xi)=u$.

定理 4 的直观几何意义：介于两条水平直线 $y=m$ 和 $y=M$ 之间的任一条直线 $y=u$，与 $y=f(x)$ 的图象至少有一个交点.

定理 5(零点定理) 设函数 $f(x)$ 在闭区间 $[a,b]$ 上连续，且 $f(a)$ 与 $f(b)$ 异号，那么在开区间 (a,b) 内至少有一点 ξ，使 $f(\xi)=0$.

定理 5 的直观几何意义：一条连续曲线 $y=f(x)$，若其上的点的纵坐标由负值变到正值或由正值变到负值，则曲线 $y=f(x)$ 至少要经过 x 轴一次，即方程 $f(x)=0$ 在 (a,b) 内至少存在一个实根.

例 8 证明方程 $x^3-9x+1=0$ 在区间 $(0,1)$ 内至少有一个根.

证明 函数 $f(x)=x^3-9x+1$ 在闭区间 $[0,1]$ 上连续，又 $f(0)=1>0$，$f(1)=-7<0$，所以根据零点定理，在 $(0,1)$ 内至少有一点 ξ，使得 $f(\xi)=0$，即

$$\xi^3-9\xi+1=0(0<\xi<1).$$

这个等式说明方程 $x^3-9x+1=0$ 在区间 $(0,1)$ 内至少有一个根 ξ.

 习题 1-4

1. 求下列极限：

(1) $\lim\limits_{x\to\frac{\pi}{4}}(\sin 2x)^3$；

(2) $\lim\limits_{x\to 1}\left(\dfrac{x-1}{\sin x}\right)^3$；

(3) $\lim\limits_{x\to\frac{\pi}{6}}\ln(2\cos 2x)$；

(4) $\lim\limits_{x\to 0}\dfrac{\sqrt{x+1}-1}{x}$；

(5) $\lim\limits_{x\to+\infty}(\sqrt{x^2+x}-\sqrt{x^2-x})$；

(6) $\lim\limits_{x\to 0}\dfrac{\sqrt{1+x}-\sqrt{1-x}}{x}$.

2. 下列函数在给出的点处间断，说明这些间断点属于哪一类间断点：

(1) $y=\dfrac{x^2-1}{x^2-3x+2}$，$x=1$，$x=2$；

(2) $y=\dfrac{x}{\tan x}$，$x=\dfrac{k\pi}{2}(k=0,\pm1,\pm2,\cdots)$；

(3) $y=\cos^2\dfrac{1}{x}$，$x=0$；

(4) $y=\begin{cases} x, & |x|\leqslant 1,\\ 1, & |x|>1,\end{cases} x=-1$.

3. 证明方程 $x=a\sin x+b$（其中 $a>0,b>0$）至少有一个正根，并且它不超过 $a+b$.

4. 设函数 $f(x)=\begin{cases} e^x, & x<0,\\ a+x, & x\geqslant 0,\end{cases}$ 应当如何选择数 a，才能使得 $f(x)$ 为 $(-\infty,+\infty)$ 上的连续函数？

§1-5 两个重要极限

本节将运用极限存在准则来讨论两个重要的极限,进而运用这两个极限来求其他一些函数的极限.

首先介绍一个极限存在准则:

极限存在准则(夹逼定理) 如果函数 $f(x)$,$g(x)$ 及 $h(x)$ 满足下列条件:

(1) $g(x) \leqslant f(x) \leqslant h(x)$;

(2) $\lim\limits_{x \to x_0} g(x) = A$,$\lim\limits_{x \to x_0} h(x) = A$.

那么 $\lim\limits_{x \to x_0} f(x)$ 存在,且 $\lim\limits_{x \to x_0} f(x) = A$.

一、极限 $\lim\limits_{x \to 0} \dfrac{\sin x}{x} = 1$

当 $x \to 0$ 时,让我们来观察 $\dfrac{\sin x}{x}$ 的变化趋势(表 1-2):

表 1-2 当 $x \to 0$ 时,$\dfrac{\sin x}{x}$ 的变化趋势

x/rad	± 0.50	± 0.10	± 0.05	± 0.04	± 0.03	± 0.02	$\cdots$
$\dfrac{\sin x}{x}$	0.958 5	0.998 3	0.999 6	0.999 7	0.999 8	0.999 9	$\cdots$

从表 1-2 可以看出:$\lim\limits_{x \to 0} \dfrac{\sin x}{x} = 1$.

简要证明:参看图 1-8 中的单位圆,设圆心角 $\angle AOB = x \left(0 < x < \dfrac{\pi}{2} \right)$,

显然 $BC < \overset{\frown}{AB} < AD$,因此 $\sin x < x < \tan x$.

用 $\sin x$ 除上式,得 $1 < \dfrac{x}{\sin x} < \dfrac{1}{\cos x}$.变换该式,得

$\cos x < \dfrac{\sin x}{x} < 1$(此不等式当 $x < 0$ 时也成立).

因为 $\lim\limits_{x \to 0} \cos x = 1$,根据极限存在准则,得 $\lim\limits_{x \to 0} \dfrac{\sin x}{x} = 1$.

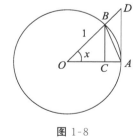

图 1-8

这个极限在形式上具有以下特点:

(1) 它是"$\dfrac{0}{0}$"不定型;

(2) 在分式中同时出现三角函数和 x 的幂.

如果 $\lim\limits_{x \to a} \varphi(x) = 0$($a$ 可以是有限数 x_0,$\pm \infty$ 或 ∞),那么得到的结果是

$$\lim_{x \to a} \frac{\sin[\varphi(x)]}{\varphi(x)} = \lim_{\varphi(x) \to 0} \frac{\sin[\varphi(x)]}{\varphi(x)} = 1.$$

极限本身及上述推广的结果在极限计算及理论推导中有着广泛的应用.

例 1 求 $\lim\limits_{x\to 0}\dfrac{x}{\sin x}$.

解 $\lim\limits_{x\to 0}\dfrac{x}{\sin x}=\lim\limits_{x\to 0}\dfrac{1}{\dfrac{\sin x}{x}}=1$.

例 2 求 $\lim\limits_{x\to 0}\dfrac{\tan x}{x}$.

解 $\lim\limits_{x\to 0}\dfrac{\tan x}{x}=\lim\limits_{x\to 0}\left(\dfrac{\sin x}{x}\cdot\dfrac{1}{\cos x}\right)=1$.

注 例 1、例 2 的结论可当作公式用.

例 3 求 $\lim\limits_{x\to 0}\dfrac{\sin 2x}{x}$.

解 $\lim\limits_{x\to 0}\dfrac{\sin 2x}{x}=2\lim\limits_{x\to 0}\dfrac{\sin 2x}{2x}$，令 $2x=t$，则 $x\to 0$ 时，$t\to 0$，所以

$$\lim\limits_{x\to 0}\dfrac{\sin 2x}{x}=2\lim\limits_{t\to 0}\dfrac{\sin t}{t}=2.$$

例 4 求 $\lim\limits_{x\to 0}\dfrac{\tan 3x}{\sin 5x}$.

解 $\lim\limits_{x\to 0}\dfrac{\tan 3x}{\sin 5x}=\lim\limits_{x\to 0}\left(\dfrac{\tan 3x}{3x}\cdot\dfrac{5x}{\sin 5x}\cdot\dfrac{3}{5}\right)=\lim\limits_{x\to 0}\dfrac{\tan 3x}{3x}\cdot\lim\limits_{x\to 0}\dfrac{5x}{\sin 5x}\cdot\dfrac{3}{5}=\dfrac{3}{5}$.

例 5 求 $\lim\limits_{x\to 0}\dfrac{1-\cos x}{x^2}$.

解 $\lim\limits_{x\to 0}\dfrac{1-\cos x}{x^2}=\lim\limits_{x\to 0}\dfrac{2\sin^2\dfrac{x}{2}}{x^2}=\dfrac{1}{2}\lim\limits_{x\to 0}\left(\dfrac{\sin\dfrac{x}{2}}{\dfrac{x}{2}}\right)^2=\dfrac{1}{2}$.

例 6 求 $\lim\limits_{x\to 0}\dfrac{x}{\arcsin x}$.

解 令 $\arcsin x=t$，则 $x=\sin t$，且 $x\to 0$ 时，$t\to 0$，所以

$\lim\limits_{x\to 0}\dfrac{x}{\arcsin x}=\lim\limits_{t\to 0}\dfrac{\sin t}{t}=1$.

注 例 6 的结论可当作公式用.

二、极限 $\lim\limits_{x\to\infty}\left(1+\dfrac{1}{x}\right)^x=\mathrm{e}$

这个数 e 是个无理数，它的值是 $\mathrm{e}=2.718\ 281\ 828\cdots$.

当 $x\to\infty$ 时，让我们来观察 $\left(1+\dfrac{1}{x}\right)^x$ 的变化趋势（表 1-3）：

表 1-3 当 $x \to \infty$ 时，$\left(1+\dfrac{1}{x}\right)^x$ 的变化趋势

x	2	10	1 000	10 000	100 000	⋯
$\left(1+\dfrac{1}{x}\right)^x$	2.25	2.594	2.717	2.718 1	2.718 2	⋯
x	−10	−100	−1 000	−10 000	−100 000	⋯
$\left(1+\dfrac{1}{x}\right)^x$	2.88	2.732	2.720	2.718 3	2.718 28	⋯

从表 1-3 可以得出：$\lim\limits_{x \to \infty}\left(1+\dfrac{1}{x}\right)^x = \mathrm{e}$.

该极限的证明略.

令 $\dfrac{1}{x}=t$，当 $x \to \infty$ 时，$t \to 0$，从而有 $\lim\limits_{t \to 0}(1+t)^{\frac{1}{t}} = \mathrm{e}$.

上述两个公式可以看成是一个重要极限的两种不同形式，它们在形式上具有共同特点：1^{∞}. 因此，称之为"1^{∞}"不定型. 它有以下推广形式：

如果 $\lim\limits_{x \to a}\varphi(x)=0$（$a$ 可以是有限数 x_0，$\pm\infty$ 或 ∞），那么

$$\lim_{x \to a}\left[1+\varphi(x)\right]^{\frac{1}{\varphi(x)}} = \lim_{\varphi(x) \to 0}\left[1+\varphi(x)\right]^{\frac{1}{\varphi(x)}} = \mathrm{e}.$$

如果 $\lim\limits_{x \to a}\varphi(x)=\infty$（$a$ 可以是有限数 x_0，$\pm\infty$ 或 ∞），那么

$$\lim_{x \to a}\left[1+\frac{1}{\varphi(x)}\right]^{\varphi(x)} = \lim_{\varphi(x) \to \infty}\left[1+\frac{1}{\varphi(x)}\right]^{\varphi(x)} = \mathrm{e}.$$

例 7 求 $\lim\limits_{x \to \infty}\left(1+\dfrac{1}{x}\right)^{3x}$.

解 $\lim\limits_{x \to \infty}\left(1+\dfrac{1}{x}\right)^{3x} = \lim\limits_{x \to \infty}\left[\left(1+\dfrac{1}{x}\right)^x\right]^3 = \mathrm{e}^3$.

例 8 求 $\lim\limits_{x \to 0}(1-3x)^{\frac{1}{x}}$.

解 $\lim\limits_{x \to 0}(1-3x)^{\frac{1}{x}} = \lim\limits_{x \to 0}\left[1+(-3x)\right]^{\frac{1}{-3x} \times (-3)} = \mathrm{e}^{-3}$.

例 9 求 $\lim\limits_{x \to 0}(1+\tan x)^{\cot x}$.

解 $\lim\limits_{x \to 0}(1+\tan x)^{\cot x} = \lim\limits_{x \to 0}(1+\tan x)^{\frac{1}{\tan x}} = \mathrm{e}$.

例 10 求 $\lim\limits_{x \to \infty}\left(\dfrac{x+2}{x+1}\right)^{2x}$.

解 $\lim\limits_{x \to \infty}\left(\dfrac{x+2}{x+1}\right)^{2x} = \lim\limits_{x \to \infty}\left(1+\dfrac{1}{x+1}\right)^{2(x+1)-2}$

$$= \lim_{x \to \infty}\left[\left(1+\frac{1}{x+1}\right)^{(x+1)}\right]^2 \cdot \lim_{x \to \infty}\left(1+\frac{1}{x+1}\right)^{-2} = \mathrm{e}^2 \cdot 1 = \mathrm{e}^2.$$

例 11 求 $\lim\limits_{x \to 0}\dfrac{\ln(1+x)}{x}$.

解 $\lim\limits_{x \to 0}\dfrac{\ln(1+x)}{x} = \lim\limits_{x \to 0}\ln(1+x)^{\frac{1}{x}} = \ln\lim\limits_{x \to 0}(1+x)^{\frac{1}{x}} = \ln \mathrm{e} = 1$.

习题 1-5

1. 计算下列极限:

(1) $\lim\limits_{x \to \infty} x \sin \dfrac{2}{x}$;

(2) $\lim\limits_{x \to 0} \dfrac{\arctan 3x}{x}$;

(3) $\lim\limits_{x \to 0} \dfrac{\sin 2x}{\sin 5x}$;

(4) $\lim\limits_{x \to 0} \dfrac{\tan x - \sin x}{x^3}$;

(5) $\lim\limits_{x \to 0} \dfrac{1 - \cos 2x}{x \sin x}$;

(6) $\lim\limits_{x \to 1} \dfrac{x^2 - 1}{\sin(x^3 - 1)}$.

2. 计算下列极限:

(1) $\lim\limits_{x \to 0} (1 + 5x)^{\frac{1}{x}}$;

(2) $\lim\limits_{x \to \infty} \left(1 - \dfrac{1}{x}\right)^{kx}$;

(3) $\lim\limits_{t \to 0} (1 - t^2)^{\frac{1}{t}}$;

(4) $\lim\limits_{x \to \infty} \left(\dfrac{2 - 2x}{3 - 2x}\right)^{2x}$;

(5) $\lim\limits_{x \to \infty} \left(\dfrac{x}{1 + x}\right)^{-2x}$;

(6) $\lim\limits_{x \to \frac{\pi}{2}} (\sin x)^{2\sec^2 x}$.

◀ §1-6　无穷小与无穷大 ▶

当我们研究函数的变化趋势时,经常遇到下面两种情况:(1) 函数的绝对值无限减小;(2) 函数的绝对值无限增大.本节专门讨论这两种情况.

一、无穷小

1. 无穷小的定义

定义 1　如果函数 $f(x)$ 当 $x \to x_0$(或 $x \to \infty$)时的极限为零,那么称函数 $f(x)$ 为当 $x \to x_0$(或 $x \to \infty$)时的**无穷小**,即 $\lim\limits_{x \to x_0} f(x) = 0$(或 $\lim\limits_{x \to \infty} f(x) = 0$).

例如,函数 $\dfrac{1}{x}$ 为当 $x \to \infty$ 时的无穷小,函数 $x - 1$ 为当 $x \to 1$ 时的无穷小.

注意　(1) 无穷小是以零为极限的变量,不能把很小的数(如 $0.001^{1\,000}$, $-0.000\,1^{1\,000}$)看作无穷小.零是唯一可以看作无穷小的常数.

(2) 无穷小是相对于自变量的变化趋势而言的.例如,当 $x \to \infty$ 时,$\dfrac{1}{x}$ 是无穷小,而当 $x \to 2$ 时,$\dfrac{1}{x}$ 就不是无穷小.

2. 无穷小的性质

在自变量的同一变化过程中,无穷小具有以下性质:

性质 1　有限个无穷小的代数和仍为无穷小.

性质 2　有限个无穷小的乘积仍为无穷小.

性质 3　有界函数与无穷小的乘积仍为无穷小.

推论　常数与无穷小的乘积仍为无穷小.

以上性质均可以用极限的运算法则推出.

例 1　求 $\lim\limits_{x\to 0}x\sin\dfrac{1}{x}$.

解　因为 $\lim\limits_{x\to 0}x=0$,且 $\left|\sin\dfrac{1}{x}\right|\leqslant 1$,由无穷小的性质 3 知 $\lim\limits_{x\to 0}x\sin\dfrac{1}{x}=0$.

3．无穷小与函数极限的关系

函数、函数极限与无穷小三者之间有着密切的联系,它们有如下的定理:

定理 1　在自变量的同一变化过程 $x\to x_0$（或 $x\to\infty$）中,函数 $f(x)$ 具有极限 A 的充分必要条件是 $f(x)=A+\alpha$,其中 α 是当 $x\to x_0$（或 $x\to\infty$）时的无穷小.

证明　以 $x\to x_0$ 为例.

必要性:设 $\lim\limits_{x\to x_0}f(x)=A$,令 $\alpha=f(x)-A$,则 $f(x)=A+\alpha$,且

$$\lim_{x\to x_0}\alpha=\lim_{x\to x_0}[f(x)-A]=\lim_{x\to x_0}f(x)-A=0.$$

充分性:设 $f(x)=A+\alpha$,其中 A 是常数,$\lim\limits_{x\to x_0}\alpha=0$,于是

$$\lim_{x\to x_0}f(x)=\lim_{x\to x_0}(A+\alpha)=A+\lim_{x\to x_0}\alpha=A.$$

类似地可证明 $x\to\infty$ 时的情形.

二、无穷大

定义 2　如果当 $x\to x_0$（或 $x\to\infty$）时,对应的函数的绝对值 $|f(x)|$ 无限增大,那么称函数 $f(x)$ 为当 $x\to x_0$（或 $x\to\infty$）时的**无穷大**,记为

$$\lim_{x\to x_0}f(x)=\infty（或\lim_{x\to\infty}f(x)=\infty）.$$

注意　(1) 无穷大是变量,不能把绝对值很大的数（如 $100^{1\,000}$,$-1\,000^{1\,000}$）看作无穷大.

(2) 无穷大也是相对于自变量的变化趋势而言的.例如,当 $x\to\infty$ 时,x 是无穷大,而当 $x\to 2$ 时,x 就不是无穷大.

(3) 当 $x\to x_0$（或 $x\to\infty$）时为无穷大的函数 $f(x)$,按函数极限的定义来说,其极限是不存在的,但为了便于叙述函数的这一性态,我们也说"函数的极限是无穷大",并记作

$$\lim_{x\to x_0}f(x)=\infty（或\lim_{x\to\infty}f(x)=\infty）.$$

例如,$\lim\limits_{x\to\infty}x^2=\infty$,$\lim\limits_{x\to 0}\dfrac{1}{x}=\infty$.

(4) 在无穷大的定义中,对于 x_0 左右附近的 x,对应函数 $f(x)$ 的值恒为正（或负）的,则称 $f(x)$ 为 $x\to x_0$ 时的正无穷大（或负无穷大）,记为

$$\lim_{x\to x_0}f(x)=+\infty（或\lim_{x\to x_0}f(x)=-\infty）.$$

例如,$\lim\limits_{x\to 0^+}\ln x=-\infty$,$\lim\limits_{x\to+\infty}\ln x=+\infty$.

三、无穷大与无穷小之间的关系

定理 2 在自变量的同一变化过程中,如果 $f(x)$ 为无穷大,那么 $\dfrac{1}{f(x)}$ 为无穷小;反之,如果 $f(x)$ 为无穷小且 $f(x)\neq 0$,那么 $\dfrac{1}{f(x)}$ 为无穷大.

例 2 求 $\lim\limits_{x\to 1}\dfrac{x+1}{x-1}$.

解 因为 $\lim\limits_{x\to 1}\dfrac{x-1}{x+1}=0$,根据无穷大与无穷小的关系,得

$$\lim\limits_{x\to 1}\dfrac{x+1}{x-1}=\infty.$$

说明 由无穷大和无穷小的关系,可得有理分式的极限 $\lim\dfrac{P(x)}{Q(x)}$($P(x)$,$Q(x)$ 均为多项式)的以下三种情况:

(1) 当 $\lim Q(x)\neq 0$,且 $\lim P(x)=0$ 时,$\lim\dfrac{P(x)}{Q(x)}=0$;

(2) 当 $\lim Q(x)=0$,且 $\lim P(x)\neq 0$ 时,$\lim\dfrac{P(x)}{Q(x)}=\infty$;

(3) 当 $\lim Q(x)=\lim P(x)=0$ 时,$\lim\dfrac{P(x)}{Q(x)}$ 为 $\dfrac{0}{0}$ 型,应作进一步讨论(通常要约去零因子).

例 3 求 $\lim\limits_{x\to\infty}\dfrac{3x^2-2x+1}{4x^2-3x-1}$.

解 分子、分母同时除以 x^2,然后取极限:

$$\lim\limits_{x\to\infty}\dfrac{3x^2-2x+1}{4x^2-3x-1}=\lim\limits_{x\to\infty}\dfrac{3-\dfrac{2}{x}+\dfrac{1}{x^2}}{4-\dfrac{3}{x}-\dfrac{1}{x^2}}=\dfrac{3}{4}.$$

例 4 求 $\lim\limits_{x\to\infty}\dfrac{3x^2-2x-1}{2x^3-x^2+5}$.

解 分子、分母同时除以 x^3,然后取极限:

$$\lim\limits_{x\to\infty}\dfrac{3x^2-2x-1}{2x^3-x^2+5}=\lim\limits_{x\to\infty}\dfrac{\dfrac{3}{x}-\dfrac{2}{x^2}-\dfrac{1}{x^3}}{2-\dfrac{1}{x}+\dfrac{5}{x^3}}=\dfrac{0}{2}=0.$$

例 5 求 $\lim\limits_{x\to\infty}\dfrac{2x^3-x^2+3}{3x^2-2x-1}$.

解 因为 $\lim\limits_{x\to\infty}\dfrac{3x^2-2x-1}{2x^3-x^2+3}=0$,所以 $\lim\limits_{x\to\infty}\dfrac{2x^3-x^2+3}{3x^2-2x-1}=\infty$.

分析例 3~例 5 的特点和结果,我们可得当自变量趋向于无穷大时有理分式的极限的法则:

$$\lim_{x \to \infty} \frac{a_0 x^n + a_1 x^{n-1} + \cdots + a_n}{b_0 x^m + b_1 x^{m-1} + \cdots + a_m} = \begin{cases} 0, & n < m, \\ \dfrac{a_0}{b_0}, & n = m, \\ \infty, & n > m, \end{cases} \text{其中 } a_0 \neq 0, b_0 \neq 0, m, n \in \mathbf{N}^*.$$

例 6　$\lim\limits_{x \to \infty} \dfrac{(2x+1)^6 (3x-2)^2}{(5x^2-3)^4}$.

解　因为 $n = m = 8, a_0 = 2^6 \cdot 3^2, b_0 = 5^4$,所以

$$\lim_{x \to \infty} \frac{(2x+1)^6 (3x-2)^2}{(5x^2-3)^4} = \frac{2^6 \cdot 3^2}{5^4} = \frac{576}{625}.$$

四、无穷小的比较

已知两个无穷小的和与积仍为无穷小,但两个无穷小的商却会出现不同的结果.例如,当 $x \to 0$ 时,$x^2, 3x, \sin x$ 都是无穷小,但是 $\lim\limits_{x \to 0} \dfrac{x^2}{3x} = 0, \lim\limits_{x \to 0} \dfrac{3x}{x^2} = \infty, \lim\limits_{x \to 0} \dfrac{\sin x}{3x} = \dfrac{1}{3}$.两个无穷小的商的极限的各种不同情况,反映了不同的无穷小趋于零的"快慢"程度. 在 $x \to 0$ 的过程中,$x^2 \to 0$ 比 $3x \to 0$ "快些",反过来 $3x \to 0$ 比 $x^2 \to 0$ "慢些",而 $\sin x \to 0$ 与 $x \to 0$ "快慢相仿".

下面,我们就无穷小的商的极限存在或为无穷大时,来说明两个无穷小之间的比较.

定义 3　设 α 及 β 都是在同一个自变量的变化过程中的无穷小.

(1) 如果 $\lim \dfrac{\beta}{\alpha} = 0$,就说 β 是比 α 高阶的无穷小,记为 $\beta = o(\alpha)$;

(2) 如果 $\lim \dfrac{\beta}{\alpha} = \infty$,就说 β 是比 α 低阶的无穷小;

(3) 如果 $\lim \dfrac{\beta}{\alpha} = C \neq 0$,就说 β 与 α 是同阶无穷小;

特别地,如果 $\lim \dfrac{\beta}{\alpha} = 1(C = 1$ 的情形$)$,就说 β 与 α 是等价无穷小,记为 $\alpha \sim \beta$.

下面举一些例子:

因为 $\lim\limits_{n \to \infty} \dfrac{\dfrac{1}{n}}{\dfrac{1}{n^2}} = \infty$,所以当 $n \to \infty$ 时,$\dfrac{1}{n}$ 是比 $\dfrac{1}{n^2}$ 低阶的无穷小.

因为 $\lim\limits_{x \to 0} \dfrac{\sin x}{2x} = \dfrac{1}{2}$,所以当 $x \to 0$ 时,$\sin x$ 与 $2x$ 是同阶无穷小.

因为 $\lim\limits_{x \to 0} \dfrac{\sin x}{x} = 1$,所以当 $x \to 0$ 时,$\sin x$ 与 x 是等价无穷小,即 $\sin x \sim x (x \to 0)$.

关于等价无穷小,有如下有关定理:

定理 3　设 $\alpha, \beta, \alpha', \beta'$ 是在自变量的同一个变化过程中的无穷小,$\alpha \sim \alpha', \beta \sim \beta'$,且 $\lim \dfrac{\beta'}{\alpha'}$ 存在,则 $\lim \dfrac{\beta}{\alpha} = \lim \dfrac{\beta'}{\alpha'}$.

证明略.

定理 3 表明,求两个无穷小的商的极限时,分子及分母都可用等价无穷小来代替.因此,如果用来代替的无穷小选取得适当,可使计算简化.

经常用到的一些等价无穷小:当 $x \to 0$ 时,$\sin x \sim x$,$\tan x \sim x$,$\arcsin x \sim x$,$\arctan x \sim x$,$\ln(1+x) \sim x$,$e^x-1 \sim x$,$1-\cos x \sim \dfrac{1}{2}x^2$,$\sqrt[n]{1+x}-1 \sim \dfrac{x}{n}$.

例 7　$\lim\limits_{x \to 0} \dfrac{\sin 2x}{\tan 3x}$.

解　当 $x \to 0$ 时,$\tan 3x \sim 3x$,$\sin 2x \sim 2x$,所以

$$\lim_{x \to 0} \frac{\sin 2x}{\tan 3x} = \lim_{x \to 0} \frac{2x}{3x} = \frac{2}{3}.$$

例 8　$\lim\limits_{x \to 0} \dfrac{x\ln(1+x)(e^x-1)}{(1-\cos x)\sin 4x}$.

解　当 $x \to 0$ 时,$\ln(1+x) \sim x$,$e^x-1 \sim x$,$\sin 4x \sim 4x$,$1-\cos x \sim \dfrac{1}{2}x^2$,所以

$$\lim_{x \to 0} \frac{x\ln(1+x)(e^x-1)}{(1-\cos x)\sin 4x} = \lim_{x \to 0} \frac{x \cdot x \cdot x}{\dfrac{1}{2}x^2 \cdot 4x} = \frac{1}{2}.$$

例 9　用等价无穷小的代换,求 $\lim\limits_{x \to 0} \dfrac{\tan x - \sin x}{x^3}$.

解　因为 $\tan x - \sin x = \tan x(1-\cos x)$,当 $x \to 0$ 时,$\tan x \sim x$,$1-\cos x \sim \dfrac{1}{2}x^2$,所以

$$\lim_{x \to 0} \frac{\tan x - \sin x}{x^3} = \lim_{x \to 0} \frac{\tan x(1-\cos x)}{x^3} = \lim_{x \to 0} \frac{x \cdot \dfrac{1}{2}x^2}{x^3} = \frac{1}{2}.$$

在运算时要注意正确地使用等价无穷小的代换.例 9 的错误代换如下:

$$\lim_{x \to 0} \frac{\tan x - \sin x}{x^3} = \lim_{x \to 0} \frac{x-x}{x^3} = 0.$$

这是错误的! 因式乘除可换,加减忌换!

习题 1-6

1. 求下列极限:

(1) $\lim\limits_{x \to \infty} \dfrac{1}{x^2}\cos x$;

(2) $\lim\limits_{x \to 2} \dfrac{x+2}{x-2}$;

(3) $\lim\limits_{x \to \infty} \dfrac{3x^3+x^2+2x}{5x^3+3x-1}$;

(4) $\lim\limits_{x \to \infty} \dfrac{x-1}{x^2+1}$;

(5) $\lim\limits_{x \to \infty} \dfrac{x^3+3x+1}{2x^2-5}$;

(6) $\lim\limits_{x \to \infty} \dfrac{(5x^2+3x-1)^5}{(3x+1)^{10}}$.

2. 利用等价无穷小的性质，求下列极限：

（1）$\lim\limits_{x \to 0} \dfrac{\tan 3x}{\ln(1+2x)}$；

（2）$\lim\limits_{x \to 0} \dfrac{\sin(x^n)}{(\sin x)^m}(n>m)$；

（3）$\lim\limits_{x \to 0} \dfrac{\arcsin 2x(e^{-x}-1)}{\ln(1-x^2)}$；

（4）$\lim\limits_{x \to 0} \dfrac{e^{x+\Delta x}-e^x}{\Delta x}$；

（5）$\lim\limits_{x \to 0} \dfrac{\arctan x^2 \sin 4x}{(\sqrt{1-3x}-1)(1-\cos 2x)}$；

（6）$\lim\limits_{x \to 0} \dfrac{\sin x - \tan x}{(e^{x^2}-1)(\sqrt{1+\sin x}-1)}$.

◀ 本章小结 ▶

一、考查要求

1. 理解函数的概念, 掌握函数的表示法, 会建立应用问题的函数关系, 理解函数的有界性、单调性、奇偶性和周期性.

2. 理解分段函数、复合函数、反函数及隐函数的概念, 熟练掌握基本初等函数的性质及其图形, 了解初等函数的概念.

3. 理解极限的概念, 了解数列极限与函数极限的性质, 理解左极限与右极限的概念, 以及函数极限存在与左、右极限之间的关系.

4. 掌握极限的四则运算法则与复合函数的极限运算法则.

5. 熟练掌握利用两个重要极限求极限的方法.

6. 理解无穷小与无穷大的概念, 掌握无穷小的性质, 了解函数极限与无穷小的关系, 了解无穷小的比较方法, 会熟练运用等价无穷小求极限.

7. 理解函数连续性的概念, 会利用函数的连续性求极限, 并能够判定函数在给定点的连续性, 会判别函数间断点的类型.

8. 了解连续函数的运算性质和初等函数的连续性, 理解闭区间上连续函数的性质(最大值和最小值定理、介值定理、零点定理), 并会运用这些性质.

二、历年真题

1. 下列极限正确的是 （ ）

A. $\lim\limits_{x \to 0}\left(1+\dfrac{1}{x}\right)^{x}=e$

B. $\lim\limits_{x \to \infty}\left(1+\dfrac{1}{x}\right)^{\frac{1}{x}}=e$

C. $\lim\limits_{x \to \infty} x \sin \dfrac{1}{x}=1$

D. $\lim\limits_{x \to 0} x \sin \dfrac{1}{x}=1$

2. 下列极限正确的是 （ ）

A. $\lim\limits_{x \to 0}(1+\tan x)^{\cot x}=e$

B. $\lim\limits_{x \to 0} x \sin \dfrac{1}{x}=1$

C. $\lim\limits_{x \to 0}(1+\cos x)^{\sec x}=e$

D. $\lim\limits_{n \to \infty}(1+n)^{\frac{1}{n}}=e$

3. 下列极限正确的是 （ ）

A. $\lim\limits_{x \to \infty} \dfrac{\sin 2x}{x}=2$

B. $\lim\limits_{x \to +\infty} \dfrac{\arctan x}{x}=1$

C. $\lim\limits_{x \to 2} \dfrac{x^{2}-4}{x-2}=\infty$

D. $\lim\limits_{x \to 0^{+}} x^{x}=1$

4. 已知 $\lim\limits_{x \to 2} \dfrac{x^{2}+ax+b}{x-2}=3$, 则常数 a,b 的取值分别为 （ ）

A. $a=-1, b=-2$

B. $a=-2, b=0$

C. $a=-1, b=0$

D. $a=-2, b=-1$

5. 当 $x \to 0$ 时,$x^2 - \sin x$ 是关于 x 的 （　　）

A. 高阶无穷小

B. 同阶但不是等价无穷小

C. 低阶无穷小

D. 等价无穷小

6. $x = 0$ 是函数 $f(x) = x \sin \dfrac{1}{x}$ 的 （　　）

A. 可去间断点

B. 跳跃间断点

C. 第二类间断点

D. 连续点

7. 设函数 $f(x)$ 在 $(-\infty, +\infty)$ 上有定义,下列函数必为奇函数的是 （　　）

A. $y = -|f(x)|$

B. $y = x^3 f(x^4)$

C. $y = -f(-x)$

D. $y = f(x) + f(-x)$

8. 若 $\lim\limits_{x \to 0} \dfrac{f(2x)}{x} = 2$,则 $\lim\limits_{x \to \infty} x f\left(\dfrac{1}{2x}\right) =$ （　　）

A. $\dfrac{1}{4}$

B. $\dfrac{1}{2}$

C. 2

D. 4

9. 极限 $\lim\limits_{x \to \infty} \left(2x \sin \dfrac{1}{x} + \dfrac{\sin 3x}{x}\right) =$ （　　）

A. 0

B. 2

C. 3

D. 5

10. 已知当 $x \to 0$ 时,$x^2 \ln(1 + x^2)$ 是 $\sin^n x$ 的高阶无穷小,而 $\sin^n x$ 又是 $1 - \cos x$ 的高阶无穷小,则正整数 $n =$ （　　）

A. 1

B. 2

C. 3

D. 4

11. 当 $x \to 0$ 时,函数 $f(x) = x - \sin x$ 与 $g(x) = ax^n$ 是等价无穷小,则常数 a,n 的值分别为 （　　）

A. $a = \dfrac{1}{6}$,$n = 3$

B. $a = \dfrac{1}{3}$,$n = 3$

C. $a = \dfrac{1}{12}$,$n = 4$

D. $a = \dfrac{1}{6}$,$n = 4$

12. 当 $x \to 0$ 时,函数 $f(x) = e^x - x - 1$ 是函数 $g(x) = x^2$ 的 （　　）

A. 高阶无穷小

B. 低阶无穷小

C. 同阶无穷小

D. 等价无穷小

13. 已知函数 $f(x) = \dfrac{x^2 - 3x + 2}{x^2 - 4}$,则 $x = 2$ 为 $f(x)$ 的 （　　）

A. 跳跃间断点

B. 可去间断点

C. 无穷间断点

D. 振荡间断点

14. 设函数 $f(x) = \dfrac{(x - 2)\sin x}{|x|(x^2 - 4)}$,则 $f(x)$ 的第一类间断点的个数为 （　　）

A. 0

B. 1

C. 2

D. 3

15. 设函数 $f(x) = \left(\dfrac{2 + x}{3 + x}\right)^x$,则 $\lim\limits_{x \to \infty} f(x) = $ _____.

16. 已知 $\lim\limits_{x \to \infty} \left(\dfrac{x}{x - c}\right)^x = 2$,则常数 $c = $ _____.

17. $\lim\limits_{x \to \infty} \left(\dfrac{x + 1}{x - 1}\right)^x = $ _____.

18. 已知 $\lim\limits_{x \to \infty} \left(\dfrac{x - 2}{x}\right)^{kx} = e^2$,则 $k = $ _____.

19. 设函数 $f(x)=\begin{cases}(1+kx)^{\frac{1}{x}}, & x\neq 0,\\ 2, & x=0\end{cases}$ 在点 $x=0$ 处连续,则常数 $k=$ _____.

20. 设函数 $f(x)=\begin{cases}a+x, & x\geqslant 0,\\ \dfrac{\tan 3x}{x}, & x<0\end{cases}$ 在点 $x=0$ 处连续,则 $a=$ _____.

21. 要使函数 $f(x)=(1-2x)^{\frac{1}{x}}$ 在点 $x=0$ 处连续,则需补充定义 $f(0)=$ _____.

22. 设函数 $f(x)=\dfrac{x^2-1}{|x|(x-1)}$,则其第一类间断点为 _____.

23. 求函数 $f(x)=\dfrac{x}{\sin x}$ 的间断点,并判断其类型.

24. 求函数 $f(x)=\dfrac{(x-1)\sin x}{|x|(x^2-1)}$ 的间断点,并指出其类型.

25. 已知 $f(x)=\dfrac{\sin(x-1)}{|x-1|}$,求其间断点,并判断其类型.

26. 求极限 $\lim\limits_{x\to 0}(1+x^2)^{\frac{1}{1-\cos x}}$.

27. 求极限 $\lim\limits_{x\to 0}\dfrac{e^x-x-1}{x\tan x}$.

28. 求极限 $\lim\limits_{x\to\infty}\left(\dfrac{x-2}{x}\right)^{3x}$.

29. 求极限 $\lim\limits_{x\to 0}\dfrac{x^3}{x-\sin x}$.

30. 求极限 $\lim\limits_{x\to 0}\left(\dfrac{1}{x\tan x}-\dfrac{1}{x^2}\right)$.

31. 求极限 $\lim\limits_{x\to 0}\dfrac{(e^x-e^{-x})^2}{\ln(1+x^2)}$.

32. 求极限 $\lim\limits_{x\to 0}\dfrac{x^2+2\cos x-2}{x^3\ln(1+x)}$.

33. 设函数 $f(x)=\begin{cases}\dfrac{e^{ax}-x^2-ax-1}{x\arctan x}, & x<0,\\ 1, & x=0,\\ \dfrac{e^{ax}-1}{\sin 2x}, & x>0,\end{cases}$ 问常数 a 为何值时,

(1) $x=0$ 是函数 $f(x)$ 的连续点?

(2) $x=0$ 是函数 $f(x)$ 的可去间断点?

(3) $x=0$ 是函数 $f(x)$ 的跳跃间断点?

34. 证明:$xe^x=2$ 在 $(0,1)$ 内有且仅有一个实根.

35. 设函数 $f(x)$ 在闭区间 $[0,2a]$ $(a>0)$ 上连续,且 $f(0)=f(2a)\neq f(a)$.
证明:在开区间 $(0,a)$ 上至少存在一点 ξ,使得 $f(\xi)=f(\xi+a)$.

36. 证明:方程 $x\ln(1+x^2)=2$ 有且仅有一个小于 2 的正实根.

本章自测题

一、填空题

1. 函数 $f(x)=\dfrac{x}{\ln(x-1)}+\sqrt{x^2-3x-4}$ 的定义域为_____.

2. 设 $f(x+1)=x^2+2x-5$,则 $f(x)=$_____.

3. $\lim\limits_{x\to 1}(\ln x-x^2-1)=$_____.

4. $\lim\limits_{x\to -3}\dfrac{x^2-x-12}{x^2+4x+3}=$_____.

5. $\lim\limits_{x\to 1}\dfrac{x}{x-1}=$_____.

6. $\lim\limits_{x\to\infty}\dfrac{(2x-1)^{10}}{(3x^2-1)^5}=$_____.

7. 设函数 $f(x)=\begin{cases} x-1, & x<1, \\ 2x+1, & 1\leqslant x\leqslant 2, \\ x^2+1, & x>2, \end{cases}$ 则 $\lim\limits_{x\to 1}f(x)=$_____, $\lim\limits_{x\to 2}f(x)=$_____, $\lim\limits_{x\to 3}f(x)=$_____.

8. 当 $x\to$_____时,函数 $f(x)=\dfrac{(x-1)(x+2)}{(x-1)(x+3)}$ 是无穷大;当 $x\to$_____时,函数 $f(x)=\dfrac{(x-1)(x+2)}{(x-1)(x+3)}$ 是无穷小.

9. 设函数 $f(x)=x\sin\dfrac{1}{x}$, $g(x)=\dfrac{\sin x}{x}$,则 $\lim\limits_{x\to 0}f(x)=$_____, $\lim\limits_{x\to\infty}f(x)=$_____, $\lim\limits_{x\to 0}g(x)=$_____, $\lim\limits_{x\to\infty}g(x)=$_____.

二、选择题

1. 函数 $f(x)$ 在点 x_0 处连续是 $\lim\limits_{x\to x_0}f(x)$ 存在的 ( )

A. 必要非充分条件   B. 充分非必要条件

C. 充分必要条件   D. 既非充分也非必要条件

2. 若 $\lim\limits_{x\to x_0^-}f(x)=\lim\limits_{x\to x_0^+}f(x)=A$,则下列说法正确的是 ( )

A. $f(x)$ 在点 x_0 处有定义   B. $f(x)$ 在点 x_0 处连续

C. $\lim\limits_{x\to x_0}f(x)=A$ D. $f(x_0)=A$

3. 设函数 $f(x)=\dfrac{|x-2|}{x-2}$,则 $\lim\limits_{x\to 2}f(x)=$ ( )

A. -1 B. 1   C. 不存在   D. 0

4. 下列说法正确的是 （　　）

A. 初等函数是由基本初等函数经复合得到的

B. 无穷小的倒数是无穷大

C. 函数 $f(x)$ 在点 x_0 处存在极限,必在点 x_0 处有定义

D. 函数 $y = \ln x^5, y = 5\ln x$ 是相等的

5. 函数 $f(x) = \ln\cos(3x+1)$ 的复合过程是 （　　）

A. $y = \ln u, u = \cos v, v = 3x+1$

B. $y = u, u = \ln(\cos v), v = 3x+1$

C. $y = \ln u, u = \cos(3x+1)$

D. $y = \ln u, u = v, v = \cos(3x+1)$

6. 设函数 $f(x) = \dfrac{e^x - 1}{x}$,则 $x = 0$ 是 $f(x)$ 的 （　　）

A. 连续点　　　　　B. 可去间断点　　　　C. 跳跃间断点　　　　D. 第二类间断点

7. 当 $x \to 0^+$ 时,下列变量是无穷小的是 （　　）

A. $\ln x$ 　　　　　B. $\dfrac{\sin x}{x}$ 　　　　C. $\dfrac{\cos x}{x}$ 　　　　D. $\dfrac{x}{\cos x}$

8. $\lim\limits_{x \to 0} \dfrac{(e^{-x} - 1)\ln(1-x)}{\sin^2 x} =$ （　　）

A. 1　　　　　　　　B. -1　　　　　　　　C. 0　　　　　　　　D. ∞

三、综合题

1. 求下列极限:

(1) $\lim\limits_{x \to 1} \dfrac{x^2 + x + 3}{x + 1}$;

(2) $\lim\limits_{x \to 0} \dfrac{\sqrt{x+4} - 2}{x}$;

(3) $\lim\limits_{x \to 1} \dfrac{x^2 + 4x - 5}{x^2 - 1}$;

(4) $\lim\limits_{x \to \infty} \dfrac{2x^3 + 1}{3x^4 + x^2 - 5}$;

(5) $\lim\limits_{x \to \infty} \dfrac{2x^3 + x - 1}{3x^2 + x + 1}$;

(6) $\lim\limits_{x \to \infty} \dfrac{4x^2 + 4x + 3}{3x^2 + 5x - 6}$;

(7) $\lim\limits_{x \to 0} x\left(\sin\dfrac{1}{x} - \dfrac{1}{\sin 2x}\right)$;

(8) $\lim\limits_{x \to 0} \dfrac{\tan 6x}{\sin 3x}$;

(9) $\lim\limits_{x \to 0} (1 - 2x)^{\frac{1}{x}}$;

(10) $\lim\limits_{x \to \infty} \left(\dfrac{x-1}{x+1}\right)^{2x}$;

(11) $\lim\limits_{x \to 0} \left(\dfrac{1}{\sin x} - \dfrac{1}{\tan x}\right)$;

(12) $\lim\limits_{x \to 0} \dfrac{\sqrt[3]{1-4x} - 1}{\tan 4x}$.

2. 设函数 $f(x) = \begin{cases} e^x - 1, & x \leqslant 0, \\ 3x + 1, & 0 < x < 1, \\ (x+1)^2, & x \geqslant 1, \end{cases}$ 求 $\lim\limits_{x \to 0} f(x), \lim\limits_{x \to 1} f(x)$.

3. 设函数 $f(x) = \begin{cases} x\sin\dfrac{1}{x}, & x > 0, \\ a + x^2, & x \leqslant 0, \end{cases}$ 要使 $f(x)$ 在 $(-\infty, +\infty)$ 内连续,应怎样选择

数 a?

4. 设函数 $f(x) = \begin{cases} 3x+2, & x \leqslant -1, \\ \dfrac{\ln(x+2)}{x+1} + a, & -1 < x < 0, \\ -2 + x + b, & x \geqslant 0 \end{cases}$ 在 $(-\infty, +\infty)$ 内连续,求 a,b 的值.

5. 验证方程 $x^3 - 4x^2 + 1 = 0$ 在区间 $(0,1)$ 内至少有一个根.

6. 求函数 $f(x) = \dfrac{1}{1 - e^{\frac{x}{1-x}}}$ 的间断点,并对间断点进行分类.

第 2 章

导数与微分

本章内容

　　导数与微分的概念,导数与微分的几何意义,导数与微分的关系,函数的可导性与连续性之间的关系,平面曲线的切线与法线,导数与微分的四则运算,基本初等函数的导数公式,复合函数、反函数、隐函数及参数方程所确定的函数的导数,微分形式的不变性,高阶导数.

§2-1　导数的概念

一、两个实例

　　当我们在观察某一变量的变化状况时,总是先注意这个变化是急剧的还是缓慢的,这就提出了怎样衡量变量变化快慢的问题,即如何把变化快慢数量化.

　　实例 1　曲线上一点的切线的斜率.

　　我们在初中平面几何中学过:和圆周交于一点的直线称为圆的切线.这一说法对圆来说是对的,但对其他曲线来说就未必成立.

　　现在研究一般曲线在某一点处的切线.设方程为 $y=f(x)$ 的曲线为 l(图 2-1),其上一点 A 的坐标为 $(x_0,f(x_0))$.在曲线上点 A 附近另取一点 B,它的坐标是 $(x_0+\Delta x,f(x_0+\Delta x))$.直线 AB 是曲线 l 的割线,它的倾斜角记作 β.由图 2-1 中的 Rt$\triangle ACB$,可知割线 AB 的斜率

$$\tan\beta=\frac{CB}{AC}=\frac{\Delta y}{\Delta x}=\frac{f(x_0+\Delta x)-f(x_0)}{\Delta x}.$$

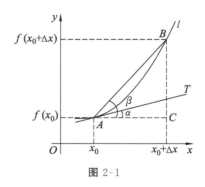

图 2-1

　　在数量上,它表示当自变量从 x_0 变到 $x_0+\Delta x$ 时,函数 $f(x)$ 关于变量 x 的平均变化率(增长率或减小率).

　　现在让点 B 沿着曲线趋向于点 A,此时 $\Delta x\to0$,过点 A 的割线 AB 如果也能趋向于一个极限位置——直线 AT,我们就称在点 A 处存在切线 AT.记 AT 的倾斜角为 α,则 α 为 β 的极限.若 $\alpha\neq90°$,根据正切函数的连续性,可得到切线 AT 的斜率为

$$\tan \alpha = \lim_{\Delta x \to 0} \tan \beta = \lim_{\Delta x \to 0} \frac{f(x_0 + \Delta x) - f(x_0)}{\Delta x}.$$

在数量上,它表示函数 $f(x)$ 在点 x_0 处的变化率.

有这样一类变化,当我们在不同时刻观察时,它的快慢程度总是一致的,也就是说它的变化是均匀的.例如,质点的匀速直线运动,它的位移 $s(t) - s(0)$ 与所经过的时间 t 的比就是质点的运动速度,所以 $v = \dfrac{s(t) - s(0)}{t} = $ 常数.但是,实际问题中变量变化的快慢并不总是均匀的.请看下面的实例.

实例 2　变速直线运动的瞬时速度.

现在考察质点的自由落体运动.真空中,质点在时刻 $t = 0$ 到时刻 t 这一时间段内下落的路程 s 由公式 $s = \dfrac{1}{2} g t^2$ 来确定.因为时刻 t 不同,质点在相同的时间段内下落的路程不等,所以运动不是匀速的,质点的速度时刻在变化.现在来求 $t = 1 \mathrm{~s}$ 这一时刻质点的速度.

当 Δt 很小时,从 $1 \mathrm{~s}$ 到 $(1 + \Delta t) \mathrm{s}$ 这段时间内,质点运动的速度变化不大,可以以质点在这段时间内的平均速度作为质点在 $t = 1 \mathrm{~s}$ 时速度的近似.一般来讲,Δt 越小,这种近似就越精确.现在我们来计算 t 从 $1 \mathrm{~s}$ 分别到 $1.1 \mathrm{~s}$,$1.01 \mathrm{~s}$,$1.001 \mathrm{~s}$,$1.000\ 1 \mathrm{~s}$,$1.000\ 01 \mathrm{~s}$ 各段时间内的平均速度,取 $g = 9.8 \mathrm{~m/s^2}$,所得数据见表 2-1:

表 2-1　质点在不同时间段内的平均速度

$\Delta t / \mathrm{s}$	$\Delta s / \mathrm{m}$	$\dfrac{\Delta s}{\Delta t} / (\mathrm{m/s})$
0.1	1.029	10.29
0.01	0.098 49	9.849
0.001	0.009 804 9	9.804 9
0.000 1	0.000 980 049	9.800 49
0.000 01	0.000 098 000 49	9.800 049

从表 2-1 中可以看出,平均速度 $\dfrac{\Delta s}{\Delta t}$ 随着 Δt 的变化而变化,Δt 越小,$\dfrac{\Delta s}{\Delta t}$ 越接近于一个定值——$9.8(\mathrm{m/s})$.

考察下式:

$$\Delta s = \frac{1}{2} g (1 + \Delta t)^2 - \frac{1}{2} g \cdot 1^2 = \frac{1}{2} g [2 \Delta t + (\Delta t)^2].$$

当 Δt 越来越接近于 0 时,$\dfrac{\Delta s}{\Delta t}$ 越来越接近于质点在 $1 \mathrm{~s}$ 时的"速度".现在对 $\dfrac{\Delta s}{\Delta t}$ 取当 $\Delta t \to 0$ 时的极限,得

$$\lim_{\Delta t \to 0} \frac{\Delta s}{\Delta t} = \lim_{\Delta t \to 0} \frac{1}{2} g (2 + \Delta t) = 9.8(\mathrm{m/s}).$$

我们有理由认为这正是质点在 $t = 1 \mathrm{~s}$ 时的速度.我们称质点在 $t = 1 \mathrm{~s}$ 时的速度为质点在 $t = 1 \mathrm{~s}$ 时的**瞬时速度**.

一般地,设质点的位移规律是 $s = f(t)$,在时刻 t 时,时间有改变量 Δt,位移相应的改

变量为 $\Delta s = f(t + \Delta t) - f(t)$，质点在时间段 t 到 $t + \Delta t$ 内的平均速度为

$$\bar{v}(t) = \frac{\Delta s}{\Delta t} = \frac{f(t + \Delta t) - f(t)}{\Delta t}.$$

对平均速度取 $\Delta t \to 0$ 时的极限，得

$$v(t) = \lim_{\Delta t \to 0} \frac{\Delta s}{\Delta t} = \lim_{\Delta t \to 0} \frac{f(t + \Delta t) - f(t)}{\Delta t}.$$

我们称 $v(t)$ 为质点在时刻 t 的瞬时速度.

从变化率的观点来看，平均速度 $\bar{v}(t)$ 表示 s 关于 t 在时间段 t 到 $t + \Delta t$ 内的平均变化率，而瞬时速度 $v(t)$ 则表示 s 关于 t 在时刻 t 的变化率.

在实践中经常会遇到类似上述两个实例的问题，虽然它们表达问题的函数形式 $y = f(x)$ 和自变量 x 的具体内容不同，但本质都是要求函数 y 关于自变量 x 在某一点 x 处的变化率.所有这类问题的基本分析方法都与上述两个实例相同.

（1）自变量 x 作微小变化 Δx，求出函数 $y = f(x)$ 在自变量这个变化区间内的平均变化率 $\dfrac{\Delta y}{\Delta x}$，作为自变量在点 x 处变化率的近似；

（2）对 $\dfrac{\Delta y}{\Delta x}$ 求 $\Delta x \to 0$ 时的极限 $\lim\limits_{\Delta x \to 0} \dfrac{\Delta y}{\Delta x}$，若它存在，这个极限即为 y 在点 x 处变化率的精确值.

二、导数的定义

1. 函数在一点处可导的概念

现在我们把这种分析方法应用到一般的函数，得到函数导数的概念.

定义 1　设函数 $y = f(x)$ 在 x_0 的某个邻域内有定义，对应于自变量 x 在 x_0 处有改变量 $\Delta x (x_0 + \Delta x$ 仍在上述邻域内)，函数 $y = f(x)$ 有相应的改变量

$$\Delta y = f(x_0 + \Delta x) - f(x_0).$$

若这两个改变量的比

$$\frac{\Delta y}{\Delta x} = \frac{f(x_0 + \Delta x) - f(x_0)}{\Delta x}$$

当 $\Delta x \to 0$ 时存在极限，即 $\lim\limits_{\Delta x \to 0} \dfrac{\Delta y}{\Delta x}$ 存在，我们就称**函数 $y = f(x)$ 在点 x_0 处可导**，并把这一极限称为**函数 $y = f(x)$ 在点 x_0 处的导数**，记作

$$y'\big|_{x=x_0}, \ f'(x_0), \ \frac{\mathrm{d}y}{\mathrm{d}x}\bigg|_{x=x_0} \ 或 \ \frac{\mathrm{d}f(x)}{\mathrm{d}x}\bigg|_{x=x_0},$$

即

$$y'\big|_{x=x_0} = f'(x_0) = \lim_{\Delta x \to 0} \frac{f(x_0 + \Delta x) - f(x_0)}{\Delta x}. \tag{1}$$

比值 $\dfrac{\Delta y}{\Delta x}$ 表示函数 $y = f(x)$ 在 x_0 到 $x_0 + \Delta x$ 的平均变化率，导数 $y'\big|_{x=x_0}$ 则表示函数在点 x_0 处的变化率，它反映了函数 $y = f(x)$ 在点 x_0 处变化的快慢.

如果当 $\Delta x \to 0$ 时 $\dfrac{\Delta y}{\Delta x}$ 的极限不存在，我们就称函数 $y = f(x)$ 在点 x_0 处不可导或导数

不存在.

在定义中,若设 $x = x_0 + \Delta x$,则公式(1)可写成

$$f'(x_0) = \lim_{x \to x_0} \frac{f(x) - f(x_0)}{x - x_0}.$$

根据导数的定义,可得到求函数在点 x_0 处导数的步骤如下:

第一步　求函数的改变量 $\Delta y = f(x_0 + \Delta x) - f(x_0)$;

第二步　求比值 $\dfrac{\Delta y}{\Delta x} = \dfrac{f(x_0 + \Delta x) - f(x_0)}{\Delta x}$;

第三步　求极限 $f'(x_0) = \lim\limits_{\Delta x \to 0} \dfrac{\Delta y}{\Delta x}$.

例 1　求函数 $y = f(x) = x^2$ 在点 $x = 2$ 处的导数.

解　$\Delta y = f(2 + \Delta x) - f(2) = (2 + \Delta x)^2 - 2^2 = 4\Delta x + (\Delta x)^2$,

$$\frac{\Delta y}{\Delta x} = \frac{4\Delta x + (\Delta x)^2}{\Delta x} = 4 + \Delta x,$$

$$\lim_{\Delta x \to 0} \frac{\Delta y}{\Delta x} = \lim_{\Delta x \to 0}(4 + \Delta x) = 4,$$

所以　　$y'|_{x=2} = 4$.

第 1 章中我们已经学过左、右极限的概念,因此可以用左、右极限相应地定义左、右导数.当 $\lim\limits_{x \to x_0^-} \dfrac{f(x) - f(x_0)}{x - x_0}$ 存在时,称其极限值为函数 $y = f(x)$ 在点 x_0 处的左导数,记作 $f'_-(x_0)$.同理,当右极限 $\lim\limits_{x \to x_0^+} \dfrac{f(x) - f(x_0)}{x - x_0}$ 存在时,称其极限值为函数 $y = f(x)$ 在点 x_0 处的右导数,记作 $f'_+(x_0)$.

根据极限与左、右极限之间的关系,立即可得

$$f'(x_0) \text{存在} \Leftrightarrow f'_-(x_0) \text{和} f'_+(x_0) \text{同时存在,且} f'_-(x_0) = f'_+(x_0).$$

2. 导函数的概念

如果函数 $y = f(x)$ 在开区间 (a, b) 内每一点处都可导,就称函数 $y = f(x)$ 在开区间 (a, b) 内可导.这时,对开区间 (a, b) 内每一个确定的值 x_0,都对应着一个确定的导数 $f'(x_0)$,这样就在开区间 (a, b) 内构成了一个新的函数,我们把这一新的函数称为 $f(x)$ 的**导函数**,记作 $f'(x)$ 或 y' 或 $\dfrac{\mathrm{d}y}{\mathrm{d}x}$.

根据导数的定义,可得出导函数

$$f'(x) = y' = \lim_{\Delta x \to 0} \frac{\Delta y}{\Delta x} = \lim_{\Delta x \to 0} \frac{f(x + \Delta x) - f(x)}{\Delta x}.$$

导函数也简称为**导数**.今后,如不特别指明求某一点处的导数,就是指求导函数.但要注意:函数 $y = f(x)$ 的导函数与函数 $y = f(x)$ 在点 x_0 处的导数 $f'(x_0)$ 是有区别的, $f'(x)$ 是 x 的函数,而 $f'(x_0)$ 是一个数值.但它们又是有联系的, $f(x)$ 在点 x_0 处的导数 $f'(x_0)$ 就是导函数 $f'(x)$ 在点 x_0 处的函数值.这样,如果知道了导函数 $f'(x)$,要求 $f(x)$ 在点 x_0 处的导数,只要把 $x = x_0$ 代入 $f'(x)$ 中求函数值就可以了.

下面,我们根据导数的定义来求常数和几个基本初等函数的导数.

例2 求函数 $y=C$（C 为常数）的导数.

解 因为
$$\Delta y=C-C=0,$$
$$\frac{\Delta y}{\Delta x}=\frac{0}{\Delta x}=0,$$

所以 $y'=\lim\limits_{\Delta x\to 0}\dfrac{\Delta y}{\Delta x}=0$，即

$$(C)'=0\text{（常数的导数恒等于零）}.$$

例3 求函数 $y=x^n$（$n\in\mathbf{N}, x\in\mathbf{R}$）的导数.

解 因为 $\Delta y=(x+\Delta x)^n-x^n=nx^{n-1}\Delta x+\mathrm{C}_n^2 x^{n-2}(\Delta x)^2+\cdots+(\Delta x)^n,$

$$\frac{\Delta y}{\Delta x}=\frac{nx^{n-1}\Delta x+\mathrm{C}_n^2 x^{n-2}(\Delta x)^2+\cdots+(\Delta x)^n}{\Delta x}=nx^{n-1}+\mathrm{C}_n^2 x^{n-2}\Delta x+\cdots+(\Delta x)^{n-1},$$

从而有

$$y'=\lim_{\Delta x\to 0}\frac{\Delta y}{\Delta x}=\lim_{\Delta x\to 0}\left[nx^{n-1}+\mathrm{C}_n^2 x^{n-2}\Delta x+\cdots+(\Delta x)^{n-1}\right]=nx^{n-1},$$

即
$$(x^n)'=nx^{n-1}.$$

可以证明，一般的幂函数 $y=x^\alpha$（$\alpha\in\mathbf{R}, x>0$）的导数为

$$(x^\alpha)'=\alpha x^{\alpha-1}.$$

例如，

$$\sqrt{x}\,'=(x^{\frac{1}{2}})'=\frac{1}{2}x^{\frac{1}{2}-1}=\frac{1}{2}x^{-\frac{1}{2}}=\frac{1}{2\sqrt{x}},$$

$$\left(\frac{1}{x}\right)'=(x^{-1})'=(-1)x^{-1-1}=-x^{-2}=-\frac{1}{x^2}.$$

例4 求函数 $y=\sin x$（$x\in\mathbf{R}$）的导数.

解
$$y'=(\sin x)'=\lim_{\Delta x\to 0}\frac{\Delta y}{\Delta x}=\lim_{\Delta x\to 0}\frac{\sin(x+\Delta x)-\sin x}{\Delta x}$$

$$=\lim_{\Delta x\to 0}\frac{2\cos\left(x+\frac{\Delta x}{2}\right)\sin\frac{\Delta x}{2}}{\Delta x}=\lim_{\Delta x\to 0}\cos\left(x+\frac{\Delta x}{2}\right)\cdot\frac{\sin\frac{\Delta x}{2}}{\frac{\Delta x}{2}}=\cos x,$$

即
$$(\sin x)'=\cos x.$$

用类似的方法可以求得 $y=\cos x$（$x\in\mathbf{R}$）的导数为

$$(\cos x)'=-\sin x.$$

例5 求函数 $y=\log_a x$ 的导数，其中 $a>0$，且 $a\neq 1, x>0$.

解
$$y'=(\log_a x)'=\lim_{\Delta x\to 0}\frac{\Delta y}{\Delta x}=\lim_{\Delta x\to 0}\frac{\log_a(x+\Delta x)-\log_a x}{\Delta x}=\lim_{\Delta x\to 0}\frac{1}{\Delta x}\log_a\frac{x+\Delta x}{x}$$

$$=\lim_{\Delta x\to 0}\frac{1}{x}\cdot\frac{x}{\Delta x}\log_a\left(1+\frac{\Delta x}{x}\right)=\frac{1}{x}\lim_{\Delta x\to 0}\log_a\left(1+\frac{\Delta x}{x}\right)^{\frac{x}{\Delta x}}=\frac{1}{x}\log_a\mathrm{e}=\frac{1}{x\ln a},$$

即
$$(\log_a x)'=\frac{1}{x\ln a}.$$

特别地，当 $a=\mathrm{e}$ 时，由上式得到自然对数函数的导数：$(\ln x)'=\dfrac{1}{x}$.

三、导数的几何意义

在实例 2 中我们可以得到结论：方程为 $y = f(x)$ 的曲线 C 在点 $A(x_0, f(x_0))$ 处存在非垂直切线，与 $y = f(x)$ 在点 x_0 处存在极限 $\lim\limits_{\Delta x \to 0} \dfrac{f(x_0 + \Delta x) - f(x_0)}{\Delta x}$ 是等价的，且极限就是 C 在 $A(x_0, f(x_0))$ 处切线的斜率. 根据导数的定义，这正好表示函数 $y = f(x)$ 在点 x_0 处可导，且极限就是导数值 $f'(x_0)$. 由此可得结论：

方程为 $y = f(x)$ 的曲线在点 $A(x_0, f(x_0))$ 处存在非垂直切线 AT（图 2-1）的充分必要条件是 $y = f(x)$ 在点 x_0 处存在导数 $f'(x_0)$，且切线 AT 的斜率 $k = f'(x_0)$.

这个结论一方面给出了导数的几何意义——函数 $y = f(x)$ 在点 x_0 处的导数 $f'(x_0)$ 就是函数对应的曲线在**点 $(x_0, f(x_0))$ 处切线的斜率**；另一方面也可立即得到切线的方程为

$$y - f(x_0) = f'(x_0)(x - x_0). \tag{2}$$

过切点 $A(x_0, f(x_0))$ 且垂直于切线的直线，称为曲线 $y = f(x)$ 在点 $A(x_0, f(x_0))$ 处的法线. 当切线非水平（$f'(x_0) \neq 0$）时的法线方程为

$$y - f(x_0) = -\frac{1}{f'(x_0)}(x - x_0). \tag{3}$$

例 6　求曲线 $y = \sin x$ 在点 $\left(\dfrac{\pi}{6}, \dfrac{1}{2}\right)$ 处的切线方程和法线方程.

解　$(\sin x)'|_{x=\frac{\pi}{6}} = \cos x|_{x=\frac{\pi}{6}} = \dfrac{\sqrt{3}}{2}$.

根据公式（2）和（3）即得所求的切线方程和法线方程分别为

$$y - \frac{1}{2} = \frac{\sqrt{3}}{2}\left(x - \frac{\pi}{6}\right)，即\ y = \frac{\sqrt{3}}{2}x + \frac{6 - \sqrt{3}\,\pi}{12};$$

$$y - \frac{1}{2} = -\frac{2\sqrt{3}}{3}\left(x - \frac{\pi}{6}\right)，即\ y = -\frac{2\sqrt{3}}{3}x + \frac{9 + 2\sqrt{3}\,\pi}{18}.$$

例 7　求曲线 $y = f(x) = \ln x$ 上平行于直线 $y = 2x$ 的切线方程.

解　设切点为 $A(x_0, f(x_0))$，则曲线在点 $A(x_0, f(x_0))$ 处的切线的斜率为 $f'(x_0)$.

$$f'(x_0) = (\ln x)'|_{x=x_0} = \frac{1}{x_0}.$$

因为切线平行于直线 $y = 2x$，所以 $\dfrac{1}{x_0} = 2$，即 $x_0 = \dfrac{1}{2}$. 又切点位于曲线上，所以

$$y_0 = \ln \frac{1}{2} = -\ln 2.$$

故所求的切线方程为

$$y + \ln 2 = 2\left(x - \frac{1}{2}\right),$$

即

$$y = 2x - 1 - \ln 2.$$

四、可导和连续的关系

若函数 $y=f(x)$ 在点 x_0 处可导,则存在极限

$$\lim_{\Delta x \to 0} \frac{\Delta y}{\Delta x} = f'(x_0),$$

有

$$\frac{\Delta y}{\Delta x} = f'(x_0) + \alpha, \text{ 其中 } \lim_{\Delta x \to 0} \alpha = 0$$

或

$$\Delta y = f'(x_0) \Delta x + \alpha \Delta x, \text{ 其中 } \lim_{\Delta x \to 0} \alpha = 0,$$

所以

$$\lim_{\Delta x \to 0} \Delta y = \lim_{\Delta x \to 0} [f'(x_0) \Delta x + \alpha \Delta x] = 0.$$

这表明函数 $y=f(x)$ 在点 x_0 处连续.

但函数 $y=f(x)$ 在点 x_0 处连续,却不一定在点 x_0 处可导.例如,$y=|x|$(图 2-2)和 $y=\sqrt[3]{x}$(图 2-3)都在 $x=0$ 处连续,但都不可导(前者是因为函数在 $x=0$ 处的左、右极限分别为 -1 和 1,所以导数不存在;后者是因为 $k=\tan \alpha$ 不存在,但是在点 $(0,0)$ 处存在垂直于 x 轴的切线).

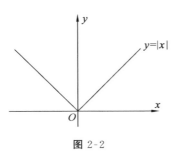

图 2-2

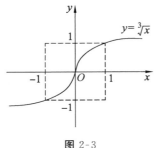

图 2-3

通过以上讨论,我们得到以下结论:

若函数 $y=f(x)$ 在点 x_0 处可导,则函数 $y=f(x)$ 在点 x_0 处连续;若函数 $y=f(x)$ 在点 x_0 处连续,则不能断定函数 $y=f(x)$ 在点 x_0 处可导.

例 8 设函数 $f(x) = \begin{cases} x^2, & x \geqslant 0, \\ x+1, & x < 0, \end{cases}$ 讨论函数 $f(x)$ 在 $x=0$ 处的连续性和可导性.

解 因为 $\lim\limits_{x \to 0^-} f(x) = \lim\limits_{x \to 0^-} (x+1) = 1 \neq f(0)$,

所以 $f(x)$ 在 x_0 处不连续.所以 $f(x)$ 在 x_0 处不可导.

习题 2-1

1. 曲线 $y=x^3$ 和 $y=x^2$ 的横坐标在何点处的切线斜率相同?

2. 设 $f(x)=(x-a)\varphi(x)$,其中 $\varphi(x)$ 在 $x=a$ 处连续,求 $f'(a)$.

3. 求曲线 $y=\log_3 x$ 在 $x=3$ 处的切线方程和法线方程.

4. 讨论下列函数在指定点处的连续性和可导性:

(1) $f(x) = \begin{cases} x, & x < 0, \\ \ln(1+x), & x \geqslant 0 \end{cases}$ 在 $x=0$ 处;

(2) $f(x) = \begin{cases} \sin(x-1), & x \neq 1, \\ 0, & x = 1 \end{cases}$ 在 $x=1$ 处.

§2-2　导数的基本公式和求导四则运算法则

上一节我们以实际问题为背景给出了函数导数的概念,并用导数的定义求得一些基本初等函数的导数.从前面的例题中可以看出,对一般的函数,用定义求它的导数是极为复杂、困难的,也是没有必要的.因此,我们总是希望找到一些基本公式与运算法则,借助它们简化求导数的计算.本节和后几节将建立一系列的求导法则和方法,以已经得到的几个函数的导数为基础,导出所有基本初等函数的导数.所有基本初等函数的导数称为导数的基本公式.有了导数的基本公式,再利用求导法则和方法,原则上就可以求出全部初等函数的导数.因此,求初等函数的导数,必须做到:第一,熟记导数的基本公式;第二,熟练掌握求导法则和方法.

一、导数的基本公式

(1) $(C)' = 0$；

(2) $(x^a)' = ax^{a-1}$；

(3) $(a^x)' = a^x \ln a$；

(4) $(e^x)' = e^x$；

(5) $(\log_a x)' = \dfrac{1}{x \ln a}$；

(6) $(\ln x)' = \dfrac{1}{x}$；

(7) $(\sin x)' = \cos x$；

(8) $(\cos x)' = -\sin x$；

(9) $(\tan x)' = \sec^2 x$；

(10) $(\cot x)' = -\csc^2 x$；

(11) $(\sec x)' = \sec x \tan x$；

(12) $(\csc x)' = -\csc x \cot x$；

(13) $(\arcsin x)' = \dfrac{1}{\sqrt{1-x^2}}$；

(14) $(\arccos x)' = -\dfrac{1}{\sqrt{1-x^2}}$；

(15) $(\arctan x)' = \dfrac{1}{1+x^2}$；

(16) $(\text{arccot}\, x)' = -\dfrac{1}{1+x^2}$．

二、导数的四则运算法则

设 $u = u(x)$，$v = v(x)$ 都是可导函数,则有

(1) 和差法则：
$$(u \pm v)' = u' \pm v'.$$

(2) 乘法法则：
$$(u \cdot v)' = u' \cdot v + u \cdot v'.$$

特别地，$(Cu)' = Cu'$（C 是常数）.

(3) 除法法则：
$$\left(\frac{u}{v}\right)' = \frac{u' \cdot v - u \cdot v'}{v^2} \quad (v \neq 0).$$

注意　法则(1)、法则(2)都可以推广到有限多个函数的情形,即若 $u_1, u_2, \cdots, u_n$ 均为可导函数,则

$$(u_1 \pm u_2 \pm \cdots \pm u_n)' = u_1' \pm u_2' \pm \cdots \pm u_n';$$

$$(u_1 \cdot u_2 \cdot \cdots \cdot u_n)' = u_1' \cdot u_2 \cdot \cdots \cdot u_n + u_1 \cdot u_2' \cdot \cdots \cdot u_n + \cdots + u_1 \cdot u_2 \cdot \cdots \cdot u_n'.$$

以上三个法则都可以用导数的定义和极限的运算法则来验证. 下面给出法则(2)的验证过程.

证明 设 $\Delta u = u(x + \Delta x) - u(x)$，$\Delta v = v(x + \Delta x) - v(x)$，则

$$u(x + \Delta x) = u(x) + \Delta u, v(x + \Delta x) = v(x) + \Delta v,$$

于是

$$(u \cdot v)' = \lim_{\Delta x \to 0} \frac{u(x + \Delta x) v(x + \Delta x) - u(x) v(x)}{\Delta x}$$

$$= \lim_{\Delta x \to 0} \frac{[u(x) + \Delta u][v(x) + \Delta v] - u(x) v(x)}{\Delta x},$$

即

$$(u \cdot v)' = \lim_{\Delta x \to 0} \left[\frac{\Delta u}{\Delta x} \cdot v(x) + u(x) \cdot \frac{\Delta v}{\Delta x} + \frac{\Delta u}{\Delta x} \cdot \Delta v \right].$$

由于 $v(x)$ 在 x 处可导, 所以 $v(x)$ 在 x 处连续, 当 $\Delta x \to 0$ 时, 有 $\Delta v \to 0$, 则

$$\lim_{\Delta x \to 0} \left[\frac{\Delta u}{\Delta x} \cdot v(x) \right] = u'(x) v(x),$$

$$\lim_{\Delta x \to 0} \left[u(x) \cdot \frac{\Delta v}{\Delta x} \right] = u(x) v'(x),$$

$$\lim_{\Delta x \to 0} \left(\frac{\Delta u}{\Delta x} \cdot \Delta v \right) = 0.$$

代入上式即得所证法则.

例 1 设函数 $f(x) = e^x - x^2 + \sec x$, 求 $f'(x)$.

解 $f'(x) = (e^x)' - (x^2)' + (\sec x)'$

$$= e^x - 2x + \sec x \tan x.$$

例 2 设函数 $f(x) = 2x^2 - 3x + \sin \frac{\pi}{7} + \ln 2$, 求 $f'(x), f'(1)$.

解 注意到 $\sin \frac{\pi}{7}, \ln 2$ 都是常数, 则有

$$f'(x) = \left(2x^2 - 3x + \sin \frac{\pi}{7} + \ln 2 \right)'$$

$$= (2x^2)' - (3x)' + \left(\sin \frac{\pi}{7} \right)' + (\ln 2)'$$

$$= 4x - 3 + 0 + 0$$

$$= 4x - 3.$$

从而 $f'(1) = 4 \times 1 - 3 = 1$.

例 3 设函数 $y = \tan x \cdot \log_2 x$, 求 y'.

解 $y' = (\tan x \cdot \log_2 x)' = (\tan x)' \cdot \log_2 x + \tan x \cdot (\log_2 x)'$

$$= \sec^2 x \cdot \log_2 x + \tan x \cdot \frac{1}{x \ln 2}.$$

例 4　设函数 $g(x)=\dfrac{(x^2-1)^2}{x^2}$，求 $g'(x)$.

解　原函数可改写为 $g(x)=x^2-2+x^{-2}$，由此求得

$$g'(x)=2x-2x^{-3}=\frac{2}{x^3}(x^4-1).$$

例 5　设函数 $f(x)=\dfrac{\arctan x}{1+\sin x}$，求 $f'(x)$.

解　$f'(x)=\dfrac{(\arctan x)'(1+\sin x)-\arctan x(1+\sin x)'}{(1+\sin x)^2}$

$$=\frac{\dfrac{1}{1+x^2}(1+\sin x)-\arctan x\cdot\cos x}{(1+\sin x)^2}$$

$$=\frac{(1+\sin x)-(1+x^2)\cdot\arctan x\cdot\cos x}{(1+x^2)(1+\sin x)^2}.$$

例 6　设函数 $y=\tan x$，求 y' [见导数基本公式(9)].

解　$y'=(\tan x)'=\left(\dfrac{\sin x}{\cos x}\right)'=\dfrac{(\sin x)'\cos x-\sin x(\cos x)'}{\cos^2 x}$

$$=\frac{\cos^2 x+\sin^2 x}{\cos^2 x}=\frac{1}{\cos^2 x}=\sec^2 x,$$

即
$$(\tan x)'=\sec^2 x.$$

同理可验证导数基本公式(10)：$(\cot x)'=-\csc^2 x$.

例 7　设函数 $y=\sec x$，求 y' [见导数基本公式(11)].

解　$y'=(\sec x)'=\left(\dfrac{1}{\cos x}\right)'=\dfrac{0-1\cdot(\cos x)'}{\cos^2 x}=\dfrac{\sin x}{\cos^2 x}=\tan x\sec x,$

即
$$(\sec x)'=\tan x\sec x.$$

同理可验证导数基本公式(12)：$(\csc x)'=-\cot x\csc x$.

例 8　求曲线 $y=x^3-2x$ 上垂直于直线 $x+y=0$ 的切线方程.

解　设所求切线切曲线于点 (x_0,y_0)，由于 $y'=3x^2-2$，所以所求切线的斜率为 $3x_0^2-$

2.而直线 $x+y=0$ 的斜率为 -1，故 $3x_0^2-2=1$.由此得两解：$\begin{cases}x_1=1,\\y_1=-1,\end{cases}\begin{cases}x_2=-1,\\y_2=1.\end{cases}$

所以所求的切线方程有两条：$y+1=x-1$，$y-1=x+1$，即 $y=x\pm2$.

习题 2-2

1. 求下列函数的导数：

(1) $y=\log_3 x-5\arccos x+2\sqrt[3]{x^2}$；

(2) $y=\dfrac{x^2-3x+3}{\sqrt{x}}$；

(3) $y=\sqrt{x\sqrt{x\sqrt{x}}}$；

(4) $y=\sqrt{x}\arcsin x$；

(5) $\rho=\dfrac{\varphi}{1-\cos\varphi}$；

(6) $y=\dfrac{\arcsin x}{\arccos x}$；

(7) $y = \dfrac{1}{1+\sqrt{x}} - \dfrac{1}{1-\sqrt{x}}$;

(8) $y = x \cos x \ln x$;

(9) $y = x \csc x - 3 \sec x$;

(10) $s = \dfrac{1-\ln t}{1+\ln t}$.

2. 求下列函数在指定点处的导数值：

(1) $y = x^5 + 3 \sin x$, $x = 0$, $x = \dfrac{\pi}{2}$;

(2) $f(x) = 2x^2 + 3 \operatorname{arccot} x$, $x = 0$, $x = 1$.

3. 曲线 $y = x^{\frac{3}{2}}$ 上哪一点处的切线与直线 $y = 3x - 1$ 平行？

◀ §2-3　复合函数的导数 ▶

我们先来看下面的例子：

已知函数 $y = \sin 2x$ ，求 y' .

可能有人这样解题：

$$y' = (\sin 2x)' = \cos 2x.$$

这个结果对吗？让我们换一种方法求导：

$$y' = (\sin 2x)' = (2 \sin x \cos x)' = 2(\cos^2 x - \sin^2 x) = 2 \cos 2x.$$

到底哪个结果正确？后者有把握是对的，那前者肯定错了！那么错在哪儿呢？事实上，$y = \sin 2x$ 是由 $y = \sin u$ ，$u = 2x$ 复合而成的复合函数，前者实际上是求中间变量 $u = 2x$ 的导数，而不是在求对自变量 x 的导数．但题目要求的是对自变量的导数，因此出了错．这个例子启发我们，在讨论复合函数的导数时，由于出现了中间变量，求导时一定要弄清楚函数是对中间变量求导，还是对自变量求导．

对一般的复合函数，通常不能由现有的求导方法求得其导数，故我们需要引入复合函数的求导法则．

下面我们来推导复合函数的求导方法．

设函数 $u = \varphi(x)$ 在点 x_0 处可导，函数 $y = f(u)$ 在对应点 $u_0 = \varphi(x_0)$ 处可导，求函数 $y = f[\varphi(x)]$ 在点 x_0 处的导数．

设 x 在点 x_0 处有改变量 Δx ，则对应的 u 有改变量 Δu ，y 也有改变量 Δy ．因为 $u = \varphi(x)$ 在点 x_0 处可导，所以 $u = \varphi(x)$ 在点 x_0 处连续．因此，当 $\Delta x \to 0$ 时，$\Delta u \to 0$ ．若 $\Delta u \neq 0$ ，由

$$\frac{\Delta y}{\Delta x} = \frac{\Delta y}{\Delta u} \cdot \frac{\Delta u}{\Delta x}, \quad \lim_{\Delta x \to 0} \frac{\Delta y}{\Delta u} = \lim_{\Delta u \to 0} \frac{\Delta y}{\Delta u} = f'(u_0), \quad \lim_{\Delta x \to 0} \frac{\Delta u}{\Delta x} = \varphi'(x_0),$$

得

$$\{f[\varphi(x)]\}' = \lim_{\Delta x \to 0} \frac{\Delta y}{\Delta x} = \lim_{\Delta u \to 0} \frac{\Delta y}{\Delta u} \cdot \lim_{\Delta x \to 0} \frac{\Delta u}{\Delta x} = f'(u_0) \cdot \varphi'(x_0),$$

即

$$y'_x \big|_{x=x_0} = y'_u \big|_{u=u_0} \cdot u'_x \big|_{x=x_0},$$

或

$$\frac{\mathrm{d}y}{\mathrm{d}x} \bigg|_{x=x_0} = \frac{\mathrm{d}y}{\mathrm{d}u} \bigg|_{u=u_0} \cdot \frac{\mathrm{d}u}{\mathrm{d}x} \bigg|_{x=x_0}.$$

可以证明当 $\Delta u = 0$ 时，上述公式仍然成立．

复合函数的求导法则 设函数 $u=\varphi(x)$ 在点 x 处有导数 $u_x'=\varphi'(x)$，函数 $y=f(u)$ 在点 x 的对应点 u 处也有导数 $y_u'=f'(u)$，则复合函数 $y=f[\varphi(x)]$ 在点 x 处有导数，且

$$y_x'=y_u' \cdot u_x' \text{ 或 } \frac{dy}{dx}=\frac{dy}{du} \cdot \frac{du}{dx}.$$

这个法则可以推广到含两个以上的中间变量的情形.如果

$$y=y(u), u=u(v), v=v(x),$$

且在各对应点处的导数存在，那么

$$y_x'=y_u' \cdot u_v' \cdot v_x' \text{ 或 } \frac{dy}{dx}=\frac{dy}{du} \cdot \frac{du}{dv} \cdot \frac{dv}{dx}.$$

通常称这个公式为复合函数求导的**链式法则**.

在对复合函数求导时，关键在于选取适当的中间变量，通常是把要计算的函数与基本初等函数进行比较，把复合函数分解成基本初等函数与复合中间变量或分解成基本初等函数与常数的和、差、积、商，化繁为简，逐层求导.求导时，要按照复合次序，由最外层开始，向内层一层一层地对中间变量求导，直到对自变量求导为止.

例 1 求函数 $y=\sin 2x$ 的导数.

解 令 $y=\sin u, u=2x$，则

$$y_x'=y_u' \cdot u_x'=\cos u \cdot 2=2\cos 2x.$$

例 2 求函数 $y=(3x+5)^2$ 的导数.

解 令 $y=u^2, u=3x+5$，则

$$y_x'=y_u' \cdot u_x'=2u \cdot 3=6u=6(3x+5).$$

例 3 求函数 $y=\ln(\sin x)^2$ 的导数.

解 令 $y=\ln u, u=v^2, v=\sin x$，则

$$y_x'=y_u' \cdot u_v' \cdot v_x'=\frac{1}{u} \cdot 2v \cdot \cos x=\frac{1}{\sin^2 x} \cdot 2\sin x \cdot \cos x=2\cot x.$$

上述几例的解题过程详细地写出了复合函数的中间变量及复合关系，熟练之后可以不必写出中间变量，只要分析清楚函数的复合关系，心里记着而不必写出分解过程，中间变量代表什么就直接写什么，具体做法是逐步、反复地利用链式求导法则.以例 2 来说，只是默想着用 u 去代替 $3x+5$，而不必把它写出来，运用复合函数的链式求导法则得

$$y'=2(3x+5) \cdot (3x+5)'=6(3x+5).$$

这里，y_x' 可简单地写成 y'，右下角的 x 不必写出.因为 y 本来就是 x 的函数，又没有明确写出中间变量，所以不写 x 不会引起误解.

例 4 求函数 $y=\sqrt{a^2-x^2}$ 的导数.

解 把 a^2-x^2 看作中间变量，得

$$y'=[(a^2-x^2)^{\frac{1}{2}}]'=\frac{1}{2}(a^2-x^2)^{\frac{1}{2}-1} \cdot (a^2-x^2)'$$

$$=\frac{1}{2\sqrt{a^2-x^2}} \cdot (-2x)=-\frac{x}{\sqrt{a^2-x^2}}.$$

例 5 求函数 $y=\ln(1+x^2)$ 的导数.

解 $y'=[\ln(1+x^2)]'=\frac{1}{1+x^2} \cdot (1+x^2)'=\frac{2x}{1+x^2}.$

例 6　求函数 $y = \sin^2\left(2x + \dfrac{\pi}{3}\right)$ 的导数.

解　$y' = \left[\sin^2\left(2x + \dfrac{\pi}{3}\right)\right]' = 2\sin\left(2x + \dfrac{\pi}{3}\right) \cdot \left[\sin\left(2x + \dfrac{\pi}{3}\right)\right]'$

$\qquad = 2\sin\left(2x + \dfrac{\pi}{3}\right) \cdot \cos\left(2x + \dfrac{\pi}{3}\right) \cdot \left(2x + \dfrac{\pi}{3}\right)'$

$\qquad = 2\sin\left(2x + \dfrac{\pi}{3}\right) \cdot \cos\left(2x + \dfrac{\pi}{3}\right) \cdot 2 = 2\sin\left(4x + \dfrac{2\pi}{3}\right).$

　　本例中我们用了两次中间变量,遇到这种多层复合的情况,只要按照前面的方法一步一步地做下去,每一步用一个中间变量,使外层函数成为这个中间变量的基本初等函数,一层一层地拆复合,直到求出对自变量的导数.

例 7　求函数 $y = \cos[\ln(x^3 + 2x)]$ 的导数.

解　$y' = \{\cos[\ln(x^3 + 2x)]\}' = -\sin[\ln(x^3 + 2x)] \cdot [\ln(x^3 + 2x)]'$

$\qquad = -\sin[\ln(x^3 + 2x)] \cdot \dfrac{1}{x^3 + 2x} \cdot (x^3 + 2x)'$

$\qquad = -\sin[\ln(x^3 + 2x)] \cdot \dfrac{1}{x^3 + 2x} \cdot (3x^2 + 2)$

$\qquad = -\sin[\ln(x^3 + 2x)] \cdot \dfrac{3x^2 + 2}{x^3 + 2x}.$

例 8　求函数 $y = \ln(x + \sqrt{x^2 + 1})$ 的导数.

解　$y' = [\ln(x + \sqrt{x^2 + 1})]' = \dfrac{1}{x + \sqrt{x^2 + 1}} \cdot (x + \sqrt{x^2 + 1})'$

$\qquad = \dfrac{1}{x + \sqrt{x^2 + 1}} \cdot [1 + (\sqrt{x^2 + 1})']$

$\qquad = \dfrac{1}{x + \sqrt{x^2 + 1}} \cdot \left[1 + \dfrac{1}{2\sqrt{x^2 + 1}} \cdot (x^2 + 1)'\right]$

$\qquad = \dfrac{1}{x + \sqrt{x^2 + 1}} \cdot \left(1 + \dfrac{x}{\sqrt{x^2 + 1}}\right) = \dfrac{1}{\sqrt{x^2 + 1}}.$

例 9　已知函数 $y = \ln|x|\ (x \neq 0)$,求 y'.

解　当 $x > 0$ 时,$y = \ln|x| = \ln x$,根据基本求导公式,有 $y' = \dfrac{1}{x}$;

当 $x < 0$ 时,$y = \ln|x| = \ln(-x)$,所以 $y' = [\ln(-x)]' = \dfrac{1}{-x} \cdot (-x)' = \dfrac{1}{x}$.

综合得 $(\ln|x|)' = \dfrac{1}{x}$.

这也是常用的导数公式,必须熟记.

例 10　设 $f(x)$ 是可导的非零函数,$y = \ln|f(x)|$,求 y'.

解　由例 9 的结果立即可得 $y' = \dfrac{1}{f(x)} \cdot f'(x).$

例 11 设函数 $f(x) = \sin nx \cdot \cos^n x$，求 $f'(x)$.

解 $f'(x) = (\sin nx)' \cdot \cos^n x + \sin nx \cdot (\cos^n x)'$

$\qquad = \cos nx \cdot (nx)' \cdot \cos^n x + \sin nx \cdot n\cos^{n-1} x \cdot (\cos x)'$

$\qquad = n\cos^{n-1} x(\cos nx \cos x - \sin nx \sin x)$

$\qquad = n\cos^{n-1} x \cos(n+1)x.$

例 12 设 $f(u), g(u)$ 都是可导函数，$y = f(\sin^2 x) + g(\cos^2 x)$，求 y'.

解 $y' = [f(\sin^2 x)]' + [g(\cos^2 x)]'$

$\qquad = f'(\sin^2 x) \cdot (\sin^2 x)' + g'(\cos^2 x) \cdot (\cos^2 x)'$

$\qquad = f'(\sin^2 x) \cdot 2\sin x \cdot (\sin x)' + g'(\cos^2 x) \cdot 2\cos x \cdot (\cos x)'$

$\qquad = \sin 2x \cdot f'(\sin^2 x) - \sin 2x \cdot g'(\cos^2 x)$

$\qquad = \sin 2x[f'(\sin^2 x) - g'(\cos^2 x)].$

注意 这里的记号 "f'""g'" 分别表示 f, g 对中间变量求导，而不是对 x 求导.

例 13 设函数 $y = x^a (a \in \mathbf{R}, x > 0)$，利用公式 $(e^x)' = e^x$ 证明求导基本公式 $(x^a)' = ax^{a-1}$.

证明 因为 $x^a = (e^{\ln x})^a = e^{a\ln x}$，所以

$$(x^a)' = (e^{a\ln x})' = e^{a\ln x} \cdot (a\ln x)'$$

$$= e^{a\ln x} \cdot a \cdot \frac{1}{x} = x^a \cdot a \cdot \frac{1}{x} = ax^{a-1}.$$

习题 2-3

1. 求下列函数的导数：

(1) $y = \dfrac{1}{\sqrt{1-x^2}}$；

(2) $y = \sqrt[5]{(x^4 - 3x^2 + 2)^3}$；

(3) $y = 3^{-x}\cos 3x$；

(4) $y = \ln(x^2 + 3x)$；

(5) $y = \sin^2(2x-1)$；

(6) $y = 2^{\tan x}$；

(7) $y = \ln(x + \sqrt{x^2 + a^2})$；

(8) $y = \ln(\cos x)$；

(9) $y = \dfrac{x}{\sqrt{x^2-1}}$；

(10) $y = \cot 2x \sec 3x$；

(11) $y = \sqrt{1 + \cos 2x}$；

(12) $y = \arctan\sqrt{x^2 + 1}$；

(13) $y = \sin^2(\csc 2x)$；

(14) $y = \ln\left|\tan\dfrac{x}{2}\right|$；

(15) $y = \dfrac{\sin^2 x}{\sin x^2}$；

(16) $y = \arcsin\dfrac{1}{x}$.

2. 求下列函数在指定点处的导数值：

(1) $y = \cos 2x + \tan x$，$x = \dfrac{\pi}{4}$；

(2) $y = \cot^2 x, x = \dfrac{\pi}{6}$;

(3) $y = \ln \dfrac{\sqrt{x+1}-1}{\sqrt{x+1}+1}, x = 1$.

3. 设 $f(x)$ 是可导函数,$f(x) > 0$,求下列函数的导数:

(1) $y = \ln f(2x)$; (2) $y = [f(e^x)]^2$.

◀ §2-4 隐函数和参数式函数的导数 ▶

一、隐函数的导数

如果变量 x, y 之间的对应规律是把 y 直接表示成 x 的解析式,即我们熟知的 $y = f(x)$ 形式的显函数,如 $y = x^2 + 1, y = \sin x$ 等,它们的导数可由前面的方法求得.但在实际中,有时 x, y 之间的对应关系是以方程 $F(x, y) = 0$ 的形式表示的,其函数关系被隐含在这个方程中.例如,$x^2 + y^2 = a^2$ 在 $y \geqslant 0$ 范围内隐含函数关系式 $y = \sqrt{a^2 - x^2} (|x| \leqslant a)$,把这个函数称为由方程 $x^2 + y^2 = a^2$ 在 $y \geqslant 0$ 范围内所确定的隐函数.一般地,如果能由方程 $F(x, y) = 0$ 确定 y 为 x 的函数 $y = f(x)$,则称 $y = f(x)$ 为由方程 $F(x, y) = 0$ 所确定的**隐函数**.

注意 由方程确定的隐函数未必可解出显函数表达形式.例如,方程

$$x^2 - y^3 - \sin y = 0 \left(0 \leqslant y \leqslant \dfrac{\pi}{2}, x \geqslant 0 \right),$$

因为在 $x \geqslant 0$ 时,y 是 x 的单调增加函数,每一个 $x \in \left(0, \sqrt{\left(\dfrac{\pi}{2}\right)^3 + 1} \right)$ 必定唯一地对应一个 y,但不能解出 y 关于 x 的显函数表达式.

如果已知隐函数可导,如何求出它的导数呢? 我们通过例题来探讨隐函数的求导方法.

例 1 求由方程 $x^2 + y^2 = 4$ 所确定的隐函数的导数.

解 对方程两边同时求关于 x 的导数,注意现在方程中的 y 是 x 的函数,所以 y^2 是 x 的复合函数,于是得

$$2x + 2y \cdot y' = 0,$$

解得

$$y' = -\dfrac{x}{y}.$$

其中分母中的 y 是 x 的函数.

其实由这个隐函数是可以解出 y 成为 x 的显函数的,读者不妨解出后再求导,看看结果是否相同.

上述过程的实质是:视 $F(x, y) = 0$ 为关于 x 的恒等式,把 y 看成是 x 的函数,把 y

的函数看成是 x 的复合函数,利用复合函数求导法则对等式两边各项求关于 x 的导数,最后解出的 y' 即为所求隐函数的导数,求出的隐函数的导数通常是一个含有 x,y 的表达式.

例 2　求方程 $x^2 - y^3 - \sin y = 0 \left(0 \leqslant y \leqslant \dfrac{\pi}{2}, x \geqslant 0 \right)$ 所确定的隐函数的导数.

解　对方程两边同时求关于 x 的导数,视其中的 y 为 x 的函数,y 的函数为 x 的复合函数,得

$$2x - 3y^2 \cdot y' - \cos y \cdot y' = 0,$$

解得

$$y' = \frac{2x}{3y^2 + \cos y}.$$

例 3　求证:过椭圆 $\dfrac{x^2}{a^2} + \dfrac{y^2}{b^2} = 1$ 上一点 $M(x_0, y_0)$ 的切线方程为 $\dfrac{xx_0}{a^2} + \dfrac{yy_0}{b^2} = 1$.

证明　先根据导数的几何意义求出椭圆上点 $M(x_0, y_0)$ 处切线的斜率.

对方程两边同时求关于 x 的导数,得

$$\frac{2x}{a^2} + \frac{2y}{b^2} \cdot y' = 0,$$

解得

$$y' = -\frac{b^2 x}{a^2 y}.$$

即椭圆在点 $M(x_0, y_0)$ 处切线的斜率为 $k = y' |_{(x_0, y_0)} = -\dfrac{b^2 x_0}{a^2 y_0}$.

应用直线的点斜式,即得椭圆在点 $M(x_0, y_0)$ 处的切线方程为

$$y - y_0 = -\frac{b^2 x_0}{a^2 y_0}(x - x_0),$$

即所求的切线方程为

$$\frac{xx_0}{a^2} + \frac{yy_0}{b^2} = 1.$$

下面利用隐函数的求导方法来验证基本求导公式中的指数函数、反三角函数的导数公式.

例 4　设函数 $y = a^x (a > 0, a \neq 1)$,证明 $y' = a^x \ln a$.

证明　函数 $y = a^x$ 的反函数为 $x = \log_a y$,或者说,$y = a^x$ 是由方程 $x = \log_a y$ 所确定的隐函数.

对方程两边同时求关于 x 的导数,得

$$1 = \frac{1}{y \ln a} \cdot y',$$

所以

$$y' = y \ln a.$$

把 $y = a^x$ 回代,即得

$$(a^x)' = a^x \ln a.$$

当 $a = e$ 时,上式即为

$$(e^x)' = e^x.$$

例 5 设函数 $y = \arcsin x (|x| < 1)$，证明 $y' = \dfrac{1}{\sqrt{1-x^2}}$。

证明 函数 $y = \arcsin x$ 的反函数为 $x = \sin y, y \in \left(-\dfrac{\pi}{2}, \dfrac{\pi}{2}\right)$，或者说 $y = \arcsin x$ 是由方程 $x = \sin y$ 所确定的隐函数。

对方程两边同时求关于 x 的导数，得

$$1 = \cos y \cdot y',$$

解得

$$y' = \frac{1}{\cos y}.$$

因为 $y \in \left(-\dfrac{\pi}{2}, \dfrac{\pi}{2}\right)$，故 $\cos y > 0$，所以

$$y' = \frac{1}{\sqrt{1-\sin^2 y}} = \frac{1}{\sqrt{1-x^2}},$$

即

$$(\arcsin x)' = \frac{1}{\sqrt{1-x^2}}.$$

类似地可证明得到

$$(\arccos x)' = -\frac{1}{\sqrt{1-x^2}}.$$

例 6 求函数 $y = x^x$ 的导数。

解 这个函数既不是幂函数，也不是指数函数，因此，不能用这两种函数的求导公式来求导数。我们可以对方程两边取自然对数，把函数关系隐含在方程 $F(x, y) = 0$ 中，然后用隐函数求导方法得到所求的导数。

两边取对数，得到方程

$$\ln y = x \ln x,$$

对方程两边同时求关于 x 的导数，得

$$\frac{1}{y} \cdot y' = \ln x + 1,$$

所以

$$y' = y(\ln x + 1) = x^x(\ln x + 1).$$

可以把例 6 的函数推广到 $y = u(x)^{v(x)}$ 的形式，称这类函数为幂指函数，如 $y = (\sin x)^{\tan x}, y = (\ln x)^{\cos x}$ 等都是幂指函数。例 6 中使用的方法，也可以推广：为了求 $y = f(x, y)$ 的导数 y'，对方程两边先取对数，然后用隐函数求导的方法得到 y'。通常称这种求导数的方法为**对数求导法**。根据对数能把积商转化为对数的和差、幂转化为指数与底的对数的积的特点，我们不难想象，对幂指函数或多项乘积函数求导时，用对数求导法可能比较简单。

例 7 利用对数求导法求函数 $y = (\sin x)^x$ 的导数。

解 两边取对数，得

$$\ln y = x \ln(\sin x).$$

两边同时求关于 x 的导数，得

$$\frac{1}{y} \cdot y' = \ln(\sin x) + x \cdot \frac{1}{\sin x} \cdot \cos x,$$

故
$$y' = y[\ln(\sin x) + x \cot x],$$
即
$$y' = (\sin x)^x[\ln(\sin x) + x \cot x].$$

注意　例 7 也能用下面的方法求导：

把 $y = (\sin x)^x$ 改写为 $y = e^{x\ln(\sin x)}$，则
$$y' = [e^{x\ln(\sin x)}]' = e^{x\ln(\sin x)} \cdot [x\ln(\sin x)]' = e^{x\ln(\sin x)}[\ln(\sin x) + x \cot x],$$
即
$$y' = (\sin x)^x[\ln(\sin x) + x \cot x].$$

这种方法的基本思想仍然是化幂为积，但可以避免牵涉隐函数. 因此，这两种方法各有其优点，采用哪一种方法可由读者根据具体问题适当选择.

例 8　设函数 $y = (3x-1)^{\frac{5}{3}}\sqrt{\dfrac{x-1}{x-2}}$，求 y'.

解　函数表现为多项积商的形式，拟采用对数求导法.

对等式两边取对数，得
$$\ln y = \frac{5}{3}\ln(3x-1) + \frac{1}{2}\ln(x-1) - \frac{1}{2}\ln(x-2).$$

对方程两边同时求关于 x 的导数，得
$$\frac{1}{y} \cdot y' = \frac{5}{3} \cdot \frac{3}{3x-1} + \frac{1}{2} \cdot \frac{1}{x-1} - \frac{1}{2} \cdot \frac{1}{x-2},$$

所以
$$y' = (3x-1)^{\frac{5}{3}}\sqrt{\frac{x-1}{x-2}}\left[\frac{5}{3x-1} + \frac{1}{2(x-1)} - \frac{1}{2(x-2)}\right].$$

二、参数式函数的导数

在平面解析几何中，我们学过曲线的参数方程，它的一般形式为
$$\begin{cases} x = \varphi(t), \\ y = \psi(t) \end{cases} (t\text{ 为参数}, a \leqslant t \leqslant b).$$

如果画出曲线，那么在一定的范围内，可以通过图象上点的横、纵坐标对应，来确定 y 为 x 的函数 $y = f(x)$. 这种函数关系式是通过参数 t 联系起来的，称 $y = f(x)$ 是由**参数方程所确定的函数**，或称原方程组为函数 $y = f(x)$ 的参数式.

有的参数方程可以消去参数 t，得到函数 $y = f(x)$；有的参数方程无法消去参数 t，如 $\begin{cases} x = 2t + t^3, \\ y = t + \sin t, \end{cases}$ 这就有必要推导参数方程所确定的函数的求导数法则.

当 $\varphi'(t), \psi'(t)$ 都存在，且 $\varphi'(t) \neq 0$ 时，可以证明由参数方程所确定的函数 $y = f(x)$ 的求导公式为
$$y' = \frac{\mathrm{d}y}{\mathrm{d}x} = \frac{\dfrac{\mathrm{d}y}{\mathrm{d}t}}{\dfrac{\mathrm{d}x}{\mathrm{d}t}} = \frac{y'_t}{x'_t}.$$

这就是由参数方程所确定的函数 y 对 x 的求导公式，求导的结果一般是参数 t 的一个解析式.

例 9　求由方程 $\begin{cases} x = a\cos t, \\ y = a\sin t \end{cases}$ $(0 < t < \pi)$ 所确定的函数 $y = f(x)$ 的导数 y'.

解　$y' = \dfrac{y'_t}{x'_t} = \dfrac{a\cos t}{-a\sin t} = -\cot t \, (0 < t < \pi).$

题中的参数方程表示半径为 a 的圆 $x^2 + y^2 = a^2$，在例 1 中已经求过 y'，读者可以比较一下结果是否相同，这也有助于理解求导得到的参数 t 的解析式的含义.

例 10　求摆线 $\begin{cases} x = a(t - \sin t), \\ y = a(1 - \cos t) \end{cases}$ $(a$ 为常数$)$ 上对应于 $t = \dfrac{\pi}{2}$ 的点 M_0 处的切线方程.

解　摆线上对应于 $t = \dfrac{\pi}{2}$ 的点 M_0 的坐标为 $\left(\dfrac{(\pi-2)a}{2}, a \right)$，又

$$\frac{\mathrm{d}y}{\mathrm{d}x} = \frac{[a(1-\cos t)]'}{[a(t-\sin t)]'} = \frac{\sin t}{1-\cos t},$$

$$\left. \frac{\mathrm{d}y}{\mathrm{d}x} \right|_{t=\frac{\pi}{2}} = 1,$$

即摆线在点 M_0 处的切线斜率为 1，故所求的切线方程为

$$y - a = 1 \cdot \left[x - \frac{(\pi-2)a}{2} \right],$$

即

$$x - y + \left(2 - \frac{\pi}{2} \right)a = 0.$$

习题 2-4

1. 求由下列方程确定的隐函数的导数或在指定点处的导数：

（1）$\sqrt{x} + \sqrt{y} = \sqrt{a} \, (a > 0)$；

（2）$\arctan y = x^2 + y^2$；

（3）$x^2 + 2xy - y^2 = 2x$，$y' \big|_{\substack{x=2 \\ y=0}}$；

（4）$2^x + 2y = 2^{x+y}$，$y' \big|_{\substack{x=1 \\ y=1}}$.

2. 求曲线 $x^3 + y^5 + 2xy = 0$ 在点 $(-1, -1)$ 处的切线方程.

3. 用对数求导法求下列函数的导数：

（1）$y = (1 + \cos x)^x$；

（2）$y = (x-1)^{\frac{2}{3}} \sqrt{\dfrac{x-2}{x-3}}$；

（3）$y = (\sin x)^{\cos x}$，$x \in \left(0, \dfrac{\pi}{2} \right)$；

（4）$y = \sqrt{x \sin x \sqrt{\mathrm{e}^x}}$.

4. 求曲线 $y = x^{x^2}$ 在点 $(1, 1)$ 处的切线方程和法线方程.

5. 求下列参数式函数的导数或在指定点处的导数：

（1）$\begin{cases} x = t\cos t, \\ y = t\sin t; \end{cases}$

(2) $\begin{cases} x = t - \arctan t, \\ y = \ln(1 + t^2), \end{cases} y'_x \big|_{t=1};$

(3) $\begin{cases} x = a \cos^3 t, \\ y = b \sin^3 t \end{cases} (a, b \text{ 是正常数}).$

6. 已知曲线 $\begin{cases} x = t^2 + at + b, \\ y = c e^t - e \end{cases}$ 在 $t = 1$ 时过原点,且曲线在原点处的切线平行于直线 $2x - y + 1 = 0$,求 a, b, c 的值.

---

§2-5　高阶导数

若函数 $y = f(x)$ 的导函数 $y' = f'(x)$ 是可导的,则可以对导函数 $y' = f'(x)$ 继续求导,对 $y = f(x)$ 而言则是多次求导了.也就是说,我们对一个可导函数求导之后,还需要研究其导函数的导数问题.为此给出如下定义:

定义 1　设函数 $y = f(x)$ 存在导函数 $f'(x)$,若导函数 $f'(x)$ 的导数 $[f'(x)]'$ 存在,则称 $[f'(x)]'$ 为原来函数 $y = f(x)$ 的二阶导数,记作 y'',$f''(x)$,$\dfrac{\mathrm{d}^2 y}{\mathrm{d} x^2}$ 或 $\dfrac{\mathrm{d}^2 f(x)}{\mathrm{d} x^2}$,即

$$y'' = (y')' = \frac{\mathrm{d}}{\mathrm{d} x}\left(\frac{\mathrm{d} y}{\mathrm{d} x}\right) = \frac{\mathrm{d}^2 y}{\mathrm{d} x^2}.$$

若二阶导函数 $f''(x)$ 的导数存在,则称 $f''(x)$ 的导数 $[f''(x)]'$ 为 $y = f(x)$ 的三阶导数,记作 y''' 或 $f'''(x)$.

一般地,若 $y = f(x)$ 的 $n-1$ 阶导函数存在导数,则称函数 $y = f(x)$ 的 $n-1$ 阶导函数的导数为 $y = f(x)$ 的 n 阶导数,记作 $y^{(n)}$,$f^{(n)}(x)$,$\dfrac{\mathrm{d}^n y}{\mathrm{d} x^n}$ 或 $\dfrac{\mathrm{d}^n f(x)}{\mathrm{d} x^n}$,即

$$y^{(n)} = \left[y^{(n-1)}\right]', \quad f^{(n)}(x) = \left[f^{(n-1)}(x)\right]' \text{ 或 } \frac{\mathrm{d}^n y}{\mathrm{d} x^n} = \frac{\mathrm{d}}{\mathrm{d} x}\left(\frac{\mathrm{d}^{n-1} y}{\mathrm{d} x^{n-1}}\right).$$

因此,函数 $y = f(x)$ 的 n 阶导数是由 $y = f(x)$ 连续依次地对 x 求 n 次导数得到的.

函数的二阶和二阶以上的导数称为函数的**高阶导数**.函数 $y = f(x)$ 的 n 阶导数在点 x_0 处的导数值记作 $y^{(n)}(x_0)$,$f^{(n)}(x_0)$ 或 $\dfrac{\mathrm{d}^n f(x)}{\mathrm{d} x^n}\Big|_{x=x_0}$ 等.

例 1　求函数 $y = 3x^3 + 2x^2 + x + 1$ 的四阶导数 $y^{(4)}$.

解　$y' = (3x^3 + 2x^2 + x + 1)' = 9x^2 + 4x + 1,$

$y'' = (y')' = (9x^2 + 4x + 1)' = 18x + 4,$

$y''' = (y'')' = (18x + 4)' = 18,$

$y^{(4)} = (y''')' = (18)' = 0.$

例 2　求函数 $y = a^x$ 的 n 阶导数.

解　$y' = (a^x)' = a^x \ln a,$

$y'' = (y')' = (a^x \ln a)' = \ln a \cdot (a^x)' = a^x (\ln a)^2,$

$y''' = (y'')' = [a^x (\ln a)^2]' = (\ln a)^2 \cdot (a^x)' = a^x (\ln a)^3.$

依次类推,最后可得 $y^{(n)} = (a^x)^{(n)} = a^x (\ln a)^n.$

例3 若 $f(x)$ 存在二阶导数,求函数 $y=f(\ln x)$ 的二阶导数.

解 $y'=f'(\ln x)\cdot(\ln x)'=\dfrac{f'(\ln x)}{x}$,

$$y''=\left[\frac{f'(\ln x)}{x}\right]'=\frac{f''(\ln x)\cdot\dfrac{1}{x}\cdot x-f'(\ln x)\cdot 1}{x^2}=\frac{f''(\ln x)-f'(\ln x)}{x^2}.$$

例4 求函数 $y=\sin x$ 的 n 阶导数 $y^{(n)}$.

解 $y'=(\sin x)'=\cos x$,为了得到 n 阶导数的规律,可把该式改写成

$$y'=\cos x=\sin\left(x+\frac{\pi}{2}\right),$$

$$y''=\left[\sin\left(x+\frac{\pi}{2}\right)\right]'=\sin\left[\left(x+\frac{\pi}{2}\right)+\frac{\pi}{2}\right]\cdot\left(x+\frac{\pi}{2}\right)'=\sin\left(x+2\cdot\frac{\pi}{2}\right),$$

$$y'''=\left[\sin\left(x+2\cdot\frac{\pi}{2}\right)\right]'=\sin\left[\left(x+2\cdot\frac{\pi}{2}\right)+\frac{\pi}{2}\right]\cdot\left(x+2\cdot\frac{\pi}{2}\right)'=\sin\left(x+3\cdot\frac{\pi}{2}\right).$$

依次类推最后可得 $y^{(n)}=(\sin x)^{(n)}=\sin\left(x+n\cdot\frac{\pi}{2}\right)$.

例5 设隐函数 $f(x)$ 由方程 $y=\sin(x+y)$ 确定,求 y''.

解 在方程 $y=\sin(x+y)$ 两端对 x 求导,得

$$y'=\cos(x+y)\cdot(x+y)'=\cos(x+y)(1+y'),\tag{1}$$

解得

$$y'=\frac{\cos(x+y)}{1-\cos(x+y)}.\tag{2}$$

再对(1)式两端关于 x 求导,并注意 y,y' 都是 x 的函数,得

$$y''=-\sin(x+y)\cdot(1+y')^2+\cos(x+y)\cdot(1+y')$$
$$=-\sin(x+y)\cdot(1+y')^2+\cos(x+y)\cdot y'',$$

解得

$$y''=\frac{\sin(x+y)}{\cos(x+y)-1}(1+y')^2.\tag{3}$$

将(2)式代入(3)式,得

$$y''=\frac{\sin(x+y)}{\cos(x+y)-1}\cdot\left[1+\frac{\cos(x+y)}{1-\cos(x+y)}\right]^2=\frac{\sin(x+y)}{[\cos(x+y)-1]^3}.$$

例6 设函数 $f(x)$ 的参数式为 $\begin{cases}x=a(t-\sin t),\\y=a(1-\cos t)\end{cases}$ $(t\neq 2n\pi,n\in\mathbf{Z})$,求 y 的二阶导数 $\dfrac{\mathrm{d}^2 y}{\mathrm{d}x^2}$.

解 $y'=\dfrac{\mathrm{d}y}{\mathrm{d}x}=\dfrac{y_t'}{x_t'}=\dfrac{[a(1-\cos t)]'}{[a(t-\sin t)]'}=\dfrac{\sin t}{1-\cos t}=\cot\dfrac{t}{2}\,(t\neq 2n\pi,n\in\mathbf{Z})$.

因为 $\dfrac{\mathrm{d}^2 y}{\mathrm{d}x^2}=\dfrac{\mathrm{d}}{\mathrm{d}x}\left(\dfrac{\mathrm{d}y}{\mathrm{d}x}\right)$,所以求二阶导数相当于求由参数方程 $\begin{cases}x=a(t-\sin t),\\y'=\cot\dfrac{t}{2}\end{cases}$ 确定的

函数 $y'(x)$ 的导数,继续应用参数式函数的求导法则,得到

$$\frac{\mathrm{d}^2 y}{\mathrm{d}x^2}=\frac{(y')_t'}{x_t'}=\frac{\left(\cot\dfrac{t}{2}\right)'}{[a(t-\sin t)]'}=\frac{-\dfrac{1}{2}\csc^2\dfrac{t}{2}}{a(1-\cos t)}=\frac{1}{a(1-\cos t)^2}\,(t\neq 2n\pi,n\in\mathbf{Z}).$$

习题 2-5

1. 已知函数 $y = -x^3 - x + 1$，求 y''，y'''.

2. 已知函数 $f(x) = (x+10)^5$，求 $f'''(x)$.

3. 求下列各函数的二阶导数：

(1) $y = x\cos x$；

(2) $y = \dfrac{x}{\sqrt{1-x^2}}$；

(3) $y = \dfrac{\arcsin x}{\sqrt{1-x^2}}$；

(4) $y = f(e^x)$，其中 $f(x)$ 存在二阶导数.

§2-6 微 分

一、微分的概念

1. 微分的定义

对已给函数 $y = f(x)$，在很多情况下，给自变量 x 以改变量 Δx，要准确得到函数 y 相应的改变量 Δy 并不十分简单. 例如，简单的函数 $y = x^n (n \in \mathbf{N})$，对应于 Δx 的改变量

$$\Delta y = (x + \Delta x)^n - x^n = nx^{n-1}\Delta x + \frac{n(n-1)}{2}x^{n-2}(\Delta x)^2 + \cdots + (\Delta x)^n \tag{1}$$

就已经比较复杂了. 因此，我们总是希望能有一种简单的方法，为此先看一个具体的例子.

如图 2-4，一块正方形金属薄片，由于温度的变化，其边长由 x_0 变化到 $x_0 + \Delta x$，问其面积改变了多少？

此薄片边长为 x_0 时的面积为 $S = x_0^2$，当边长由 x_0 变化到 $x_0 + \Delta x$ 时，面积的改变量为

$$\Delta S = (x_0 + \Delta x)^2 - x_0^2 = 2x_0\Delta x + (\Delta x)^2.$$

它由两部分构成：第一部分 $2x_0\Delta x$ 是 Δx 的线性函数（Δx 的一次方），在图 2-4 上表示增大的两块长条矩形部分（图中单斜线部分）；第二部分是 $(\Delta x)^2$，在图 2-4 上表示增大的右上角的小正方形块（图中双斜线部分），当 $\Delta x \to 0$ 时，它是比 Δx 更

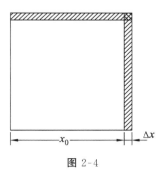

图 2-4

高阶的无穷小，所以当 $|\Delta x|$ 很小时可忽略不计. 因此，可以只留下 ΔS 的主要部分，即 Δx 的线性部分，认为

$$\Delta S \approx 2x_0\Delta x.$$

对于 (1) 式表示的函数改变量，当 $\Delta x \to 0$ 时，也可以忽略比 Δx 更高阶的无穷小，只留下 Δy 的主要部分，即 Δx 的线性部分，得到

$$\Delta y \approx nx^{n-1}\Delta x.$$

如果函数改变量的主要部分能表示为 Δx 的线性函数，那么为计算函数改变量的近

似值提供了极大的方便.因此,对于一般的函数,我们给出下面的定义:

定义1　如果函数 $y=f(x)$ 在点 x_0 处的改变量 Δy 可以表示为 Δx 的线性函数 $A\Delta x$(A 是与 Δx 无关,与 x_0 有关的常数)与一个比 Δx 更高阶的无穷小之和 $\Delta y=A\Delta x+o(\Delta x)$,那么称**函数 $y=f(x)$ 在点 x_0 处可微**,且称 $A\Delta x$ 为函数 $y=f(x)$ 在点 x_0 处的**微分**,记作 $\mathrm{d}y|_{x=x_0}$,即

$$\mathrm{d}y|_{x=x_0}=A\Delta x.$$

函数的微分 $A\Delta x$ 是 Δx 的线性函数,且与函数的改变量 Δy 相差一个比 Δx 更高阶的无穷小,当 $\Delta x\to 0$ 时,它是 Δy 的主要部分,所以也称微分 $\mathrm{d}y$ 是函数改变量 Δy 的线性主部.当 $|\Delta x|$ 很小时,就可以用微分 $\mathrm{d}y$ 作为函数改变量 Δy 的近似值,即

$$\Delta y\approx\mathrm{d}y.$$

下面我们讨论何时函数 $y=f(x)$ 在点 x_0 处是可微的.

如果函数 $y=f(x)$ 在点 x_0 处可微,那么按定义有

$$\Delta y=A\Delta x+o(\Delta x).$$

上式两端同时除以 Δx,并取 $\Delta x\to 0$ 时的极限,得

$$\lim_{\Delta x\to 0}\frac{\Delta y}{\Delta x}=\lim_{\Delta x\to 0}\left[A+\frac{o(\Delta x)}{\Delta x}\right]=A.$$

这表明:若 $y=f(x)$ 在点 x_0 处可微,则在点 x_0 处必定可导,且 $A=f'(x_0)$.

反之,若函数 $y=f(x)$ 在点 x_0 处可导,即

$$\lim_{\Delta x\to 0}\frac{\Delta y}{\Delta x}=f'(x_0)$$

存在,则根据极限与无穷小的关系,上式可写成

$$\frac{\Delta y}{\Delta x}=f'(x_0)+\alpha,$$

其中 α 为 $\Delta x\to 0$ 时的无穷小,从而

$$\Delta y=f'(x_0)\Delta x+\alpha\Delta x.$$

这里 $f'(x_0)$ 是不依赖于 Δx 的常数,$\alpha\Delta x$ 是当 $\Delta x\to 0$ 时比 Δx 更高阶的无穷小.按微分的定义,可见 $y=f(x)$ 在点 x_0 处是可微的,且微分为 $f'(x_0)\Delta x$.

由此可得**重要结论**:函数 $y=f(x)$ 在点 x_0 处可微的充分必要条件是函数 $y=f(x)$ 在点 x_0 处可导,且 $\mathrm{d}y|_{x=x_0}=f'(x_0)\Delta x$.

由于自变量 x 的微分 $\mathrm{d}x=(x)'\Delta x=\Delta x$,所以 $y=f(x)$ 在点 x_0 处的微分常记为

$$\mathrm{d}y|_{x=x_0}=f'(x_0)\mathrm{d}x.$$

对于函数 y,通常 $\Delta y\neq\mathrm{d}y$,它们之间相差一个比 Δx 更高阶的无穷小,当 $\Delta x\to 0$ 时,Δy 可以用 $\mathrm{d}y$ 来代替.

若函数 $y=f(x)$ 在某区间内每一点处都可微,则称函数在该区间内是**可微函数**,函数在该区间内任一点 x 处的微分为

$$\mathrm{d}y=f'(x)\mathrm{d}x.$$

由上式可得 $f'(x)=\dfrac{\mathrm{d}y}{\mathrm{d}x}$,这是导数记号 $\dfrac{\mathrm{d}y}{\mathrm{d}x}$ 的来历,同时也表明导数是函数的微分 $\mathrm{d}y$ 与自变量的微分 $\mathrm{d}x$ 的商,故导数也称为**微商**.

例 1　求函数 $y=x^2$ 在 $x=1$ 处,对应于自变量的改变量 Δx 分别为 0.1 和 0.01 时的改变量 Δy 及微分 $\mathrm{d}y$.

解　$\Delta y=(x+\Delta x)^2-x^2=2x\Delta x+(\Delta x)^2,\mathrm{d}y=(x^2)'\Delta x=2x\Delta x$.

在 $x=1$ 处,当 $\Delta x=0.1$ 时,

$$\Delta y=2\times 1\times 0.1+(0.1)^2=0.21,$$
$$\mathrm{d}y=2\times 1\times 0.1=0.2.$$

当 $\Delta x=0.01$ 时,

$$\Delta y=2\times 1\times 0.01+(0.01)^2=0.020\,1,$$
$$\mathrm{d}y=2\times 1\times 0.01=0.02.$$

例 2　求函数 $y=x\ln x$ 的微分.

解　$y'=(x\ln x)'=1+\ln x,\mathrm{d}y=(x\ln x)'\mathrm{d}x=(1+\ln x)\mathrm{d}x$.

2. 微分的几何意义

为了直观理解函数的微分,下面说明微分的几何意义.

设函数 $y=f(x)$ 的图象如图 2-5 所示,点 $M(x_0,$ $y_0),N(x_0+\Delta x,y_0+\Delta y)$ 在图象上,分别过点 M 作 x 轴的平行线,过点 N 作 y 轴的平行线,两平行线相交于点 Q,则有向线段 $MQ=\Delta x,QN=\Delta y$.过点 M 再作曲线的切线 MT,交 QN 于点 P.设其倾斜角为 α,则有向线段

$$QP=MQ\tan\alpha=\Delta x f'(x_0)=\mathrm{d}y.$$

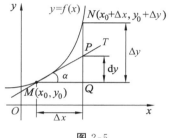

图 2-5

因此,函数 $y=f(x)$ 在点 x_0 处的微分 $\mathrm{d}y$,在几何上表示函数图象在点 $M(x_0,y_0)$ 处切线的纵坐标的相应改变量.

由图 2-5 还可以看出:

(1) 线段 PN 的长表示用 $\mathrm{d}y$ 来近似代替 Δy 时所产生的误差,当 $|\Delta x|=|\mathrm{d}x|$ 很小时,它比 $|\mathrm{d}y|$ 要小得多.

(2) 近似式 $\Delta y\approx\mathrm{d}y$ 表示当 $\Delta x\to 0$ 时,可以以 PQ 近似代替 NQ,即以曲线在点 M 处的切线来近似代替曲线本身,亦即在一点的附近可以以“直”代“曲”.这就是以微分近似代替函数改变量之所以简便的本质所在,这个重要思想以后还要多次用到.

二、微分的基本公式与运算法则

根据微分和导数的关系式 $\mathrm{d}y=f'(x)\mathrm{d}x$,易知求函数 $y=f(x)$ 在某一点 x_0 处的微分,只要求出导数,再乘自变量的微分 $\mathrm{d}x$ 即可.因此,微分的计算方法和导数的计算方法在原则上没有什么差别.由导数的基本公式和运算法则,就可以直接得到微分的基本公式与运算法则.

1. 微分的基本公式

(1) $\mathrm{d}(C)=0$;

(2) $\mathrm{d}(x^\alpha)=\alpha x^{\alpha-1}\mathrm{d}x$;

(3) $\mathrm{d}(\sin x)=\cos x\mathrm{d}x$;

(4) $\mathrm{d}(\cos x)=-\sin x\mathrm{d}x$;

(5) $\mathrm{d}(\tan x)=\sec^2 x\mathrm{d}x$;

(6) $\mathrm{d}(\cot x)=-\csc^2 x\mathrm{d}x$;

(7) $\mathrm{d}(\sec x)=\sec x\tan x\mathrm{d}x$;

(8) $\mathrm{d}(\csc x)=-\csc x\cot x\mathrm{d}x$;

(9) $d(a^x) = a^x \ln a \, dx$；　　　　　　(10) $d(e^x) = e^x \, dx$；

(11) $d(\log_a x) = \dfrac{1}{x \ln a} dx$；　　　　(12) $d(\ln x) = \dfrac{1}{x} dx$；

(13) $d(\arcsin x) = \dfrac{1}{\sqrt{1-x^2}} dx$；　　(14) $d(\arccos x) = -\dfrac{1}{\sqrt{1-x^2}} dx$；

(15) $d(\arctan x) = \dfrac{1}{1+x^2} dx$；　　　(16) $d(\text{arccot } x) = -\dfrac{1}{1+x^2} dx$.

2. 微分的四则运算法则

(1) $d(u \pm v) = du \pm dv$；

(2) $d(u \cdot v) = v \, du + u \, dv$，特别地，$d(Cu) = C \, du$（$C$ 为常数）；

(3) $d\left(\dfrac{u}{v}\right) = \dfrac{v \, du - u \, dv}{v^2}$（$v \neq 0$）.

3. 复合函数的微分法则

设 $y = f(u)$，$u = \varphi(x)$，则复合函数 $y = f[\varphi(x)]$ 的微分为
$$dy = y'_x \, dx = f'(u) \varphi'(x) \, dx = f'(u) \, du.$$

注意　最后得到的结果与 u 是自变量时的形式是相同的，这说明对于函数 $y = f(u)$，不论 u 是自变量还是中间变量，y 的微分都有 $f'(u) \, du$ 的形式. 这个性质称为**一阶微分形式的不变性**. 这个性质为求复合函数的微分提供了方便.

例 3　求 $d[\ln(\sin 2x)]$.

解　$d[\ln(\sin 2x)] = \dfrac{1}{\sin 2x} d(\sin 2x) = \dfrac{1}{\sin 2x} \cdot \cos 2x \, d(2x)$

$\qquad\qquad\qquad = \dfrac{1}{\sin 2x} \cdot \cos 2x \cdot 2 \, dx = 2 \cot 2x \, dx.$

例 4　已知函数 $f(x) = \sin\left(\dfrac{1 - \ln x}{x}\right)$，求 $df(x)$.

解　$df(x) = d\left[\sin\left(\dfrac{1 - \ln x}{x}\right)\right] = \cos\left(\dfrac{1 - \ln x}{x}\right) d\left(\dfrac{1 - \ln x}{x}\right)$

$\qquad = \cos\left(\dfrac{1 - \ln x}{x}\right) \dfrac{x \cdot d(1 - \ln x) - (1 - \ln x) \cdot dx}{x^2}$

$\qquad = \cos\left(\dfrac{1 - \ln x}{x}\right) \dfrac{x \cdot \left(-\dfrac{1}{x}\right) dx - (1 - \ln x) \cdot dx}{x^2}$

$\qquad = \dfrac{\ln x - 2}{x^2} \cos\left(\dfrac{1 - \ln x}{x}\right) dx.$

例 5　证明参数式函数的求导公式.

证明　设函数 $y = f(x)$ 的参数方程形式为 $\begin{cases} x = \varphi(t), \\ y = \psi(t), \end{cases}$ 其中 $\varphi(t)$，$\psi(t)$ 可导，则
$$dx = \varphi'(t) \, dt, \quad dy = \psi'(t) \, dt.$$

导数 $\dfrac{\mathrm{d}y}{\mathrm{d}x}$ 是 y 和 x 的微分之商,所以当 $\varphi'(t)\neq 0$ 时,

$$\frac{\mathrm{d}y}{\mathrm{d}x}=\frac{\psi'(t)\mathrm{d}t}{\varphi'(t)\mathrm{d}t}=\frac{\psi'(t)}{\varphi'(t)}.$$

例 6 用求微分的方法,求由方程 $4x^2-xy-y^2=0$ 所确定的隐函数 $y=f(x)$ 的微分与导数.

解 对方程两端分别求微分,有

$$8x\,\mathrm{d}x-(y\,\mathrm{d}x+x\,\mathrm{d}y)-2y\,\mathrm{d}y=0,$$

即
$$(x+2y)\,\mathrm{d}y=(8x-y)\,\mathrm{d}x.$$

当 $x+2y\neq 0$ 时,可得

$$\mathrm{d}y=\frac{8x-y}{x+2y}\mathrm{d}x,$$

即
$$y'=\frac{\mathrm{d}y}{\mathrm{d}x}=\frac{8x-y}{x+2y}.$$

 习题 2-6

求下列函数的微分:

(1) $y=\dfrac{x}{1-x}$;

(2) $y=\ln(2x-1)$;

(3) $y=\arcsin\sqrt{1-x^2}$;

(4) $y=\mathrm{e}^{-x}\cos(3-x)$;

(5) $y=\sin^2 x$;

(6) $y=(1+x)^{\sec x}$.

本章小结

一、考查要求

1. 理解导数和微分的概念,熟练掌握按定义求导数的方法,理解导数的几何意义,了解微分的几何意义,会求平面曲线的切线方程和法线方程,理解导数与微分的关系,理解函数的可导性与连续性之间的关系.

2. 熟练掌握基本初等函数的导数公式、导数的四则运算法则、复合函数的求导法则.

3. 掌握微分的四则运算法则,了解一阶微分形式的不变性,会求函数的微分.

4. 了解高阶导数的概念,会求简单函数的高阶导数.

5. 会求隐函数和由参数方程所确定的函数的导数.

二、历年真题

1. 若 $f(x)=f(-x)$,且在 $(0,+\infty)$ 内 $f'(x)>0$,$f''(x)>0$,则在 $(-\infty,0)$ 内必有 （ ）

A. $f'(x)<0$,$f''(x)<0$ B. $f'(x)<0$,$f''(x)>0$

C. $f'(x)>0$,$f''(x)<0$ D. $f'(x)>0$,$f''(x)>0$

2. 若 $y=\arctan e^x$,则 $dy=$ （ ）

A. $\dfrac{1}{1+e^{2x}}dx$ B. $\dfrac{e^x}{1+e^{2x}}dx$ C. $\dfrac{1}{\sqrt{1+e^{2x}}}dx$ D. $\dfrac{e^x}{\sqrt{1+e^{2x}}}dx$

3. 已知 $f(x)$ 在 $(-\infty,+\infty)$ 内是可导函数,则 $[f(x)-f(-x)]'$ 一定是 （ ）

A. 奇函数 B. 偶函数

C. 非奇非偶函数 D. 不能确定奇偶性的函数

4. 已知 $f'(x_0)=2$,则 $\lim\limits_{h\to 0}\dfrac{f(x_0+h)-f(x_0-h)}{h}=$ （ ）

A. 2 B. 4 C. 0 D. -2

5. 已知函数 $f(x)=\begin{cases}\dfrac{\sin ax}{x}, & x>0, \\ 2, & x=0, \\ \dfrac{1}{bx}\ln(1-3x), & x<0\end{cases}$ 为连续函数,则 a,b 满足 （ ）

A. $a=2$,b 为任意实数 B. $a+b=\dfrac{1}{2}$

C. $a=2$,$b=-\dfrac{3}{2}$ D. $a=b=1$

6. 已知函数 $y = \ln(x + \sqrt{1+x^2})$，则下列式子正确的是 　　　　　　(　)

A. $dy = \dfrac{1}{x + \sqrt{1+x^2}} dx$ 　　　　　　B. $y' = \sqrt{1+x^2} dx$

C. $dy = \dfrac{1}{\sqrt{1+x^2}} dx$ 　　　　　　D. $y' = \dfrac{1}{x + \sqrt{1+x^2}}$

7. 设函数 $f(x)$ 可导，则下列式子正确的是 　　　　　　　　　　(　)

A. $\lim\limits_{x \to 0} \dfrac{f(0) - f(x)}{x} = -f'(0)$

B. $\lim\limits_{x \to 0} \dfrac{f(x_0 + 2x) - f(x_0)}{x} = f'(x_0)$

C. $\lim\limits_{\Delta x \to 0} \dfrac{f(x_0 + \Delta x) - f(x_0 - \Delta x)}{\Delta x} = f'(x_0)$

D. $\lim\limits_{\Delta x \to 0} \dfrac{f(x_0 - \Delta x) - f(x_0 + \Delta x)}{\Delta x} = 2f'(x_0)$

8. 设函数 $f(x) = \begin{cases} 0, & x \leqslant 0, \\ x^a \sin \dfrac{1}{x}, & x > 0 \end{cases}$ 在点 $x = 0$ 处可导，则常数 a 的取值范围是

(　)

A. $(0,1)$ 　　　　B. $(0,1]$ 　　　　C. $(1, +\infty)$ 　　　　D. $[1, +\infty)$

9. 设函数 $f(x)$ 在点 x_0 处可导，且 $\lim\limits_{h \to 0} \dfrac{f(x_0 - h) - f(x_0 + h)}{h} = 4$，则 $f'(x_0) =$

(　)

A. -4 　　　　B. -2 　　　　C. 2 　　　　D. 4

10. 设参数方程为 $\begin{cases} x = t e^t, \\ y = 2t + t^2, \end{cases}$ 则 $\dfrac{dy}{dx}\Big|_{t=0} = $ _____.

11. 设函数 $y = y(x)$ 由方程 $e^x - e^y = \sin(xy)$ 确定，则 $y'|_{x=0} = $ _____.

12. 设函数 $f(x) = x(x+1)(x+2) \cdots (x+n)$，则 $f'(0) = $ _____.

13. 设函数 $y = \arctan \sqrt{x}$，则 $dy|_{x=1} = $ _____.

14. 设函数 $y = x(x^2 + 2x + 1)^2 + e^{2x}$，则 $y^{(7)}(0) = $ _____.

15. 设函数 $y = x^x (x > 0)$，则 y 的微分 $dy = $ _____.

16. 若直线 $y = 5x + m$ 是曲线 $y = x^2 + 3x + 2$ 的一条切线，则常数 $m = $ _____.

17. 已知函数 $y = \arctan \sqrt{x} + \ln(1 + 2^x) + \cos \dfrac{\pi}{5}$，求 dy.

18. 已知 $y^2 = x + \dfrac{\ln y}{x}$，求 $\dfrac{dy}{dx}\Big|_{\substack{x=1 \\ y=1}}$.

19. 设函数 $y = y(x)$ 由参数方程 $\begin{cases} x = a(\cos t + t \sin t), \\ y = a(\sin t - t \cos t) \end{cases}$ 所确定，求 $\dfrac{dy}{dx}\Big|_{t = \frac{\pi}{4}}$.

20. 设函数 $y = y(x)$ 由参数方程 $\begin{cases} x = \ln(1 + t^2), \\ y = t - \arctan t \end{cases}$ 所确定，求 $\dfrac{dy}{dx}, \dfrac{d^2 y}{dx^2}$.

21. 设函数 $y = y(x)$ 由参数方程 $\begin{cases} x = \cos t, \\ y = \sin t - t \cos t \end{cases}$ 所确定,求 $\dfrac{\mathrm{d}y}{\mathrm{d}x}, \dfrac{\mathrm{d}^2 y}{\mathrm{d}x^2}$.

22. 设函数 $y = y(x)$ 由参数方程 $\begin{cases} x = t - \sin t, \\ y = 1 - \cos t, \end{cases} t \neq 2n\pi, n \in \mathbf{Z}$ 所确定,求 $\dfrac{\mathrm{d}y}{\mathrm{d}x}, \dfrac{\mathrm{d}^2 y}{\mathrm{d}x^2}$.

23. 设函数 $y = y(x)$ 由参数方程 $\begin{cases} x = \ln(1+t), \\ y = t^2 + 2t - 3 \end{cases}$ 所确定,求 $\dfrac{\mathrm{d}y}{\mathrm{d}x}, \dfrac{\mathrm{d}^2 y}{\mathrm{d}x^2}$.

24. 设函数 $y = y(x)$ 由方程 $y + \mathrm{e}^{x+y} = 2x$ 所确定,求 $\dfrac{\mathrm{d}y}{\mathrm{d}x}, \dfrac{\mathrm{d}^2 y}{\mathrm{d}x^2}$.

25. 设函数 $y = y(x)$ 由参数方程 $\begin{cases} x = t^2 + t, \\ \mathrm{e}^y + y = t^2 \end{cases}$ 所确定,求 $\dfrac{\mathrm{d}y}{\mathrm{d}x}$.

26. 设函数 $y = y(x)$ 由参数方程 $\begin{cases} x = t - \dfrac{1}{t}, \\ y = t^2 + 2\ln t \end{cases}$ 所确定,求 $\dfrac{\mathrm{d}y}{\mathrm{d}x}, \dfrac{\mathrm{d}^2 y}{\mathrm{d}x^2}$.

27. 已知函数 $f(x) = \begin{cases} \mathrm{e}^{-x}, & x < 0, \\ 1 + x, & x \geqslant 0, \end{cases}$ 证明函数 $f(x)$ 在点 $x = 0$ 处连续但不可导.

◁———————— ◀ **本章自测题** ▶ ————————▷

一、选择题

1. 设函数 $f(x)$ 在点 x_0 处可导，则 $f'(x_0)=$ 　　　　　（　　）

A. $\lim\limits_{\Delta x \to 0} \dfrac{f(x_0 - \Delta x) - f(x_0)}{\Delta x}$ 　　　　　 B. $\lim\limits_{\Delta x \to 0} \dfrac{f(x_0 - \Delta x) - f(x_0)}{2\Delta x}$

C. $\lim\limits_{\Delta x \to 0} \dfrac{f(x_0) - f(x_0 - \Delta x)}{\Delta x}$ 　　　　　 D. $\lim\limits_{\Delta x \to 0} \dfrac{f(x_0 + \Delta x) - f(x_0 - \Delta x)}{\Delta x}$

2. 函数 $f(x)$ 在点 x_0 处连续是函数 $f(x)$ 在该点可导的 　　　　　（　　）

A. 充分非必要条件 　　　　　 B. 必要非充分条件

C. 充要条件 　　　　　 D. 既非充分也非必要条件

3. 设 $f(u)$ 可导，$y=f(\ln^2 x)$，则 $y'=$ 　　　　　（　　）

A. $f'(\ln^2 x)$ 　　　　　 B. $2\ln x f'(\ln^2 x)$

C. $\dfrac{2\ln x}{x} f'(\ln^2 x)$ 　　　　　 D. $\dfrac{2\ln x}{x}\left[f(\ln^2 x)\right]'$

4. 设函数 $f(x)$ 在点 x_0 处的导数不存在，则 $y=f(x)$ 　　　　　（　　）

A. 在点 $(x_0, f(x_0))$ 的切线必不存在 　　 B. 在点 $(x_0, f(x_0))$ 的切线可能存在

C. 在点 x_0 处间断 　　 D. 在点 x_0 处的极限不存在

5. 设函数 $f(x)$ 在点 x_0 处可导，且 $f(x_0)=1$，则 $\lim\limits_{x \to x_0} f(x)=$ 　　　　　（　　）

A. 1 　　　　　 B. x_0 　　　　　 C. $f'(x_0)$ 　　　　　 D. 不存在

6. 设 $y=\mathrm{e}^{f(x)}$，其中 $f(x)$ 为可导函数，则 $y''=$ 　　　　　（　　）

A. $\mathrm{e}^{f(x)}$ 　　　　　 B. $\mathrm{e}^{f(x)} f''(x)$

C. $\mathrm{e}^{f(x)}\left[f'(x) + f''(x)\right]$ 　　　　　 D. $\mathrm{e}^{f(x)}\left\{\left[f'(x)\right]^2 + f''(x)\right\}$

7. 设 $y=\dfrac{\varphi(x)}{x}$，$\varphi(x)$ 可导，则 $\mathrm{d}y=$ 　　　　　（　　）

A. $\dfrac{x\,\mathrm{d}\varphi(x) - \varphi(x)\mathrm{d}x}{x^2}$ 　　　　　 B. $\dfrac{\varphi'(x) - \varphi(x)}{x^2}\mathrm{d}x$

C. $-\dfrac{\mathrm{d}\varphi(x)}{x^2}$ 　　　　　 D. $\dfrac{x\,\mathrm{d}\varphi(x) - \mathrm{d}\varphi(x)}{x^2}$

8. 已知直线 l 与 x 轴平行，且与曲线 $y=x-\mathrm{e}^x$ 相切，则切点的坐标为 　　　　　（　　）

A. $(1,1)$ 　　　　　 B. $(-1,1)$ 　　　　　 C. $(0,-1)$ 　　　　　 D. $(0,1)$

二、填空题

1. 过曲线 $y=\dfrac{4+x}{4-x}$ 上一点 $(2,3)$ 处的法线的斜率为 _____.

2. 已知函数 $y=\ln(\sin^2 x)$，则 $y'=$ _____，$y'\big|_{x=\frac{\pi}{6}}=$ _____.

3. 设函数 $f(x)=x(x-1)(x-2)(x-3)(x-4)$，则 $f'(0)=$ _____.

4. 设 $y=y(x)$ 是由方程 $xy+\ln y=0$ 确定的函数,则 $\mathrm{d}y=$ _____.

5. 若 $f'(x_0)=0$,则曲线 $y=f(x)$ 在点 x_0 处的切线方程为 _____,法线方程为 _____.

6. 已知函数 $y=x\mathrm{e}^x$,则 $y''=$ _____.

三、综合题

1. 设函数 $f(x)=\begin{cases} x^2, & x\leqslant 1, \\ ax+b, & x>1, \end{cases}$ 若 $f(x)$ 在 $x=1$ 处连续且可导,则 a,b 各等于多少?

2. 求下列函数的导数 y':

(1) $y=\cos x^2$;

(2) $y=\ln(\ln x)$;

(3) $y=\sin x \cdot \arctan x \cdot 2^x$;

(4) $y=\dfrac{\sec 2x}{\ln x-x^2}$;

(5) $y=\mathrm{e}^{\cos(x^3+3x-1)}$;

(6) $y=(\tan x)^{\sin x}$;

(7) $y=\sqrt[3]{\dfrac{x-5}{\sqrt[3]{x^2+2}}}$;

(8) $x^2+y^2=a^2$;

(9) $\begin{cases} x=\sqrt[3]{t-t^2}, \\ y=\sqrt{1-t}; \end{cases}$

(10) $x^3+\sin y^2=\mathrm{e}^y$.

3. 求下列各函数的二阶导数 y'':

(1) $y=x\sqrt{1+x^2}$;

(2) $y=(1+x^2)\arctan x$.

4. 求下列各函数的微分 $\mathrm{d}y$:

(1) $y=\dfrac{x}{\sqrt{1-x^2}}$;

(2) $y=\arcsin\dfrac{x}{a}$;

(3) $y=\dfrac{\arctan 2x}{1+x^2}$;

(4) $y=\dfrac{x\ln x}{1-x}+\ln(1-x)$.

第 3 章

导数的应用

◀◀◀

▶ **本章内容**

　　微分中值定理,洛必达法则,函数单调性的判定,函数的极值,函数的最大值与最小值,函数图形的凹凸性、拐点及渐近线,函数图形的描绘.

◀ ◀ ──── **§3-1　微分中值定理** ▶ ────

　　本节将介绍微分中的两个重要定理:罗尔定理、拉格朗日中值定理.这样可以不求极限而直接将函数和它的导数之间建立起联系.

一、罗尔定理

定理1(罗尔定理)　设函数 $f(x)$ 满足下列三个条件:

(1) 在闭区间 $[a,b]$ 上连续;

(2) 在开区间 (a,b) 内可导;

(3) $f(a)=f(b)$.

则在开区间 (a,b) 内至少存在一点 ξ,使得

$$f'(\xi)=0.$$

　　罗尔定理在直观上是很明显的:在两个高度相同的点之间的一段连续曲线上,如果除端点外各点都有不垂直于 x 轴的切线,那么至少有一点处的切线是水平的(图 3-1 中的点 P).

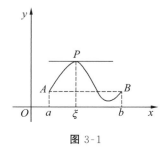

图 3-1

　　注意　罗尔定理要求函数同时满足三个条件,否则结论不一定成立.

　　例1　验证函数 $f(x)=x^2+x-6$ 在区间 $[-2,1]$ 上满足罗尔定理成立的条件,并求出 ξ.

　　解　$f(x)=x^2+x-6$ 在区间 $[-2,1]$ 上连续,$f'(x)=2x+1$ 在 $(-2,1)$ 内存在,$f(-2)=f(1)=-4$,所以 $f(x)$ 满足罗尔定理的三个条件.

　　令 $f'(x)=2x+1=0$,得 $x=-\dfrac{1}{2}$.所以存在 $\xi=-\dfrac{1}{2}$,使得 $f'(\xi)=0$.

　　由罗尔定理可知,如果函数 $y=f(x)$ 满足定理的三个条件,那么方程 $f'(x)=0$ 在区间 (a,b) 内至少有一个实根.这个结论常被用来证明某些方程的根的存在性.

例 2 如果方程 $ax^3+bx^2+cx=0$ 有正根 x_0,证明方程 $3ax^2+2bx+c=0$ 必定在 $(0,x_0)$ 内有根.

证明 设 $f(x)=ax^3+bx^2+cx$,则 $f(x)$ 在 $[0,x_0]$ 上连续,$f'(x)=3ax^2+2bx+c$ 在 $(0,x_0)$ 内存在,且 $f(0)=f(x_0)=0$.所以 $f(x)$ 在 $[0,x_0]$ 上满足罗尔定理的条件.

由罗尔定理的结论,在 $(0,x_0)$ 内至少存在一点 ξ,使 $f'(\xi)=3a\xi^2+2b\xi+c=0$,即 ξ 为方程 $3ax^2+2bx+c=0$ 的根.

二、拉格朗日中值定理

定理 2(拉格朗日中值定理) 设函数 $f(x)$ 满足下列条件:

(1) 在闭区间 $[a,b]$ 上连续;

(2) 在开区间 (a,b) 内可导.

则在开区间 (a,b) 内至少存在一点 ξ,使得

$$f'(\xi)=\frac{f(b)-f(a)}{b-a}.$$

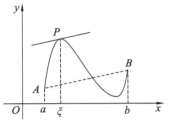

图 3-2

这个定理在几何上意义也很明显,等式 $f'(\xi)=\dfrac{f(b)-f(a)}{b-a}$ 的右端是连接端点 $A(a,f(a)),B(b,f(b))$ 的线段所在直线的斜率.由图 3-2 容易看出,如果函数 $f(x)$ 在 $[a,b]$ 上连续,除端点外各点都有不垂直于 x 轴的切线,那么在 (a,b) 内至少有一点 $P(\xi,f(\xi))$ 处的切线与 AB 平行.

与罗尔定理比较可以发现:拉格朗日中值定理是罗尔定理把端点连线由水平线向斜线的推广.或者说,罗尔定理是拉格朗日中值定理当端点连线水平时的特例.

注意 拉格朗日中值定理要求函数同时满足两个条件,否则结论不一定成立.

例 3 验证 $f(x)=x^2$ 在区间 $[1,2]$ 上满足拉格朗日中值定理成立的条件,并求 ξ.

解 显然 $f(x)=x^2$ 在区间 $[1,2]$ 上连续,$f'(x)=2x$ 在 $(1,2)$ 内存在,所以拉格朗日中值定理成立.

令 $\dfrac{f(2)-f(1)}{2-1}=f'(x)$,即 $2x=3$,得 $x=\dfrac{3}{2}$.所以 $\xi=\dfrac{3}{2}$.

例 4 设 $a>b>0$,证明:$\dfrac{a-b}{a}<\ln\dfrac{a}{b}<\dfrac{a-b}{b}$.

证明 改写欲求证的不等式为 $\dfrac{1}{a}<\dfrac{\ln a-\ln b}{a-b}<\dfrac{1}{b}$.   (1)

构造函数 $f(x)=\ln x$,因为 $f(x)=\ln x$ 在 $[b,a]$ 上连续,$f'(x)=\dfrac{1}{x}$ 在 (b,a) 内存在,由拉格朗日中值定理得至少存在一点 $\xi\in(b,a)$,使得 $\dfrac{\ln a-\ln b}{a-b}=f'(\xi)$,即 $\dfrac{\ln a-\ln b}{a-b}=\dfrac{1}{\xi}$,显然 $b<\xi<a$,则 $\dfrac{1}{a}<\dfrac{1}{\xi}<\dfrac{1}{b}$,所以 (1) 式成立.原不等式得证.

拉格朗日中值定理可以改写成另外的形式,如

$$f(b)-f(a)=f'(\xi)(b-a) \text{ 或 } f(b)=f(a)+f'(\xi)(b-a)(a<\xi<b);$$
$$f(x)=f(x_0)+f'(\xi)(x-x_0)(x_0<\xi<x);$$
$$f(x+\Delta x)-f(x)=f'(\xi)\Delta x \text{ 或 } \Delta y=f'(\xi)\Delta x(x<\xi<x+\Delta x).$$

由拉格朗日中值定理可以推出一些很有用的结论.

推论 1　如果 $f'(x)\equiv 0,x\in(a,b)$，那么 $f'(x)\equiv C(x\in(a,b),C\in\mathbf{R})$，即在 (a,b) 内 $f(x)$ 是常数函数.

证明　任取 $x_1,x_2\in(a,b)$，不妨设 $x_1<x_2$．因为 $(x_1,x_2)\subset(a,b)$，显然 $f(x)$ 在 $[x_1,x_2]$ 上连续，在 (x_1,x_2) 内可导．于是由拉格朗日中值定理有
$$f(x_2)-f(x_1)=f'(\xi)(x_2-x_1)(x_1<\xi<x_2).$$
又因为对 (a,b) 内的一切 x 都有 $f'(x)\equiv 0$，而 $\xi\in(x_1,x_2)\subset(a,b)$，所以 $f'(\xi)=0$，于是得 $f(x_2)-f(x_1)=0$，即 $f(x_2)=f(x_1)$．

因为对于 (a,b) 内的任意 x_1,x_2 都有 $f(x_2)=f(x_1)$，所以 $f(x)$ 在 (a,b) 内是一个常数．

注意　我们以前证明过"常数的导数等于零"，推论 1 说明它的逆命题也是真命题．

推论 2　如果 $f'(x)\equiv g'(x),x\in(a,b)$，那么 $f(x)\equiv g(x)+C(x\in(a,b),C\in\mathbf{R})$.

证明　因为 $[f(x)-g(x)]'=f'(x)-g'(x)\equiv 0,x\in(a,b)$，根据推论 1，得
$$f(x)-g(x)\equiv C(x\in(a,b),C\in\mathbf{R}),$$
移项即得结论．

前面我们知道"如果两个函数相等，那么它们的导数也相等"．现在又知道"如果两个函数的导数相等，那么它们至多只相差一个常数"．

在例 1、例 3 中，都要求求出拉格朗日中值定理及其特例——罗尔定理中的那个 ξ，读者不要误以为 ξ 总是可以求出的．事实上，在绝大部分情况下，可以验证 ξ 的存在性，却很难求得其值，但就是这个 ξ 的存在性，确立了中值定理在微分学中的重要地位．本来函数 $y=f(x)$ 与导数 $f'(x)$ 之间的关系是通过极限建立的，因此导数 $f'(x_0)$ 只能近似反映 $f(x)$ 在 x_0 附近的性态，如 $f(x)\approx f(x_0)+f'(x_0)(x-x_0)$．中值定理却通过函数在中间值处的导数，证明了函数 $f(x)$ 与导数 $f'(x)$ 之间可以直接建立精确的等式关系，即只要 $f(x)$ 在 x 和 x_0 之间连续、可导，且在点 x,x_0 处也连续，那么一定存在中间值 ξ，使 $f(x)=f(x_0)+f'(\xi)(x-x_0)$．这样就为由导数的性质推断函数的性质、由函数的局部性质研究函数的整体性质架起了桥梁．

 习题 3-1

1. 验证函数 $y=\ln(\sin x)$ 在区间 $\left[\dfrac{\pi}{6},\dfrac{5\pi}{6}\right]$ 上满足罗尔定理成立的条件，并求出 ξ 的值．

2. 验证函数 $y=4x^3+x-2$ 在区间 $[0,1]$ 上满足拉格朗日中值定理成立的条件，并求出 ξ 的值．

3. 不用求出函数 $f(x)=(x-1)(x-2)(x-3)(x-4)$ 的导数，说明方程 $f'(x)=0$ 有几个实根并指出它们所在的区间．

4. 利用拉格朗日中值定理证明下列不等式:

(1) 设 $a > b > 0, n > 1$,证明:$nb^{n-1}(a-b) < a^n - b^n < na^{n-1}(a-b)$;

(2) 设 $x > 0$,证明:$\dfrac{x}{1+x} < \ln(1+x) < x$;

(3) $|\sin x - \sin y| \leqslant |x-y|$.

◀ §3-2 洛必达法则 ▶

在极限的讨论中已经看到:若当 $x \to x_0$ 时,两个函数 $f(x), g(x)$ 都是无穷小或无穷大,则求极限 $\lim\limits_{x \to x_0} \dfrac{f(x)}{g(x)}$ 时不能直接用商的极限运算法则,其结果可能存在,也可能不存在.即使存在,其值也因式而异.因此,常把两个无穷小之比或无穷大之比的极限,称为 $\dfrac{0}{0}$ 型或 $\dfrac{\infty}{\infty}$ 型未定式$\left(\text{也称为}\ \dfrac{0}{0}\ \text{型或}\ \dfrac{\infty}{\infty}\ \text{型未定型}\right)$极限.求这类极限,一般可以用下面介绍的洛必达法则,它的特点是求极限时以导数为工具.

一、$\dfrac{0}{0}$ 型未定式

定理 1(洛必达法则 1) 设函数 $f(x)$ 和 $g(x)$ 满足:

(1) $\lim\limits_{x \to x_0} f(x) = 0, \lim\limits_{x \to x_0} g(x) = 0$;

(2) $f(x)$ 和 $g(x)$ 在 x_0 的某邻域内(点 x_0 可除外)可导,且 $g'(x) \neq 0$;

(3) $\lim\limits_{x \to x_0} \dfrac{f'(x)}{g'(x)} = A$($A$ 可以是有限数,也可为 $\infty, \pm\infty$).

则

$$\lim\limits_{x \to x_0} \dfrac{f(x)}{g(x)} = \lim\limits_{x \to x_0} \dfrac{f'(x)}{g'(x)} = A.$$

在具体使用洛必达法则时,一般应先验证定理的条件(1),如果是 $\dfrac{0}{0}$ 型未定式,那么可以按照上面的形式做下去,只要最终能得到结果就达到求极限的目的了.

例 1 求 $\lim\limits_{x \to 0} \dfrac{\sin ax}{\sin bx}$ $(b \neq 0)$.

解 $\lim\limits_{x \to 0} \dfrac{\sin ax}{\sin bx} = \lim\limits_{x \to 0} \dfrac{a\cos ax}{b\cos bx} = \dfrac{a}{b}$.

例 2 求 $\lim\limits_{x \to 1} \dfrac{x^3 - 3x + 2}{x^3 - x^2 - x + 1}$.

解 $\lim\limits_{x \to 1} \dfrac{x^3 - 3x + 2}{x^3 - x^2 - x + 1} = \lim\limits_{x \to 1} \dfrac{3x^2 - 3}{3x^2 - 2x - 1} = \lim\limits_{x \to 1} \dfrac{6x}{6x - 2} = \dfrac{3}{2}$.

注意 如果应用洛必达法则后的极限仍然是 $\dfrac{0}{0}$ 型未定式,那么只要相关导数存在,就

可以继续使用洛必达法则,直至能求出极限.例 2 中的 $\lim\limits_{x \to 1} \dfrac{6x}{6x-2}$ 已不是未定式,不能对它使用洛必达法则,否则要导致错误结果.

例 3　求 $\lim\limits_{x \to 0} \dfrac{x - \sin x}{x^3}$.

解　$\lim\limits_{x \to 0} \dfrac{x - \sin x}{x^3} = \lim\limits_{x \to 0} \dfrac{1 - \cos x}{3x^2} = \lim\limits_{x \to 0} \dfrac{\sin x}{6x} = \dfrac{1}{6}$.

二、$\dfrac{\infty}{\infty}$ 型未定式

定理 2(洛必达法则 2)　设函数 $f(x)$ 和 $g(x)$ 满足:

(1) $\lim\limits_{x \to x_0} f(x) = \infty,\ \lim\limits_{x \to x_0} g(x) = \infty$;

(2) $f(x)$ 和 $g(x)$ 在 x_0 的某邻域内(点 x_0 可除外)可导,且 $g'(x) \neq 0$;

(3) $\lim\limits_{x \to x_0} \dfrac{f'(x)}{g'(x)} = A$($A$ 可以是有限数,也可为 ∞,$\pm\infty$).

则
$$\lim_{x \to x_0} \frac{f(x)}{g(x)} = \lim_{x \to x_0} \frac{f'(x)}{g'(x)} = A.$$

例 4　求 $\lim\limits_{x \to \frac{\pi}{2}} \dfrac{\tan 3x}{\tan x}$.

解　$\lim\limits_{x \to \frac{\pi}{2}} \dfrac{\tan 3x}{\tan x} = \lim\limits_{x \to \frac{\pi}{2}} \dfrac{3\sec^2 3x}{\sec^2 x} = \lim\limits_{x \to \frac{\pi}{2}} \dfrac{3\cos^2 x}{\cos^2 3x} = \lim\limits_{x \to \frac{\pi}{2}} \dfrac{6\cos x(-\sin x)}{2\cos 3x(-3\sin 3x)}$

$= \lim\limits_{x \to \frac{\pi}{2}} \dfrac{\sin 2x}{\sin 6x} = \lim\limits_{x \to \frac{\pi}{2}} \dfrac{2\cos 2x}{6\cos 6x} = \dfrac{1}{3}$.

例 5　求 $\lim\limits_{x \to +\infty} \dfrac{\ln x}{x^n}$($n > 0$).

解　$\lim\limits_{x \to +\infty} \dfrac{\ln x}{x^n} = \lim\limits_{x \to +\infty} \dfrac{\dfrac{1}{x}}{nx^{n-1}} = \lim\limits_{x \to +\infty} \dfrac{1}{nx^n} = 0$.

例 6　求 $\lim\limits_{x \to +\infty} \dfrac{x^n}{\mathrm{e}^{\lambda x}}$($n$ 为正整数,$\lambda > 0$).

解　应用洛必达法则 n 次,得
$$\lim_{x \to +\infty} \frac{x^n}{\mathrm{e}^{\lambda x}} = \lim_{x \to +\infty} \frac{nx^{n-1}}{\lambda \mathrm{e}^{\lambda x}} = \lim_{x \to +\infty} \frac{n(n-1)x^{n-2}}{\lambda^2 \mathrm{e}^{\lambda x}} = \cdots = \lim_{x \to +\infty} \frac{n!}{\lambda^n \mathrm{e}^{\lambda x}} = 0.$$

三、其他类型的未定式

在对函数 $f(x)$ 和 $g(x)$ 求 $x \to x_0$,$x \to \infty$,$x \to \pm\infty$ 的极限时,除 $\dfrac{0}{0}$ 型与 $\dfrac{\infty}{\infty}$ 型未定式之外,还有下列一些其他类型的未定式:

(1) $0 \cdot \infty$ 型:$f(x)$ 和 $g(x)$ 中一个函数的极限为 0,另一个函数的极限为 ∞,求 $f(x) \cdot g(x)$ 的极限;

(2) $\infty-\infty$ 型：$f(x)$ 与 $g(x)$ 的极限都为 ∞，求 $f(x)-g(x)$ 的极限；

(3) 1^{∞} 型：$f(x)$ 的极限为 1，$g(x)$ 的极限为 ∞，求 $f(x)^{g(x)}$ 的极限；

(4) 0^{0} 型：$f(x)$ 与 $g(x)$ 的极限都为 0，求 $f(x)^{g(x)}$ 的极限；

(5) ∞^{0} 型：$f(x)$ 的极限为 ∞，$g(x)$ 的极限为 0，求 $f(x)^{g(x)}$ 的极限.

这些类型的未定式，可按下述方法处理：对 (1)(2) 两种类型，可利用适当变换将它们化为 $\dfrac{0}{0}$ 型与 $\dfrac{\infty}{\infty}$ 型未定式，再用洛必达法则求极限；对 (3)(4)(5) 三种类型的未定式，直接利用关系式 $\lim f(x)^{g(x)}=\lim \mathrm{e}^{g(x)\ln f(x)}=\mathrm{e}^{\lim g(x)\ln f(x)}$ 将它们化为 $0\cdot\infty$ 型.

例 7 求 $\lim\limits_{x\to0}x\cot 3x$.

解 这是 $0\cdot\infty$ 型未定式，把 $\cot 3x$ 写为 $\dfrac{1}{\tan 3x}$，可将其化为 $\dfrac{0}{0}$ 型未定式.

$$\lim_{x\to0}x\cot 3x=\lim_{x\to0}\frac{x}{\tan 3x}=\lim_{x\to0}\frac{1}{3\sec^2 3x}=\lim_{x\to0}\frac{\cos^2 3x}{3}=\frac{1}{3}.$$

例 8 求 $\lim\limits_{x\to1^+}\left(\dfrac{x}{x-1}-\dfrac{1}{\ln x}\right)$.

解 这是 $\infty-\infty$ 型未定式，通过通分将其化为 $\dfrac{0}{0}$ 型未定式.

$$\lim_{x\to1^+}\left(\frac{x}{x-1}-\frac{1}{\ln x}\right)=\lim_{x\to1^+}\frac{x\ln x-x+1}{(x-1)\ln x}=\lim_{x\to1^+}\frac{\ln x}{\ln x+x-\frac{1}{x}}=\lim_{x\to1^+}\frac{\frac{1}{x}}{\frac{1}{x}+\frac{1}{x^2}}=\frac{1}{2}.$$

例 9 求 $\lim\limits_{x\to0^+}x^{\sin x}$.

解 这是 0^{0} 型未定式，利用恒等关系将其转化为 $0\cdot\infty$ 型，再将其转化为 $\dfrac{\infty}{\infty}$ 型.

$$\lim_{x\to0^+}x^{\sin x}=\lim_{x\to0^+}\mathrm{e}^{\sin x\cdot\ln x}=\mathrm{e}^{\lim\limits_{x\to0^+}\sin x\cdot\ln x}=\mathrm{e}^{\lim\limits_{x\to0^+}\frac{\ln x}{\csc x}}=\mathrm{e}^{\lim\limits_{x\to0^+}\frac{\frac{1}{x}}{-\csc x\cdot\cot x}}$$
$$=\mathrm{e}^{\lim\limits_{0^+}\frac{\sin^2 x}{-x\cos x}}=\mathrm{e}^{\lim\limits_{0^+}\frac{x^2}{-x\cos x}}=1.$$

注意 洛必达法则与其他求极限法（如无穷小的等价代换等）的混合使用，往往能简化运算.

例 10 验证极限 $\lim\limits_{x\to\infty}\dfrac{x+\sin x}{x}$ 存在，但不能用洛必达法则求出.

解 $\lim\limits_{x\to\infty}\dfrac{x+\sin x}{x}=\lim\limits_{x\to\infty}\left(1+\dfrac{\sin x}{x}\right)=1+\lim\limits_{x\to\infty}\dfrac{\sin x}{x}=1.$

又因为原极限是 $\dfrac{\infty}{\infty}$ 型未定式，可利用洛必达法则，得

$$\lim_{x\to\infty}\frac{x+\sin x}{x}=\lim_{x\to\infty}\frac{1+\cos x}{1}.$$

最后的极限不存在，所以所给的极限无法用洛必达法则求出.

在使用洛必达法则时,应注意以下几点:

(1) 每次使用洛必达法则时,必须检验极限是否属于 $\dfrac{0}{0}$ 型或 $\dfrac{\infty}{\infty}$ 型未定式.如果不是,就不能使用该法则.

(2) 如果有可约因子或有非零极限的乘积因子,那么可先约去或直接提出该因子,然后再使用洛必达法则,以简化演算步骤.

(3) 洛必达法则与其他求极限法(如无穷小的等价代换等)混合使用,往往能简化运算.

(4) 当 $\lim \dfrac{f'(x)}{g'(x)}$ 不存在时,并不能断定 $\lim \dfrac{f(x)}{g(x)}$ 不存在,此时应考虑使用其他方法求极限.

实际上,有些题用洛必达法则求极限反而烦琐,使用其他方法更简单明了.例如,计算 $\lim\limits_{x\to 0}\dfrac{\tan x-\sin x}{x^3}$,读者可自行验证.虽然有些题用洛必达法则求不出极限,但是洛必达法则仍是求 $\dfrac{0}{0}$ 型或 $\dfrac{\infty}{\infty}$ 型未定式极限的一种主要方法.

习题 3-2

用洛必达法则求下列极限:

(1) $\lim\limits_{x\to 0}\dfrac{e^x-e^{-x}}{\sin x}$;

(2) $\lim\limits_{x\to a}\dfrac{\ln x-\ln a}{x-a}\,(a>0)$;

(3) $\lim\limits_{x\to \pi}\dfrac{\sin 3x}{\sin 7x}$;

(4) $\lim\limits_{x\to 0}\dfrac{1}{x}\arcsin 3x$;

(5) $\lim\limits_{x\to 0^+}\dfrac{\ln\tan 7x}{\ln\tan 2x}$;

(6) $\lim\limits_{x\to \frac{\pi}{2}}\dfrac{\tan x}{\tan 5x}$;

(7) $\lim\limits_{x\to +\infty}\dfrac{\ln\left(1+\dfrac{1}{x}\right)}{\operatorname{arccot} x}$;

(8) $\lim\limits_{x\to 0}\dfrac{\sec x-\cos x}{\ln(1+x^2)}$;

(9) $\lim\limits_{x\to 1^-}\ln x\ln(1-x)$;

(10) $\lim\limits_{x\to 0}x^2 e^{\frac{1}{x^2}}$;

(11) $\lim\limits_{x\to 2^+}\dfrac{\ln(x-2)}{\ln(e^x-e^2)}$;

(12) $\lim\limits_{x\to 0}\left(\cot x-\dfrac{1}{x}\right)$;

(13) $\lim\limits_{x\to 0^+}(\sin x)^{\tan x}$;

(14) $\lim\limits_{x\to 0^+}x^{\ln(1+x)}$.

◀ §3-3 函数的单调性、极值与最值 ▶

本节我们将以导数为工具,研究函数的单调性及相关的极值、最值问题,学习如何确定函数的增、减区间,如何判定极值和最值.

一、函数的单调性

定理1 设函数 $f(x)$ 在闭区间 $[a,b]$ 上连续,在开区间 (a,b) 内可导.

(1) 若在 (a,b) 内 $f'(x)>0$,则函数 $f(x)$ 在 $[a,b]$ 上单调增加;

(2) 若在 (a,b) 内 $f'(x)<0$,则函数 $f(x)$ 在 $[a,b]$ 上单调减少.

证明 设 x_1,x_2 是 $[a,b]$ 上任意两点,不妨设 $x_1<x_2$,利用拉格朗日中值定理有

$$f(x_2)-f(x_1)=f'(\xi)(x_2-x_1)\quad(x_1<\xi<x_2).$$

若 $f'(x)>0$,则必有 $f'(\xi)>0$.又 $x_2-x_1>0$,所以 $f(x_2)-f(x_1)>0$,即 $f(x_2)>f(x_1)$.

由于 x_1,x_2 是 $[a,b]$ 上任意两点,所以 $f(x)$ 在 $[a,b]$ 上单调增加.

同理可证,若 $f'(x)<0$,则函数 $f(x)$ 在 $[a,b]$ 上单调减少.

有时,函数在整个考察范围内并不单调,这时,就需要把考察范围划分为若干个单调区间.如图 3-3,在 $[a,b]$ 上,函数 $f(x)$ 并不单调,但可以划分 $[a,b]$ 为 $[a,x_1]$,$[x_1,x_2]$,$[x_2,b]$ 三个区间,在 $[a,x_1]$,$[x_2,b]$ 上 $f(x)$ 单调增加,在 $[x_1,x_2]$ 上 $f(x)$ 单调减少.

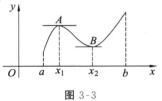

图 3-3

注意 如果函数 $f(x)$ 在 $[a,b]$ 上可导,那么函数在单调区间的分界点处的导数为零,即 $f'(x_1)=f'(x_2)=0$(在图 3-3 中表现为曲线在点 A,B 处有水平切线).**一般称导数 $f'(x)$ 在区间内部的零点为函数 $f(x)$ 的驻点.** 这就启发我们,对可导函数,为了确定函数的单调区间,只要求出考察范围内的驻点.另外,如果函数在考察范围内有若干个不可导点,而函数在考察范围内由这些不可导点所分割的每个子区间内都是可导的,那么由于函数在经过不可导点时也可能会改变单调性,如 $y=|x|$ 在 x 由小到大经过不可导点 $x=0$ 时由单调减少变为单调增加,所以还需要找出全部不可导点.

综上,我们得到确定函数 $f(x)$ 的单调区间的方法:首先,确定函数 $f(x)$ 的考察范围 I(除指定范围外,一般是指函数的定义域)内部的全部驻点和不可导点;其次,用这些驻点和不可导点将考察区间 I 分成若干个子区间;最后,在每个子区间上用定理 1 判断函数 $f(x)$ 的单调性.为了清楚,最后一步常用列表方式.

例1 判定函数 $y=x-\sin x$ 在 $[0,2\pi]$ 上的单调性.

解 因为在 $(0,2\pi)$ 内,$y'=1-\cos x>0$,所以函数 $y=x-\sin x$ 在 $[0,2\pi]$ 上单调增加.

应用函数的单调性还可证明一些不等式.

例 2　证明:当 $x>0$ 时,$1+\dfrac{1}{2}x>\sqrt{1+x}$.

证明　构造函数 $f(x)=1+\dfrac{1}{2}x-\sqrt{1+x}$,则

$$f'(x)=\frac{1}{2}-\frac{1}{2}\cdot\frac{1}{\sqrt{1+x}}=\frac{1}{2}\left(1-\frac{1}{\sqrt{1+x}}\right).$$

当 $x>0$ 时,$0<\dfrac{1}{\sqrt{1+x}}<1$,所以 $f'(x)>0$,则 $f(x)$ 在 $(0,+\infty)$ 内单调增加,所以有 $f(x)>f(0)$.又 $f(0)=1-1=0$,即

$$1+\frac{1}{2}x-\sqrt{1+x}>0(x>0),$$

移项即得结论.

二、函数的极值

定义 1　设函数 $f(x)$ 在 $U(x_0,\delta)(\delta>0)$ 内有定义,若对于任意一点 $x\in\mathring{U}(x_0,\delta)$ $(\delta>0)$,都有 $f(x)<f(x_0)$(或 $f(x)>f(x_0)$),则称 $f(x_0)$ 是函数 $f(x)$ 的极大(或极小)值,x_0 称为函数 $f(x)$ 的极大(或极小)值点.函数的极大值、极小值统称为函数的极值,极大值点、极小值点统称为函数的极值点.

由定义可以看出,极值是一个局部概念.在整个考察范围内函数往往有多个极值,极大值未必是最大值,极小值也未必是最小值.

从图 3-4 可直观地看出,x_2,x_4,x_6 是极大值点,x_1,x_3,x_5,x_7 是极小值点.若函数在极值点处可导(如 x_1,x_2,x_3,x_4,x_5,x_7),则函数图象上对应点处的切线是水平的.因此,函数在这类极值点处的导数为 0(在图 3-4 中,$f'(x_1)=f'(x_2)=f'(x_3)=f'(x_4)=f'(x_5)=f'(x_7)=0$),即这类极值点必定是驻点.注意函数图象在 x_6 处无切线,所以 x_6 是函数的不可导点,但函数在 x_6 处取得了极大值,这说明不可导点也可能是函数的极值点.

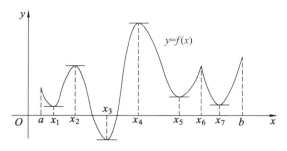

图 3-4

定理 2(极值的必要条件)　设函数 $f(x)$ 在其考察范围 I 内是连续的,x_0 不是 I 的端点.若函数在 x_0 处取得极值,则 x_0 或者是函数的不可导点,或者是函数的可导点.当 x_0 是 $f(x)$ 的可导点时,x_0 必定是函数的驻点,即 $f'(x_0)=0$.

注意　$f(x)$ 的驻点不一定是 $f(x)$ 的极值点.例如,尽管曲线 $f(x)=x^3$ 在点 $(0,0)$ 处有水平切线,即 $x=0$ 是函数 $f(x)$ 的驻点 $(f'(0)=0)$,但函数 $f(x)$ 在 $x=0$ 处并无极值.

此外, $f(x)$ 的不可导点也未必是极值点. 这样就需要给出判断这两类点是否为极值点的方法.

定理 3(极值的第一充分条件) 设函数 $f(x)$ 在点 x_0 处连续, 在 $\mathring{U}(x_0, \delta)(\delta > 0)$ 内可导, 当 x 由小到大经过 x_0 时,

(1) 如果 $f'(x)$ 由正变负, 那么 x_0 是 $f(x)$ 的极大值点;

(2) 如果 $f'(x)$ 由负变正, 那么 x_0 是 $f(x)$ 的极小值点;

(3) 如果 $f'(x)$ 不改变符号, 那么 x_0 不是 $f(x)$ 的极值点.

证明 (1) 任取一点 $x \in \mathring{U}(x_0, \delta)(\delta > 0)$, 在以 x 和 x_0 为端点的闭区间上, 对函数 $f(x)$ 使用拉格朗日中值定理, 得

$$f(x) - f(x_0) = f'(\xi)(x - x_0) \quad (\xi \text{ 在 } x \text{ 和 } x_0 \text{ 之间}).$$

当 $x < x_0$ 时, $x < \xi < x_0$, 由已知条件 $f'(\xi) > 0$, 所以

$f(x) - f(x_0) = f'(\xi)(x - x_0) < 0$, 即 $f(x) < f(x_0)$;

当 $x > x_0$ 时, $x > \xi > x_0$, 由已知条件 $f'(\xi) < 0$, 所以

$f(x) - f(x_0) = f'(\xi)(x - x_0) < 0$, 即 $f(x) < f(x_0)$.

综上, 对 x_0 附近的任意 x 都有 $f(x) < f(x_0)$. 由极值的定义, x_0 是 $f(x)$ 的极大值点.

类似地可以证明(2)和(3).

定理 4(极值的第二充分条件) 设 x_0 为函数 $f(x)$ 的驻点, $f(x)$ 在点 x_0 处有二阶导数, $f''(x_0) \neq 0$, 则 x_0 必定是函数 $f(x)$ 的极值点, 且

(1) 若 $f''(x_0) < 0$, 则 $f(x)$ 在 x_0 处取得极大值;

(2) 若 $f''(x_0) > 0$, 则 $f(x)$ 在 x_0 处取得极小值.

比较两个判定方法, 定理 3 适用于判定驻点和不可导点是否为极值点, 而定理 4 只适用于判定驻点是否为极值点. 所以, 一般我们推荐使用定理 3 求极值.

根据定理 3 和定理 4, 求函数 $f(x)$ 的极值的步骤归纳如下:

(1) 确定函数的考察范围;

(2) 求出函数的导数 $f'(x_0)$, 令 $f'(x_0) = 0$, 求出所有的驻点和不可导点;

(3) 利用定理 3(或定理 4), 判定上述驻点或不可导点是否为函数的极值点, 并求出极值, 这一步常采用列表方式.

例 3 求函数 $y = x^2 \mathrm{e}^{-x}$ 的极值.

解法 1 (1) 函数的考察范围为 $(-\infty, +\infty)$.

(2) $y' = 2x\mathrm{e}^{-x} - x^2\mathrm{e}^{-x} = x\mathrm{e}^{-x}(2 - x)$, 令 $y' = 0$, 得驻点为 $x_1 = 0, x_2 = 2$, 无不可导点.

(3) 利用定理 3, 判定驻点是否为函数的极值点, 列表如下:

x	$(-\infty, 0)$	0	$(0, 2)$	2	$(2, +\infty)$
y'	$-$	0	$+$	0	$-$
y	$\searrow$	极小值 0	$\nearrow$	极大值 $\dfrac{4}{\mathrm{e}^2}$	$\searrow$

解法 2　（1）（2）同解法 1.

$$y'' = e^{-x}(x^2 - 4x + 2).$$

$y''|_{x_1=0} = 2 > 0$，$y''|_{x_2=2} = -2e^{-2} < 0$，由定理 4，$x_1 = 0$ 为极小值点，$x_2 = 2$ 为极大值点.

例 4　判断函数 $f(x) = \dfrac{x^2}{3} - \sqrt[3]{x^2}$ 的单调性并求极值.

解　（1）函数的考察范围为 $(-\infty, +\infty)$.

（2）$f'(x) = \dfrac{2x}{3} - \dfrac{2}{3\sqrt[3]{x}}$.

令 $f'(x) = 0$，得驻点为 $x_1 = -1$，$x_2 = 1$，此外 $f(x)$ 有不可导点为 $x_3 = 0$.

（3）列表如下：

x	$(-\infty, -1)$	-1	$(-1, 0)$	0	$(0, 1)$	1	$(1, +\infty)$
$f'(x)$	$-$	0	$+$	不存在	$-$	0	$+$
$f(x)$	$\searrow$	极小值 $-\dfrac{2}{3}$	$\nearrow$	极大值 0	$\searrow$	极小值 $-\dfrac{2}{3}$	$\nearrow$

所以 $f(x)$ 在 $(-\infty, -1]$ 和 $[0, 1]$ 上是单调减少的，在 $[-1, 0]$ 和 $[1, +\infty)$ 上是单调增加的，$f(x)$ 有极大值 $f(0) = 0$，极小值 $f(-1) = -\dfrac{2}{3}$.

三、函数的最大值与最小值

设函数 $f(x)$ 的考察范围为 I，x_0 是 I 上一点．若对于任意的 $x \in I$，都有 $f(x) \leqslant f(x_0)$（或 $f(x) \geqslant f(x_0)$），则称 $f(x_0)$ 为 $f(x)$ 在 I 上的最大（或最小）值，x_0 称为函数 $f(x)$ 的最大（或最小）值点．函数的最大值、最小值统称为函数的最值，最大值点、最小值点统称为最值点.

最值与极值不同，极值是一个仅与一点附近的函数值有关的局部概念，最值却是一个与函数考察范围 I 有关的整体概念，随着 I 变化，最值的存在性及数值可能发生变化．因此，一个函数的极值可以有若干个，但函数的最大值、最小值如果存在，只能是唯一的.

但两者之间也有一定的关系．如果最值点不是 I 的边界点，那么它必定是极值点．这样就为求函数的极值提供了方法.

设函数 $f(x)$ 在 $[a, b]$ 上连续（最大值、最小值一定存在），可按下列步骤求出最值：

（1）求出函数 $f(x)$ 在 (a, b) 内的所有可能的极值点：驻点和不可导点；

（2）计算函数 $f(x)$ 在驻点、不可导点及端点 a, b 处的函数值；

（3）比较这些函数值，其中最大的即为函数的最大值，最小的即为函数的最小值.

例 5　求函数 $f(x) = x^4 - 2x^2 + 5$ 在区间 $[-2, 3]$ 上的最大值和最小值.

解　因为函数 $f(x)$ 在区间 $[-2, 3]$ 上连续，所以在该区间上必定存在最大值和最小值.

（1）由 $f'(x) = 4x^3 - 4x = 4x(x+1)(x-1) = 0$，得驻点 $x_1 = -1$，$x_2 = 0$，$x_3 = 1$，函数无不可导点；

（2）计算函数 $f(x)$ 在驻点、区间两端点处的函数值：
$$f(-2)=13, f(-1)=4, f(0)=5, f(1)=4, f(3)=68.$$

（3）比较这些函数值，即得函数在 $[-2,3]$ 上的最大值为 68，最大值点为 $x=3$，最小值为 4，最小值点为 $x=-1, x=1$.

数学和实际问题中遇到的函数可能不是闭区间上的连续函数，此时首先要判断在考察范围内函数有没有最值. 这个问题并不简单，一般可按下述原则处理：若由实际问题归结出的函数 $f(x)$ 在考察范围 I 上是可导的，且已事先可断定最大值（或最小值）必定在 I 的内部达到，而在 I 的内部函数 $f(x)$ 仅有唯一驻点 x_0，那么可断定 $f(x)$ 的最大值（或最小值）就在点 x_0 处取得.

例 6　要做一个容积为 V 的圆柱形水桶，问怎样设计才能使所用材料最省？

解　要使所用材料最省，就是水桶的表面积最小. 设水桶的底面半径为 r，高为 h，则水桶的表面积为 $S=2\pi r^2+2\pi rh$. 由体积 $V=\pi r^2 h$，得 $h=\dfrac{V}{\pi r^2}$，所以

$$S=2\pi r^2+\frac{2V}{r}, r\in(0,+\infty).$$

由问题的实际意义可知，$S=2\pi r^2+\dfrac{2V}{r}$ 在 $r\in(0,+\infty)$ 内必定有最小值.

令 $S'=4\pi r-\dfrac{2V}{r^2}=\dfrac{2(2\pi r^3-V)}{r^2}=0$，得唯一驻点 $r=\sqrt[3]{\dfrac{V}{2\pi}}\in(0,+\infty)$，因此，它一定是使 S 达到最小值的点，此时对应的高 $h=\dfrac{V}{\pi r^2}=\dfrac{2\pi r^3}{\pi r^2}=2r$.

所以当水桶的高和底面直径相等时，所用材料最省.

习题 3-3

1. 求下列函数的单调区间：

（1）$y=x-e^x$；

（2）$y=(x-1)(x+1)^3$；

（3）$y=\sqrt{2x-x^2}$；

（4）$y=\dfrac{1}{x^3-2x^2+x}$.

2. 利用单调性，证明下列不等式：

（1）当 $x>0$ 时，$1+\dfrac{1}{2}x>\sqrt{1+x}$；

（2）当 $x>0$ 时，$\ln(1+x)>\dfrac{\arctan x}{1+x}$；

（3）当 $0<x<\dfrac{\pi}{2}$ 时，$\sin x+\tan x>2x$.

3. 求下列函数的极值：

（1）$y=x^3-3x^2+7$；

（2）$y=\arctan x-\dfrac{1}{2}\ln(1+x^2)$；

（3）$y=x-\ln(1+x)$；

（4）$y=e^x\cos x, x\in\left[0,\dfrac{\pi}{2}\right]$.

4. 求下列函数在给定区间上的最值:

(1) $y=\ln(1+x^2), x\in[-1,2]$;

(2) $y=2\tan x-\tan^2 x, x\in\left[0,\dfrac{\pi}{2}\right)$;

(3) $y=\sqrt[3]{(x^2-2x)^2}, x\in[0,3]$;

(4) $y=\dfrac{a^2}{x}+\dfrac{b^2}{1-x}(a>b>0), x\in(0,1)$.

◀ §3-4　函数图形的凹凸与拐点 ▶

　　函数的曲线是函数变化形态的几何表示,而曲线的凹凸性则是反映函数增减快慢这个特性的.图 3-5 是某种商品的销售曲线 $y=f(x)$,其中 y 表示销售总量,x 表示时间.曲线始终是上升的,说明随着时间的推移,销售总量不断增加.但在不同时间段情况有所区别,在$(0,x_0)$段,曲线上升的趋势由缓慢逐渐加快;在$(x_0,+\infty)$段,曲线上升的趋势又逐渐转向缓慢.这表示在时间点 x_0 以前,即销售量没有达到 $f(x_0)$ 时,市场需求旺盛,销售量越来越多;在时

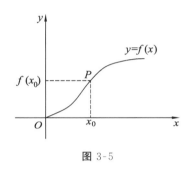

图 3-5

间点 x_0 以后,也即销售量超过 $f(x_0)$ 后,市场需求趋于平稳,且逐渐进入饱和状态.其中 $(x_0,f(x_0))$ 是销售量由加快转向平稳的转折点.

　　作为经营者来说,掌握这种销售动向,对决策产量、投入等是必要的.这就需要我们不仅能分析函数的增减区间,而且要会判断函数何时越增(或减)越快,何时又越增(或减)越慢.这种越增(或减)越快或越增(或减)越慢的现象,反映在图象上就是本节要学的曲线的凹凸性.

一、曲线的凹凸性及其判别法

　　观察图 3-6 中的曲线 $y=f(x)$.在(a,c)段,曲线上各点的切线都位于曲线的下方,在(c,b)段,曲线上各点的切线都位于曲线的上方.在数学上以曲线的凹凸性来区分这种不同的现象.

　　定义 1　在区间(a,b)内,若曲线 $y=f(x)$ 的各点处的切线都位于曲线的下方,则称此曲线在(a,b)内是凹的;若曲线 $y=f(x)$ 的各点处的切线都位于曲线的上方,则称此曲线在(a,b)内是凸的.

　　据此定义,在图 3-6 中,曲线在(a,c)段是凹的,在(c,b)段则是凸的.在凸弧段曲线上各点的切线的斜率将随着 x 的增大而减小,因此 $f'(x)$ 是 x 的递减函数,即有 $f''(x)<0$;在凹弧段曲线上各点的切线的斜率将随着 x 的增大而增大,因此 $f'(x)$ 是 x 的递增函数,即有 $f''(x)>0$.于是,我们得到曲线凹凸性的判定方法.

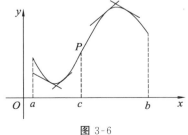

图 3-6

定理 1(曲线凹凸性的判定定理)　设函数 $y=f(x)$,在区间 (a,b) 内 $f''(x)$ 存在.

(1) 如果 $f''(x)>0$,那么曲线 $y=f(x)$ 在 (a,b) 内是凹的;

(2) 如果 $f''(x)<0$,那么曲线 $y=f(x)$ 在 (a,b) 内是凸的.

这个定理告诉我们,要定出曲线的凹凸区间,只要在函数的考察范围内定出 $f''(x)$ 的同号区间及相应的符号.而要定出 $f''(x)$ 的同号区间,首先要找出 $f''(x)$ 可能改变符号的那些转折点,这些点(必须在考察范围的内部)应该是 $f''(x)$ 的零点及 $f''(x)$ 不存在的点.然后用上述各点由小到大将考察区间分成若干个子区间,在每个子区间内确定 $f''(x)$ 的符号,并根据定理 1 得出相应的结论.这一步通常以列表方式表示.

例 1　判定曲线 $f(x)=\cos x$ 在 $[0,2\pi]$ 上的凹凸性.

解　(1) 函数 $f(x)=\cos x$ 的考察范围是 $[0,2\pi]$.

(2) $f'(x)=-\sin x$,$f''(x)=-\cos x$.令 $f''(x)=0$,得 $x_1=\dfrac{\pi}{2}$,$x_2=\dfrac{3}{2}\pi$,$x_1,x_2\in$ $(0,2\pi)$,无 $f''(x)$ 不存在的点.

(3) 列表(符号 $\cup$ 表示函数是凹的,符号 $\cap$ 表示函数是凸的).

x	$\left(0,\dfrac{\pi}{2}\right)$	$\left(\dfrac{\pi}{2},\dfrac{3}{2}\pi\right)$	$\left(\dfrac{3}{2}\pi,2\pi\right)$
$f''(x)$	$-$	$+$	$-$
$f(x)$	$\cap$	$\cup$	$\cap$

所以函数 $f(x)=\cos x$ 在 $\left(0,\dfrac{\pi}{2}\right)$,$\left(\dfrac{3}{2}\pi,2\pi\right)$ 内是凸的,在 $\left(\dfrac{\pi}{2},\dfrac{3}{2}\pi\right)$ 内是凹的.

二、拐点及其求法

定义 2　若连续曲线 $y=f(x)$ 上的点 P 是凹的曲线弧与凸的曲线弧的分界点,则称点 P 是曲线 $y=f(x)$ 的拐点.

由于拐点是曲线上凹的曲线弧与凸的曲线弧的分界点,所以如果曲线对应的函数有二阶导数,那么拐点两侧近旁 $f''(x)$ 必然异号.于是可得拐点的求法:

(1) 确定函数 $y=f(x)$ 的考察范围.

(2) 求出 $f''(x)$ 在考察范围内部的零点及 $f''(x)$ 不存在的点.

(3) 用上述各点由小到大将考察区间分成若干个子区间,在每个子区间内确定 $f''(x)$ 的符号.若 $f''(x)$ 在某分割点 x^* 两侧异号,则 $(x^*,f(x^*))$ 是曲线 $y=f(x)$ 的拐点;否则不是.这一步通常以列表形式表示.

例 2　求曲线 $f(x)=3-(x-2)^{\frac{1}{3}}$ 的凹凸区间及拐点.

解　(1) 考察范围是函数的定义域 $(-\infty,+\infty)$.

(2) $f'(x)=-\dfrac{1}{3}(x-2)^{-\frac{2}{3}}$,$f''(x)=\dfrac{2}{9}(x-2)^{-\frac{5}{3}}$.在 $(-\infty,+\infty)$ 内无 $f''(x)$ 的零点,$f''(x)$ 不存在的点为 $x=2$.

(3) 列表.

x	$(-\infty,2)$	2	$(2,+\infty)$
$f''(x)$	$-$	存在	$+$
$f(x)$	$\cap$	3	$\cup$

所以曲线 $f(x)=3-(x-2)^{\frac{1}{3}}$ 在 $(-\infty,2)$ 内是凸的,在 $(2,+\infty)$ 内是凹的,拐点为 $(2,3)$.

三、函数的渐进线

当函数的考察范围是无限区间或者函数无界时,函数的图象会无限延伸.我们会关心当自变量无限大(或无限小)时函数的变化特性.函数图象的渐进线是反映这种特性的方式之一.所谓渐进线,我们在中学里已经有过接触.例如,双曲线 $\dfrac{x^2}{a^2}-\dfrac{y^2}{b^2}=1(a>0,b>0)$ 有两条渐进线 $\left(y=\pm\dfrac{b}{a}x\right)$,这样就容易看出双曲线在无限延伸时的状态.

定义 3 若当曲线 C 上的动点 P 沿着曲线无限地远离原点时,点 P 与某一固定直线 l 的距离趋近于零,则称直线 l 为曲线 C 的渐进线.

注意 只有当函数的考察范围是无限区间或者函数无界时,函数才有可能有渐进线.即使有渐进线,也有水平渐进线、垂直渐进线和斜渐进线之分.

下面将主要讨论函数的水平渐进线和垂直渐进线.

1. 水平渐进线

定义 4 设曲线对应的函数为 $y=f(x)$,若当 $x\to\infty(+\infty$ 或 $-\infty)$ 时,有 $f(x)\to b$(b 为常数),则称曲线有水平渐进线 $y=b$.

例 3 求曲线 $y=\dfrac{x^2}{1+x^2}$ 的水平渐进线.

解 因为 $\lim\limits_{x\to\infty}\dfrac{x^2}{1+x^2}=\lim\limits_{x\to\infty}\dfrac{1}{\dfrac{1}{x^2}+1}=1$,所以当曲线向左、右两端无限延伸时,均以 $y=1$ 为水平渐进线.

2. 垂直渐进线

定义 5 设曲线对应的函数为 $y=f(x)$,若当 $x\to a$(a^+ 或 a^-)(a 为常数)时,有 $f(x)\to\infty(+\infty$ 或 $-\infty)$,则称曲线有垂直渐进线 $x=a$.

例 4 求曲线 $y=\dfrac{x+1}{x-1}$ 的渐进线.

解 因为 $\lim\limits_{x\to 1^-}\dfrac{x+1}{x-1}=-\infty$,$\lim\limits_{x\to 1^+}\dfrac{x+1}{x-1}=+\infty$,所以当 x 分别从左、右两侧趋向于 1 时,曲线分别向下、向上无限延伸,且以 $x=1$ 为其垂直渐进线.

又 $\lim\limits_{x\to\infty}\dfrac{x+1}{x-1}=1$,所以当曲线向左、右两端无限延伸时,均以 $y=1$ 为其水平渐进线.

3. 函数的分析作图法

作函数的图象,基本方法就是描点法.但对于一些不常见的函数,因为对函数的整体性质不甚了解,取点容易盲目,描点也带有盲目性,大大影响了作图的准确性.现在我们已经能利用导数来确定函数的单调区间与极值、曲线的凹凸性和拐点,还会求曲线的渐进线.这样一方面,可以取极值点、拐点等关键点作为描点的基础,减少取点的盲目性;另一方面,因为对函数的变化有了整体的了解,可以结合函数的单调性、凹凸性等,描绘较为准确的图象,这就为以分析函数为基础的描点法创造了条件.

函数的分析作图法的步骤如下:

(1) 确定函数的考察范围(一般就是函数的定义域),判断函数有无奇偶性、周期性,确定作图范围;

(2) 求函数的一阶导数,确定函数的单调区间与极值点;

(3) 求函数的二阶导数,确定函数的凹凸区间与拐点;

(4) 若考察范围是无限区间或者函数无界,考察函数有无渐进线;

(5) 根据上述分析,最后以描点法作出函数图象.

其中(2)(3)常常以列表方式表示.若关键点太少,可以再适当计算一些特殊点的函数值,如曲线与坐标轴的交点等.

例5 描绘函数 $y = e^{-x^2}$ 的图象.

解 (1) 函数的定义域是 $(-\infty, +\infty)$,且为偶函数,所以其图象关于 y 轴对称,只要作出函数在 $x \in [0, +\infty)$ 内的图象,再将其图象关于 y 轴作对称图形,即得函数在定义域上的全部图象.

(2) $y' = -2x e^{-x^2}$,令 $y' = 0$,得驻点 $x = 0$,无不可导点.

(3) $y'' = 2(2x^2 - 1)e^{-x^2}$,令 $y'' = 0$,得 $x = \dfrac{\sqrt{2}}{2} \in [0, +\infty)$.

列出函数图象走势分析表:

x	$\left(-\dfrac{\sqrt{2}}{2}, 0\right)$	0	$\left(0, \dfrac{\sqrt{2}}{2}\right)$	$\dfrac{\sqrt{2}}{2}$	$\left(\dfrac{\sqrt{2}}{2}, +\infty\right)$
y'	$+$	0	$-$	$-$	$-$
y''	$-$	$-$	$-$	0	$+$
y	↗	极大值1	↘	拐点$\left(\dfrac{\sqrt{2}}{2}, \dfrac{\sqrt{e}}{e}\right)$	↘

(4) 当 $x \to +\infty$ 时,有 $y \to 0$,所以图象有水平渐进线 $y = 0$.

(5) 根据上述讨论结果,作出函数在 $[0, +\infty)$ 上的图象,并利用对称性,画出函数在定义域上的全部图象(图3-7).所得图象称为概率曲线.

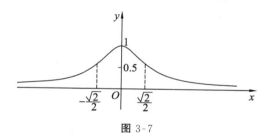

图3-7

例 6　描绘函数 $y=\dfrac{x^2}{x^2-1}$ 的图象.

解　(1) 函数的定义域是 $(-\infty,-1)\bigcup(-1,1)\bigcup(1,+\infty)$，且为偶函数，所以只要作出函数在 $[0,1)\bigcup(1,+\infty)$ 范围内的图象.

(2) $y'=\dfrac{-2x}{(x^2-1)^2}$，令 $y'=0$，得驻点 $x=0$，无不可导点.

(3) $y''=\dfrac{2+6x^2}{(x^2-1)^3}$，$y''$ 无零点，也无二阶导数不存在的点.

列出函数图象走势分析表：

x	$(-1,0)$	0	$(0,1)$	$(1,+\infty)$
y'	$+$	0	$-$	$-$
y''	$-$	$-$	$-$	$+$
y	↗	极大值 0	↘	↘

(4) $\lim\limits_{x\to+\infty}\dfrac{x^2}{x^2-1}=1$，所以 $y=1$ 是水平渐近线.

$\lim\limits_{x\to1^-}\dfrac{x^2}{x^2-1}=-\infty$，$\lim\limits_{x\to1^+}\dfrac{x^2}{x^2-1}=+\infty$，图象有垂直渐进线 $x=1$，且在 $x=1$ 的左、右两侧分别向下、向上无限延伸.

(5) 因为关键点太少，故加取特殊点 $x=0.5$，$x=0.75$，$x=1.75$，$x=2$，得 $y(0.5)\approx-0.33$，$y(0.75)\approx-1.29$，$y(1.75)\approx1.49$，$y(2)\approx1.33$.

再根据上述讨论的结果，描绘出函数的图象.

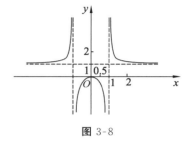

图 3-8

习题 3-4

1. 确定下列函数的凹凸区间与拐点：

(1) $y=x^4-2x^3$；

(2) $y=e^{\arctan x}$；

(3) $y=\ln(x^2+1)$；

(4) $y=a-\sqrt[3]{x-b}$.

2. 问 a,b 为何值时，点 $(1,3)$ 为曲线 $y=ax^3+bx^2$ 的拐点？

3. 试确定曲线 $y=ax^3+bx^2+cx+d$ 中的 a,b,c,d，使得曲线在 $x=-2$ 处有水平切线，点 $(1,-10)$ 为拐点，且点 $(-2,44)$ 在曲线上.

---◁ **本章小结** ▷---

一、考查要求

1. 理解并会应用罗尔定理与拉格朗日中值定理.

2. 熟练掌握用洛必达法则求未定式极限的方法.

3. 熟练掌握用导数判定函数的单调性和求函数极值的方法,熟练掌握闭区间上连续函数的最大值和最小值的求法,掌握在某区间上有唯一极值点的连续函数的最大值和最小值的求法.

4. 熟练掌握用导数判定函数图形的凹凸性、求函数图形的拐点的方法,会求函数图象的水平渐近线与垂直渐近线,会用导数描绘简单函数的图象.

二、历年真题

1. 设 $x=2$ 是函数 $y=x-\ln\left(\dfrac{1}{2}+ax\right)$ 的可导极值点,则 $a=$ （ ）

A. -1　　　　　B. $\dfrac{1}{2}$　　　　　C. $-\dfrac{1}{2}$　　　　　D. 1

2. 曲线 $y=\dfrac{2x+1}{(x-1)^2}$ 的渐近线的条数为 （ ）

A. 1　　　　　B. 2　　　　　C. 3　　　　　D. 4

3. 若点 $(1,-2)$ 是曲线 $y=ax^3-bx^2$ 的拐点,则 （ ）

A. $a=1,b=3$　　B. $a=-3,b=-1$　　C. $a=-1,b=-3$　　D. $a=4,b=6$

4. 设函数 $f(x)=2x^{\frac{1}{2}}-5x^{\frac{3}{2}}$,则 $f(x)$ （ ）

A. 只有一个最大值　　　　　　　B. 只有一个极小值

C. 既有极大值又有极小值　　　　D. 没有极值

5. 设函数 $f(x)=x^3-3x$,则在区间 $(0,1)$ 内 （ ）

A. $f(x)$ 单调增加且其图形是凹的　　B. $f(x)$ 单调增加且其图形是凸的

C. $f(x)$ 单调减少且其图形是凹的　　D. $f(x)$ 单调减少且其图形是凸的

6. 设函数 $f(x)=x(x-1)(x-2)(x-3)$,则方程 $f'(x)=0$ 的实根个数为 （ ）

A. 1　　　　　B. 2　　　　　C. 3　　　　　D. 4

7. 函数 $f(x)=\dfrac{x}{e^x}$ 的单调增加区间为_____.

8. 函数 $y=x^3-3x^2+x+9$ 的凹区间为_____.

9. $\lim\limits_{x\to 0}\dfrac{e^x-e^{-x}-2x}{x-\sin x}=$_____.

10. 对函数 $f(x)=\ln x$ 在闭区间 $[1,e]$ 上应用拉格朗日中值定理求得的 $\xi=$_____.

11. 已知曲线 $y=2x^3-3x^2+4x+5$,则其拐点为_____.

12. 已知曲线 $y=f(x)$ 经过原点,并且在原点的切线平行于直线 $2x+y-3=0$.若 $f'(x)=3ax^2+b$,且 $f(x)$ 在 $x=1$ 处取得极值,试确定 a,b 的值,并求出函数 $y=f(x)$ 的表达式.

13. 设函数 $g(x)=\begin{cases}\dfrac{f(x)}{x}, & x\neq 0,\\ a, & x=0,\end{cases}$ $f(x)$ 具有二阶连续导数,且 $f(0)=0$.

(1) 求 a,使得 $g(x)$ 在 $x=0$ 处连续;(2) 求 $g'(0)$.

14. 设 $f(x)=\begin{cases}(1+x)^{\frac{1}{x}}, & x\neq 0,\\ k, & x=0,\end{cases}$ 且 $f(x)$ 在 $x=0$ 处连续,求:(1) k 的值;(2) $f'(x)$.

15. 设函数 $F(x)=\begin{cases}\dfrac{f(x)+2\sin x}{x}, & x\neq 0,\\ a, & x=0\end{cases}$ 在 $x=0$ 处连续,其中 $f(0)=0,f'(0)=$

6,求 a 的值.

16. 设函数的图象上有一拐点 $P(2,4)$,在拐点 P 处曲线的切线斜率为 -3,又知该函数的二阶导数 $y''=6x+a$,求此函数.

17. 设函数 $f(x)=\begin{cases}\dfrac{\varphi(x)}{x}, & x\neq 0,\\ 1, & x=0,\end{cases}$ 其中函数 $\varphi(x)$ 在 $x=0$ 处具有二阶连续导数,且

$\varphi(0)=0,\varphi'(0)=1$.证明:函数 $f(x)$ 在 $x=0$ 处连续且可导.

18. 设函数 $f(x)=ax^3+bx^2+cx-9$ 具有如下性质:

(1) 在点 $x=-1$ 的左侧邻近单调减少;

(2) 在点 $x=-1$ 的右侧邻近单调增加;

(3) 其图象在点 $(1,2)$ 的两侧凹凸性发生改变.

试确定 a,b,c 的值.

19. 求曲线 $y=\dfrac{1}{x}(x>0)$ 的切线,使其在两坐标轴上的截距之和最小,并求此最小值.

20. 已知函数 $f(x)=x^3-3x+1$,试求:

(1) 函数 $f(x)$ 的单调区间与极值;

(2) 曲线 $y=f(x)$ 的凹凸区间与拐点;

(3) 函数 $f(x)$ 在闭区间 $[-2,3]$ 上的最大值与最小值.

21. 设计一个容积为 V m^3 的有盖圆柱形贮油桶.已知侧面的单位面积造价是底面的一半,盖的单位面积造价又是侧面的一半,问贮油桶的尺寸如何设计,造价最低?

22. 甲、乙两城位于一直线形河流的同一侧,甲城位于岸边,乙城离河岸 40 km,由乙城向河岸引垂线,垂足与甲城相距 50 km,两城计划在河岸上合资共建一个污水处理厂.已知从污水处理厂到甲、乙两城铺设排污管的费用分别为每千米 500 元和每千米 700 元.问污水处理厂建在何处,才能使铺设排污管的费用最省?

23. 证明:方程 $x^3-3x+1=0$ 在 $[-1,1]$ 上有且仅有一个实根.

24. 求证:当 $x>0$ 时,$(x^2-1)\ln x\geqslant(x-1)^2$.

25. 对任意实数 x,证明不等式:$(1-x)\mathrm{e}^x\leqslant 1$.

26. 证明:当 $1<x<2$ 时,$4x\ln x>x^2+2x-3$.

27. 证明:当 $x>1$ 时,$\mathrm{e}^{x-1}>\dfrac{1}{2}x^2+\dfrac{1}{2}$.

---------- ◀ **本章自测题** ▶ ----------

一、填空题

1. 拉格朗日中值定理中 $f(x)$ 满足 _____ 时,即为罗尔定理.

2. 若函数 $f(x)=x^3$ 在 $[0,1]$ 上满足拉格朗日中值定理的条件,则 $\xi=$ _____.

3. 函数 $f(x)=2x^3+3x^2-12x+1$ 在区间 _____ 上为单调减少函数.

4. $\lim\limits_{x\to 0}\dfrac{\ln(1+\sin^2 x)}{x^2}=$ _____.

5. 设 $x_1=1,x_2=2$ 均为函数 $y=a\ln x+bx^2+3x$ 的极值点,则 $a=$ _____,
$b=$ _____.

6. 函数 $y=x+\sqrt{1-x}$ 在 $[-5,1]$ 上的最大值是 _____.

7. 函数 $f(x)=x-\sin x$ 在 $\left[-\dfrac{\pi}{2},\dfrac{\pi}{2}\right]$ 上的拐点为 _____.

8. 曲线 $f(x)=\dfrac{x}{x^2-1}$ 的水平渐近线为 _____,垂直渐近线为 _____.

二、选择题

1. 罗尔定理中条件是结论成立的 ( )
   A. 必要非充分条件　　　　　　　　B. 充分非必要条件
   C. 充分必要条件　　　　　　　　　D. 既非充分也非必要条件

2. 设函数 $f(x)=(x+1)^{\frac{2}{3}}$,则点 $x=-1$ 是 $f(x)$ 的 ( )
   A. 间断点　　　　B. 驻点　　　　C. 可微点　　　　D. 极值点

3. 曲线 $y=\mathrm{e}^{-x^2}$ ( )
   A. 没有拐点　　　B. 有一个拐点　　　C. 有两个拐点　　　D. 有三个拐点

4. 下列函数对应的曲线在定义域上是凹的是 ( )
   A. $y=\mathrm{e}^{-x}$　　　　B. $y=\ln(1+x^2)$　　　C. $y=x^2-x^3$　　　D. $y=\sin x$

5. 下列结论正确的是 ( )
   A. 若 x_0 是函数 $f(x)$ 的极值点,则必有 $f'(x_0)=0$
   B. 若 $f'(x_0)=0$,则 x_0 一定是函数 $f(x)$ 的极值点
   C. 可导函数的极值点必定是函数的驻点
   D. 可导函数的驻点必定是函数的极值点

6. 函数 $y=2x^3-6x^2-18x-7,x\in[1,4]$ 的最大值为 ( )
   A. -61　　　　B. -29　　　　C. -47　　　　D. -9

7. 函数 $y=x-\ln(1+x^2)$ 的极值为 ( )
   A. 0　　　　B. $1-\ln 2$　　　　C. $-1-\ln 2$　　　　D. 不存在

8. 计算 $\lim\limits_{x \to a} \dfrac{\sin x - \sin a}{x - a}$ 的结果为　　　　　　　　　　　（　　）

A. $\cos a$ 　　　　　B. $-\cos a$ 　　　　　C. -1 　　　　　D. 1

三、综合题

1. 求极限：

(1) $\lim\limits_{x \to 0} \dfrac{x - \sin x}{x^3}$；

(2) $\lim\limits_{x \to +\infty} x \ln\left(1 + \dfrac{1}{x}\right)$；

(3) $\lim\limits_{x \to 0^+} \sqrt[x]{1 - 2x}$；

(4) $\lim\limits_{x \to 0} \dfrac{e^{\sin^3 x} - 1}{x(1 - \cos x)}$；

(5) $\lim\limits_{x \to 0^+} \left[\dfrac{1}{x} - \dfrac{1}{\ln(1 + x)}\right]$；

(6) $\lim\limits_{x \to 0^+} \dfrac{\ln(\cos 3x)}{\ln(\cos x)}$.

2. 研究下列函数的单调性并求极值：

(1) $y = x - \dfrac{3}{2} x^{\frac{2}{3}}$；

(2) $y = \dfrac{\ln x^2}{x}$；

(3) $y = x - 2\sin x, x \in [0, 2\pi]$；

(4) $y = 2\sin x + \cos 2x, x \in (0, \pi)$.

3. 确定下列函数的凹凸性，并求拐点：

(1) $y = e^x \cos x, x \in (0, 2\pi)$；

(2) $y = x^3(1 + x)$.

4. 证明下列不等式：

(1) $e^x > ex \ (x > 1)$；

(2) $x^2 > \ln(1 + x^2) \ (x \neq 0)$.

5. 确定 a, b, c 的值，使曲线 $y = ax^3 + bx^2 + cx$ 有拐点 $(1, 2)$，且在该点处切线的斜率为 -1.

6. 在函数 $y = x e^{-x}$ 的定义域内求一个区间，使函数在该区间内单调递增，且其图象在该区间内是凸的.

第 4 章

不定积分

> **本章内容**
>
> 　　原函数和不定积分的概念,不定积分的基本性质,基本积分公式,换元积分法与分部积分法,简单有理函数与简单无理函数的积分.

§4-1　不定积分的概念和性质

一、原函数

引入一个问题:

问题　设曲线 $y=f(x)$ 经过原点,曲线上任意一点处切线都存在,且切线斜率都等于切点处横坐标的两倍,求该曲线方程.

解　根据导数的几何意义得

$$y'=2x. \tag{1}$$

不难验证 $y=x^2+C$(C 为任意常数)满足(1)式.又因为原点在曲线上,故 $x=0$ 时,$y=0$,代入 $y=x^2+C$ 得 $C=0$.因此,所求曲线方程为 $y=x^2$.

以上讨论的问题是已知某函数的导数 $F'(x)=f(x)$,求函数 $F(x)$.

定义 1　设函数 $f(x)$,如果有函数 $F(x)$ 使得

$$F'(x)=f(x) \text{或} \mathrm{d}F(x)=f(x)\mathrm{d}x,$$

那么称 $F(x)$ 为 $f(x)$ 的一个**原函数**,或者称 $f(x)$ 有一个原函数为 $F(x)$.

例如,$\sin x$ 是 $\cos x$ 的一个原函数,是因为 $(\sin x)'=\cos x$ 或 $\mathrm{d}(\sin x)=\cos x\mathrm{d}x$.在上述问题中,因为 $(x^2)'=2x$,所以 x^2 是 $2x$ 的一个原函数.

二、不定积分

一个函数的原函数并不是唯一的.如果 $F(x)$ 是 $f(x)$ 的一个原函数,即 $F'(x)=f(x)$,那么对与 $F(x)$ 相差一个常数的函数 $G(x)=F(x)+C$,仍有 $G'(x)=f(x)$,所以 $G(x)$ 也是 $f(x)$ 的一个原函数.反过来,设 $G(x)$ 也是 $f(x)$ 的任意一个原函数,则有 $G'(x)=F'(x)=f(x)$,所以 $G'(x)-F'(x)=0$,即 $[G(x)-F(x)]'=0$,有 $G(x)-F(x)=C$(C 为常数).因此,$G(x)=F(x)+C$,即 $G(x)$ 与 $F(x)$ 仅相差一个常数.

由此可见,总结正反两个方面可得以下两个结论:

（1）若 $f(x)$ 存在原函数，则 $f(x)$ 必有无数个原函数；

（2）若 $F(x)$ 是 $f(x)$ 的一个原函数，则 $f(x)$ 的全部原函数为 $F(x)+C$（C 为常数）.

1．不定积分的定义

如果函数 $f(x)$ 有一个原函数 $F(x)$，那么它就有无数个原函数，并且所有的原函数刚好组成函数族 $F(x)+C$（C 为常数）.

定义 2　设函数 $f(x)$ 有一个原函数 $F(x)$，则函数 $f(x)$ 的所有原函数的全体 $F(x)+C$ 叫作函数 $f(x)$ 的不定积分，记作 $\int f(x)\mathrm{d}x$，即

$$\int f(x)\mathrm{d}x = F(x)+C（C \text{ 为常数}）.$$

其中 $f(x)$ 称为被积函数，$f(x)\mathrm{d}x$ 称为被积表达式，x 称为积分变量，符号"$\int$"称为积分号，C 称为积分常数（量）.

应当注意，积分号"$\int$"是一种运算符号，它表示对被积函数 $f(x)$ 求所有的原函数，所以在不定积分的结果中不能漏写积分常数 C.由不定积分的定义可见，求不定积分是求导运算的逆运算.

例 1　由导数的基本公式，写出下列函数的不定积分：

（1）$\int \sin x\mathrm{d}x$；　　　　　　　　　（2）$\int \dfrac{\mathrm{d}x}{1+x^2}$.

解　（1）因为 $(-\cos x)' = \sin x$，所以 $-\cos x$ 是 $\sin x$ 的一个原函数，所以

$$\int \sin x\mathrm{d}x = -\cos x + C；$$

（2）因为 $(\arctan x)' = \dfrac{1}{1+x^2}$ 或 $(-\operatorname{arccot} x)' = \dfrac{1}{1+x^2}$，所以

$$\int \dfrac{\mathrm{d}x}{1+x^2} = \arctan x + C = -\operatorname{arccot} x + C.$$

例 2　根据不定积分的定义验证：

$$\int \dfrac{2x}{1+x^2}\mathrm{d}x = \ln(1+x^2)+C.$$

证明　由于 $[\ln(1+x^2)]' = \dfrac{2x}{1+x^2}$，所以 $\int \dfrac{2x}{1+x^2}\mathrm{d}x = \ln(1+x^2)+C$.

为了叙述简便，以后在不引起混淆的情况下，不定积分简称积分，求不定积分的方法和运算简称**积分法**和**积分运算**.

由于积分和微分（求导）互为逆运算，所以它们有如下关系（下列各式中的 $F(x)$ 是函数 $f(x)$ 的一个原函数）：

（1）$\left[\int f(x)\mathrm{d}x\right]' = [F(x)+C]' = f(x)$ 或 $\mathrm{d}\left[\int f(x)\mathrm{d}x\right] = \mathrm{d}[F(x)+C] = f(x)\mathrm{d}x$；

（2）$\int F'(x)\mathrm{d}x = \int f(x)\mathrm{d}x = F(x)+C$ 或 $\int \mathrm{d}F(x) = \int f(x)\mathrm{d}x = F(x)+C$.

例 3　写出下列各式的结果：

（1）$\left[\int \mathrm{e}^{ax}\cos(\ln x)\mathrm{d}x\right]'$；　　　　　　（2）$\mathrm{d}\left[\int (\arcsin x)^2\mathrm{d}x\right]$；

(3) $\int (\sqrt{a^2+x^2})' \mathrm{d}x$;　　　　　　　(4) $\int \mathrm{d}\left(\dfrac{1}{2}\sin 2x\right)$.

解　(1) 由积分和微分是互为逆运算的关系,可知

$$\left[\int e^{ax}\cos(\ln x)\mathrm{d}x\right]' = e^{ax}\cos(\ln x);$$

(2) 由积分和微分是互为逆运算的关系,可知

$$\mathrm{d}\left[\int (\arcsin x)^2 \mathrm{d}x\right] = (\arcsin x)^2 \mathrm{d}x;$$

(3) 由积分和微分是互为逆运算的关系,可知

$$\int (\sqrt{a^2+x^2})' \mathrm{d}x = \sqrt{a^2+x^2}+C;$$

(4) 由积分和微分是互为逆运算的关系,可知

$$\int \mathrm{d}\left(\frac{1}{2}\sin 2x\right) = \frac{1}{2}\sin 2x + C.$$

2. 不定积分的几何意义

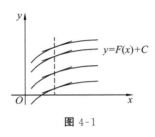

图 4-1

$f(x)$ 的一个原函数 $F(x)$ 的图形叫作函数 $f(x)$ 的积分曲线,它的方程为 $y=F(x)$.因为 $F'(x)=f(x)$,故积分曲线上任意一点 $(x,F(x))$ 处的切线的斜率恰好等于函数 $f(x)$ 在 x 处的函数值.如果把这条积分曲线沿 y 轴方向平移一段长度 C ,我们就得到另一条积分曲线 $y=F(x)+C$.函数 $f(x)$ 的每一条积分曲线都可由此获得,所以不定积分的图形就是这样获得的全部积分曲线所构成的曲线族.又因为不论常数 C 取什么值,都有 $[F(x)+C]'=f(x)$,所以如果在每一条积分曲线上横坐标相同的点处作切线,这些切线是彼此平行的.

三、不定积分的基本公式

根据积分和微分运算的互逆关系,可以由基本初等函数的求导公式推导出不定积分的基本公式.

(1) $\int \mathrm{d}x = x+C$;

(2) $\int x^a \mathrm{d}x = \dfrac{1}{a+1}x^{a+1}+C (a \neq -1)$;

(3) $\int \dfrac{1}{x}\mathrm{d}x = \ln|x|+C$;

(4) $\int e^x \mathrm{d}x = e^x +C$;

(5) $\int a^x \mathrm{d}x = \dfrac{a^x}{\ln a}+C (a>0$ 且 $a \neq 1)$;

(6) $\int \cos x \mathrm{d}x = \sin x +C$;

(7) $\int \sin x \mathrm{d}x = -\cos x +C$;

(8) $\int \dfrac{1}{\sin^2 x}\mathrm{d}x = \int \csc^2 x \mathrm{d}x = -\cot x +C$;

（9）$\int \dfrac{1}{\cos^2 x}\mathrm{d}x = \int \sec^2 x\,\mathrm{d}x = \tan x + C$；

（10）$\int \sec x \tan x\,\mathrm{d}x = \sec x + C$；

（11）$\int \csc x \cot x\,\mathrm{d}x = -\csc x + C$；

（12）$\int \dfrac{1}{1+x^2}\mathrm{d}x = \arctan x + C$；

（13）$\int \dfrac{1}{\sqrt{1-x^2}}\mathrm{d}x = \arcsin x + C$.

以上各不定积分是基本积分公式，它是求不定积分的基础，必须熟记，会用.

例 4　求不定积分：

（1）$\displaystyle\int \dfrac{1}{x^3}\mathrm{d}x$；
　　　　　　　　　　　　（2）$\displaystyle\int \dfrac{1}{\sqrt{x}}\mathrm{d}x$.

解　先把被积函数化为幂函数的形式，再利用基本积分公式（2），得

（1）$\displaystyle\int \dfrac{1}{x^3}\mathrm{d}x = \int x^{-3}\,\mathrm{d}x = \dfrac{1}{-3+1}x^{-3+1} + C = -\dfrac{1}{2}x^{-2} + C = -\dfrac{1}{2x^2} + C$；

（2）$\displaystyle\int \dfrac{1}{\sqrt{x}}\mathrm{d}x = \int x^{-\frac{1}{2}}\,\mathrm{d}x = \dfrac{1}{-\dfrac{1}{2}+1}x^{-\frac{1}{2}+1} + C = 2x^{\frac{1}{2}} + C = 2\sqrt{x} + C$.

例 5　求不定积分 $\displaystyle\int 2^x \mathrm{e}^x\,\mathrm{d}x$.

解　这个积分虽然在基本积分公式中查不到，但对被积函数稍加变形，将其化为指数形式，就可利用基本积分公式（5），求出其积分.

$$\int 2^x \mathrm{e}^x\,\mathrm{d}x = \int (2\mathrm{e})^x\,\mathrm{d}x = \dfrac{(2\mathrm{e})^x}{\ln(2\mathrm{e})} + C = \dfrac{2^x \mathrm{e}^x}{1+\ln 2} + C.$$

四、不定积分的性质

性质 1　两个函数和的积分等于这两个函数积分的和，即

$$\int [f(x)+g(x)]\mathrm{d}x = \int f(x)\mathrm{d}x + \int g(x)\mathrm{d}x.$$

证明　要证明该等式的正确性，只要证明右边的导数等于左边的被积函数就行了.

$$\left[\int f(x)\mathrm{d}x + \int g(x)\mathrm{d}x\right]' = \left[\int f(x)\mathrm{d}x\right]' + \left[\int g(x)\mathrm{d}x\right]' = f(x)+g(x).$$

性质 1 可推广到有限多个函数代数和的情况，即

$$\int [f_1(x)\pm f_2(x)\pm\cdots\pm f_n(x)]\mathrm{d}x = \int f_1(x)\mathrm{d}x \pm \int f_2(x)\mathrm{d}x \pm\cdots\pm \int f_n(x)\mathrm{d}x.$$

性质 2　被积函数中不为零的常数因子可以提到积分号外，即

$$\int k f(x)\mathrm{d}x = k\int f(x)\mathrm{d}x\ (k\ 为不等于零的常数).$$

证明　类似性质 1 的证法，有

$$\left[k\int f(x)\mathrm{d}x\right]' = k\left[\int f(x)\mathrm{d}x\right]' = k f(x).$$

利用不定积分的性质和基本积分公式,我们可以求一些简单函数的不定积分.

例 6 求 $\int (3x + 5\cos x) \mathrm{d}x$.

解 $\int (3x + 5\cos x) \mathrm{d}x = \int 3x \mathrm{d}x + \int 5\cos x \mathrm{d}x = 3\int x \mathrm{d}x + 5\int \cos x \mathrm{d}x$

$$= \frac{3}{2}x^2 + C_1 + 5\sin x + C_2 = \frac{3}{2}x^2 + 5\sin x + C.$$

其中 $C = C_1 + C_2$,即各积分常数可以合并.因此,求代数和的不定积分时,只需在最后写出一个积分常数 C 即可.

例 7 求 $\int \frac{(1-x)^3}{x^2} \mathrm{d}x$.

解 把被积函数变形,化为代数和形式,再分别积分.

$$\int \frac{(1-x)^3}{x^2} \mathrm{d}x = \int \frac{1 - 3x + 3x^2 - x^3}{x^2} \mathrm{d}x = \int \left(x^{-2} - \frac{3}{x} + 3 - x \right) \mathrm{d}x$$

$$= \int x^{-2} \mathrm{d}x - 3\int \frac{1}{x} \mathrm{d}x + 3\int \mathrm{d}x - \int x \mathrm{d}x$$

$$= -\frac{1}{x} - 3\ln|x| + 3x - \frac{1}{2}x^2 + C.$$

例 8 求不定积分 $\int \mathrm{e}^x \left(2^x + \frac{\mathrm{e}^{-x}}{\sqrt{1-x^2}} \right) \mathrm{d}x$.

解 $\int \mathrm{e}^x \left(2^x + \frac{\mathrm{e}^{-x}}{\sqrt{1-x^2}} \right) \mathrm{d}x = \int \left[(2\mathrm{e})^x + \frac{1}{\sqrt{1-x^2}} \right] \mathrm{d}x = \int (2\mathrm{e})^x \mathrm{d}x + \int \frac{1}{\sqrt{1-x^2}} \mathrm{d}x$

$$= \frac{(2\mathrm{e})^x}{\ln(2\mathrm{e})} + \arcsin x + C$$

$$= \frac{(2\mathrm{e})^x}{1 + \ln 2} + \arcsin x + C.$$

例 9 求不定积分 $\int \frac{x^4}{1+x^2} \mathrm{d}x$.

解 $\int \frac{x^4}{1+x^2} \mathrm{d}x = \int \frac{(x^4 - 1) + 1}{1 + x^2} \mathrm{d}x = \int \left(x^2 - 1 + \frac{1}{1+x^2} \right) \mathrm{d}x$

$$= \int x^2 \mathrm{d}x - \int \mathrm{d}x + \int \frac{1}{1+x^2} \mathrm{d}x$$

$$= \frac{1}{3}x^3 - x + \arctan x + C.$$

例 10 求不定积分 $\int \frac{\cos 2x}{\sin^2 x \cos^2 x} \mathrm{d}x$.

解 $\int \frac{\cos 2x}{\sin^2 x \cos^2 x} \mathrm{d}x = \int \frac{\cos^2 x - \sin^2 x}{\sin^2 x \cos^2 x} \mathrm{d}x = \int \frac{1}{\sin^2 x} \mathrm{d}x - \int \frac{1}{\cos^2 x} \mathrm{d}x$

$$= \int \csc^2 x \mathrm{d}x - \int \sec^2 x \mathrm{d}x$$

$$= -\cot x - \tan x + C.$$

 **习题 4-1**

1. 求下列不定积分：

(1) $\displaystyle\int (2-\sqrt{x})x\,\mathrm{d}x$；

(2) $\displaystyle\int \sqrt{x\sqrt{x\sqrt{x}}}\,\mathrm{d}x$；

(3) $\displaystyle\int \frac{x+1}{\sqrt{x}}\mathrm{d}x$；

(4) $\displaystyle\int \frac{x-9}{\sqrt{x}+3}\mathrm{d}x$；

(5) $\displaystyle\int \mathrm{e}^x\left(5-\frac{2\mathrm{e}^{-x}}{\sqrt{1-x^2}}\right)\mathrm{d}x$；

(6) $\displaystyle\int \frac{3\cdot 2^x+4\cdot 3^x}{2^x}\mathrm{d}x$；

(7) $\displaystyle\int \sec x(\sec x-\tan x)\mathrm{d}x$；

(8) $\displaystyle\int \frac{1}{\sin^2 x\cos^2 x}\mathrm{d}x$；

(9) $\displaystyle\int \frac{3x^4+3x^2+1}{x^2+1}\mathrm{d}x$；

(10) $\displaystyle\int \frac{\cos 2x}{\sin x-\cos x}\mathrm{d}x$.

2. 已知一条曲线在任一点的切线斜率等于该点横坐标的倒数，且曲线过点 $(\mathrm{e}^3,5)$，求此曲线方程.

◀ §4-2 换元积分法 ▶

利用基本积分公式与积分的基本性质，我们所能解决的不定积分问题是非常有限的. 因此，有必要进一步来研究求不定积分的方法.本节要讲一种基本的积分法——换元积分法，简称换元法.换元法的目的是要通过适当的变量代换，使所求积分简化为基本积分公式中的积分.根据换元的方式不同，换元积分法可分为第一类换元积分法和第二类换元积分法.

一、第一类换元积分法

我们首先看一个例子，求 $\displaystyle\int \cos 3x\,\mathrm{d}x$.因为被积函数是复合函数，在基本积分公式中查不到，我们把积分式作如下变换：

$$\int \cos 3x\,\mathrm{d}x=\frac{1}{3}\int \cos 3x\,\mathrm{d}(3x)=\frac{1}{3}\int \cos u\,\mathrm{d}u\ (\text{令 }3x=u)$$

$$=\frac{1}{3}\sin u+C=\frac{1}{3}\sin 3x+C\ (u=3x\ \text{回代}).$$

从计算结果来分析，容易验证 $\dfrac{1}{3}\sin 3x$ 是 $\cos 3x$ 的一个原函数，即上述计算是正确的.

对于一般情况，有如下的定理：

定理 1 设 $f(u)$ 具有原函数 $F(u)$，$u=\varphi(x)$ 可导，则 $F[\varphi(x)]$ 是 $f[\varphi(x)]\varphi'(x)$ 的原函数，即有换元公式

$$\int f[\varphi(x)]\varphi'(x)\,\mathrm{d}x=F[\varphi(x)]+C.$$

证明　因为 $F(u)$ 是 $f(u)$ 的一个原函数,所以 $F'(u)=f(u)$.

由复合函数的微分法得
$$\mathrm{d}F[\varphi(x)]=F'[\varphi(x)]\mathrm{d}\varphi(x)=f[\varphi(x)]\varphi'(x)\mathrm{d}x,$$

所以
$$\int f[\varphi(x)]\varphi'(x)\mathrm{d}x=F[\varphi(x)]+C.$$

从这个定理我们看出:在积分表达式中作变量代换 $u=\varphi(x)(\varphi'(x)\mathrm{d}x=\mathrm{d}\varphi(x))$,变原积分为 $\int f(u)\mathrm{d}u$,利用已知 $f(u)$ 的原函数是 $F(u)$ 得到积分,此法通常称为第一类换元积分法.

运用定理 1 的关键是将被积表达式中的 $\varphi'(x)\mathrm{d}x$ 凑成某一个函数 $\varphi(x)$ 的微分,即 $\varphi'(x)\mathrm{d}x=\mathrm{d}\varphi(x)$.因此,第一类换元积分法也叫**凑微分法**.

例1　求 $\int(ax+b)^{99}\mathrm{d}x(a\neq0)$.

解　因为 $\mathrm{d}x=\dfrac{1}{a}\mathrm{d}(ax+b)$,所以

$$\int(ax+b)^{99}\mathrm{d}x=\frac{1}{a}\int(ax+b)^{99}\mathrm{d}(ax+b)=\frac{1}{a}\int u^{99}\mathrm{d}u(\text{令 }ax+b=u)$$

$$=\frac{1}{100a}u^{100}+C=\frac{1}{100a}(ax+b)^{100}+C(u=ax+b\text{ 回代}).$$

例2　求 $\int\sin(3x+1)\mathrm{d}x$.

解　因为 $\mathrm{d}x=\dfrac{1}{3}\mathrm{d}(3x+1)$,所以

$$\int\sin(3x+1)\mathrm{d}x=\frac{1}{3}\int\sin(3x+1)\mathrm{d}(3x+1)=\frac{1}{3}\int\sin u\mathrm{d}u(\text{令 }3x+1=u)$$

$$=-\frac{1}{3}\cos u+C=-\frac{1}{3}\cos(3x+1)+C(u=3x+1\text{ 回代}).$$

例3　求 $\int\dfrac{\mathrm{d}x}{2x+1}$.

解　因为 $\mathrm{d}x=\dfrac{1}{2}\mathrm{d}(2x+1)$,所以

$$\int\frac{\mathrm{d}x}{2x+1}=\frac{1}{2}\int\frac{1}{2x+1}\mathrm{d}(2x+1)=\frac{1}{2}\int\frac{1}{u}\mathrm{d}u(\text{令 }2x+1=u)$$

$$=\frac{1}{2}\ln|u|+C=\frac{1}{2}\ln|2x+1|+C(u=2x+1\text{ 回代}).$$

由以上例子可以看出,凑微分法是积分计算中应用广泛且十分有效的一种方法.我们若能记住下列常用的微分公式,对使用凑微分法是十分有益的.

$$\mathrm{d}x=\frac{1}{a}\mathrm{d}(ax+b)(a\neq0);\qquad\qquad x\mathrm{d}x=\frac{1}{2}\mathrm{d}(x^2);$$

$$\frac{1}{x}\mathrm{d}x=\mathrm{d}(\ln|x|);\qquad\qquad\qquad\frac{1}{\sqrt{x}}\mathrm{d}x=2\mathrm{d}(\sqrt{x});$$

$$\frac{1}{x^2}\mathrm{d}x=-\mathrm{d}\left(\frac{1}{x}\right);\qquad\qquad\qquad\frac{1}{1+x^2}\mathrm{d}x=\mathrm{d}(\arctan x);$$

$$\frac{1}{\sqrt{1-x^2}}\mathrm{d}x=\mathrm{d}(\arcsin x); \qquad \mathrm{e}^x\mathrm{d}x=\mathrm{d}(\mathrm{e}^x);$$

$$\sin x\,\mathrm{d}x=-\mathrm{d}(\cos x); \qquad \cos x\,\mathrm{d}x=\mathrm{d}(\sin x);$$

$$\sec^2 x\,\mathrm{d}x=\mathrm{d}(\tan x); \qquad \csc^2 x\,\mathrm{d}x=-\mathrm{d}(\cot x);$$

$$\sec x\tan x\,\mathrm{d}x=\mathrm{d}(\sec x); \qquad \csc x\cot x\,\mathrm{d}x=-\mathrm{d}(\csc x).$$

在熟练应用凑微分法之后,可以省略"令 $\varphi(x)=u$"这一步骤,直接写出结果.

例 4 求 $\displaystyle\int\frac{\ln x}{x}\mathrm{d}x$.

解 $\displaystyle\int\frac{\ln x}{x}\mathrm{d}x=\int\ln x\,\mathrm{d}(\ln x)=\frac{1}{2}\ln^2 x+C$.

例 5 求 $\displaystyle\int\frac{x}{\sqrt{a^2-x^2}}\mathrm{d}x\,(a\neq0)$.

解 $\displaystyle\int\frac{x}{\sqrt{a^2-x^2}}\mathrm{d}x=\frac{1}{2}\int\frac{1}{\sqrt{a^2-x^2}}\mathrm{d}(x^2)=-\frac{1}{2}\int(a^2-x^2)^{-\frac{1}{2}}\mathrm{d}(a^2-x^2)$
$$=-\sqrt{a^2-x^2}+C.$$

例 6 求 $\displaystyle\int x\mathrm{e}^{x^2}\mathrm{d}x$.

解 $\displaystyle\int x\mathrm{e}^{x^2}\mathrm{d}x=\frac{1}{2}\int\mathrm{e}^{x^2}\mathrm{d}(x^2)=\frac{1}{2}\mathrm{e}^{x^2}+C$.

例 7 求 $\displaystyle\int\frac{1}{x^2}\sin\frac{1}{x}\mathrm{d}x$.

解 $\displaystyle\int\frac{1}{x^2}\sin\frac{1}{x}\mathrm{d}x=-\int\sin\frac{1}{x}\mathrm{d}\left(\frac{1}{x}\right)=\cos\frac{1}{x}+C$.

例 8 求 $\displaystyle\int\frac{1}{\sqrt{a^2-x^2}}\mathrm{d}x\,(a>0)$.

解 $\displaystyle\int\frac{1}{\sqrt{a^2-x^2}}\mathrm{d}x=\frac{1}{a}\int\frac{1}{\sqrt{1-\left(\frac{x}{a}\right)^2}}\mathrm{d}x=\int\frac{1}{\sqrt{1-\left(\frac{x}{a}\right)^2}}\mathrm{d}\left(\frac{x}{a}\right)=\arcsin\frac{x}{a}+C$.

例 9 求 $\displaystyle\int\frac{1}{a^2+x^2}\mathrm{d}x\,(a\neq0)$.

解 $\displaystyle\int\frac{1}{a^2+x^2}\mathrm{d}x=\frac{1}{a^2}\int\frac{1}{1+\left(\frac{x}{a}\right)^2}\mathrm{d}x=\frac{1}{a}\int\frac{1}{1+\left(\frac{x}{a}\right)^2}\mathrm{d}\left(\frac{x}{a}\right)=\frac{1}{a}\arctan\frac{x}{a}+C$.

例 10 求 $\displaystyle\int\frac{1}{a^2-x^2}\mathrm{d}x\,(a\neq0)$.

解 $\displaystyle\int\frac{1}{a^2-x^2}\mathrm{d}x=\frac{1}{2a}\int\left(\frac{1}{a+x}+\frac{1}{a-x}\right)\mathrm{d}x$
$$=\frac{1}{2a}\left[\int\frac{1}{a+x}\mathrm{d}(a+x)-\int\frac{1}{a-x}\mathrm{d}(a-x)\right]$$
$$=\frac{1}{2a}(\ln|a+x|-\ln|a-x|)+C=\frac{1}{2a}\ln\left|\frac{a+x}{a-x}\right|+C.$$

例 11 求 $\int \tan x \, dx$.

解 $\int \tan x \, dx = \int \dfrac{\sin x}{\cos x} \, dx = -\int \dfrac{1}{\cos x} d(\cos x) = -\ln|\cos x| + C.$

类似可得 $\int \cot x \, dx = \ln|\sin x| + C.$

例 12 求 $\int \sec x \, dx$.

解 $\int \sec x \, dx = \int \dfrac{1}{\cos x} \, dx = \int \dfrac{\cos x}{\cos^2 x} \, dx = \int \dfrac{1}{1 - \sin^2 x} d(\sin x).$

利用例 10 的结论得

$$\int \sec x \, dx = \frac{1}{2} \ln \left| \frac{1 + \sin x}{1 - \sin x} \right| + C = \frac{1}{2} \ln \left| \frac{1 + \sin x}{\cos x} \right|^2 + C = \ln|\sec x + \tan x| + C.$$

类似可得 $\int \csc x \, dx = \ln|\csc x - \cot x| + C.$

例 13 求 $\int \sin^2 x \cos x \, dx$.

解 $\int \sin^2 x \cos x \, dx = \int \sin^2 x \, d(\sin x) = \dfrac{1}{3} \sin^3 x + C.$

例 14 求 $\int \sin^4 x \, dx$.

解 $\begin{aligned}[t] \int \sin^4 x \, dx &= \int (\sin^2 x)^2 \, dx = \int \left(\frac{1 - \cos 2x}{2} \right)^2 dx = \frac{1}{4} \int (1 - 2\cos 2x + \cos^2 2x) \, dx \\ &= \frac{1}{4} \int \left(1 - 2\cos 2x + \frac{1 + \cos 4x}{2} \right) dx = \frac{1}{8} \int (3 - 4\cos 2x + \cos 4x) \, dx \\ &= \frac{3}{8} \int dx - \frac{1}{4} \int \cos 2x \, d(2x) + \frac{1}{32} \int \cos 4x \, d(4x) \\ &= \frac{3}{8} x - \frac{1}{4} \sin 2x + \frac{1}{32} \sin 4x + C. \end{aligned}$

例 15 求 $\int \sin 5x \cos 2x \, dx$.

解 根据三角函数两角和与差的正弦公式:

$$\sin(\alpha + \beta) = \sin \alpha \cos \beta + \cos \alpha \sin \beta,$$
$$\sin(\alpha - \beta) = \sin \alpha \cos \beta - \cos \alpha \sin \beta,$$

容易得到三角函数的积化和差公式: $\sin \alpha \cos \beta = \dfrac{1}{2} [\sin(\alpha + \beta) + \sin(\alpha - \beta)].$

所以

$$\begin{aligned} \int \sin 5x \cos 2x \, dx &= \frac{1}{2} \int (\sin 7x + \sin 3x) \, dx \\ &= \frac{1}{14} \int \sin 7x \, d(7x) + \frac{1}{6} \int \sin 3x \, d(3x) \\ &= -\frac{1}{14} \cos 7x - \frac{1}{6} \cos 3x + C. \end{aligned}$$

例 16 求 $\displaystyle\int \frac{x}{1+x}\mathrm{d}x$.

解
$$\int \frac{x}{1+x}\mathrm{d}x = \int \frac{(1+x)-1}{1+x}\mathrm{d}x = \int \left(1-\frac{1}{1+x}\right)\mathrm{d}x$$
$$= \int \mathrm{d}x - \int \frac{1}{1+x}\mathrm{d}(1+x) = x - \ln|1+x| + C.$$

例 17 求 $\displaystyle\int \frac{\arctan \sqrt{x}}{\sqrt{x}\,(1+x)}\mathrm{d}x$.

解
$$\int \frac{\arctan \sqrt{x}}{\sqrt{x}\,(1+x)}\mathrm{d}x = 2\int \frac{\arctan \sqrt{x}}{1+(\sqrt{x})^2}\mathrm{d}(\sqrt{x})$$
$$= 2\int \arctan \sqrt{x}\,\mathrm{d}(\arctan \sqrt{x}) = \arctan^2 \sqrt{x} + C.$$

例 18 求 $\displaystyle\int \frac{2x+5}{x^2+4x+5}\mathrm{d}x$.

解
$$\int \frac{2x+5}{x^2+4x+5}\mathrm{d}x = \int \frac{(2x+4)+1}{x^2+4x+5}\mathrm{d}x$$
$$= \int \frac{1}{x^2+4x+5}\mathrm{d}(x^2+4x+5) + \int \frac{1}{1+(x+2)^2}\mathrm{d}(x+2)$$
$$= \ln(x^2+4x+5) + \arctan(x+2) + C.$$

二、第二类换元积分法

第一类换元积分法是先凑微分，但是有些积分不容易凑出微分. 下面要学习的第二类换元积分法是令 $x=\varphi(t)(\mathrm{d}x=\mathrm{d}\varphi(t)=\varphi'(t)\mathrm{d}t)$，把对 x 的积分 $\int f(x)\mathrm{d}x$ 转变成对 t 的积分 $\int f[\varphi(t)]\varphi'(t)\mathrm{d}t$.

定理 2 设 $x=\varphi(t)$ 是单调的、可导的函数，并且 $\varphi'(t)\neq 0$. 又设 $f[\varphi(t)]\varphi'(t)$ 具有原函数 $\Phi(t)$，则

$$\int f(x)\mathrm{d}x = \int f[\varphi(t)]\varphi'(t)\mathrm{d}t \xrightarrow{\text{令}x=\varphi(t)} \Phi(t)+C \xrightarrow{t=\varphi^{-1}(x)\text{回代}} \Phi[\varphi^{-1}(x)]+C.$$

例 19 求 $\displaystyle\int \frac{1}{1+\sqrt{x}}\mathrm{d}x$.

解 令 $\sqrt{x}=t(t\geq 0)$，则 $x=t^2$（代换掉难处理的项 $\sqrt{x}$），$\mathrm{d}x=\mathrm{d}(t^2)=2t\mathrm{d}t$. 于是有
$$\int \frac{1}{1+\sqrt{x}}\mathrm{d}x = 2\int \frac{t}{1+t}\mathrm{d}t = 2\int \frac{(1+t)-1}{1+t}\mathrm{d}t = 2\int \mathrm{d}t - 2\int \frac{1}{1+t}\mathrm{d}(1+t)$$
$$= 2t - 2\ln(1+t) + C = 2\sqrt{x} - 2\ln(1+\sqrt{x}) + C\,(t=\sqrt{x}\text{回代}).$$

例 20 求 $\displaystyle\int \frac{1}{\sqrt{x}\,(1+\sqrt[4]{x})^3}\mathrm{d}x$.

解 令 $\sqrt[4]{x}=t(t>0)$，则 $x=t^4$（代换掉难处理的项 $\sqrt{x}$ 和 $\sqrt[4]{x}$），$\mathrm{d}x=\mathrm{d}(t^4)=4t^3\mathrm{d}t$. 于是有

$$\int \frac{1}{\sqrt{x}\,(1+\sqrt[4]{x}\,)^3}\mathrm{d}x = 4\int \frac{t}{(1+t)^3}\mathrm{d}t = 4\int \frac{(1+t)-1}{(1+t)^3}\mathrm{d}t$$

$$= 4\int (1+t)^{-2}\mathrm{d}(1+t)-4\int (1+t)^{-3}\mathrm{d}(1+t)$$

$$= -\frac{4}{1+t}+\frac{2}{(1+t)^2}+C$$

$$= \frac{2}{(1+\sqrt[4]{x}\,)^2}-\frac{4}{1+\sqrt[4]{x}}+C\,(t=\sqrt[4]{x}\ \text{回代}).$$

例 21 求 $\displaystyle\int \frac{1}{x}\sqrt{\frac{1+x}{x}}\mathrm{d}x$.

解 令 $\sqrt{\dfrac{1+x}{x}}=t\,(t\geqslant 0)$,则 $x=\dfrac{1}{t^2-1}\Big($代换掉难处理的项 $\sqrt{\dfrac{1+x}{x}}\Big)$,$\mathrm{d}x=\mathrm{d}\Big(\dfrac{1}{t^2-1}\Big)=$

$-\dfrac{2t}{(t^2-1)^2}\mathrm{d}t$. 于是有

$$\int \frac{1}{x}\sqrt{\frac{1+x}{x}}\mathrm{d}x = -2\int \frac{t^2}{t^2-1}\mathrm{d}t = -2\int \frac{(t^2-1)+1}{t^2-1}\mathrm{d}t = -2\int \Big(1+\frac{1}{t^2-1}\Big)\mathrm{d}t$$

$$= -2\int \mathrm{d}t-2\int \frac{1}{t^2-1}\mathrm{d}t = -2t-\ln\left|\frac{t-1}{t+1}\right|+C$$

$$= -2\sqrt{\frac{1+x}{x}}-\ln\left|\frac{\sqrt{\dfrac{1+x}{x}}-1}{\sqrt{\dfrac{1+x}{x}}+1}\right|+C\Big(t=\sqrt{\frac{1+x}{x}}\ \text{回代}\Big).$$

例 22 求 $\displaystyle\int \sqrt{a^2-x^2}\,\mathrm{d}x\,(a>0)$.

解 令 $x=a\sin t\Big(-\dfrac{\pi}{2}<t<\dfrac{\pi}{2}\Big)$,则 $\mathrm{d}x=\mathrm{d}(a\sin t)=a\cos t\,\mathrm{d}t$,$\sqrt{a^2-x^2}=a\cos t$. 于是有

$$\int \sqrt{a^2-x^2}\,\mathrm{d}x = a^2\int \cos^2 t\,\mathrm{d}t = \frac{a^2}{2}\int (1+\cos 2t)\mathrm{d}t = \frac{a^2}{2}\Big(t+\frac{\sin 2t}{2}\Big)+C.$$

为了能方便地进行变量的回代,根据 $\sin t=\dfrac{x}{a}$ 作一个直角三角形,利用边角关系来实现替换.如图 4-2,得

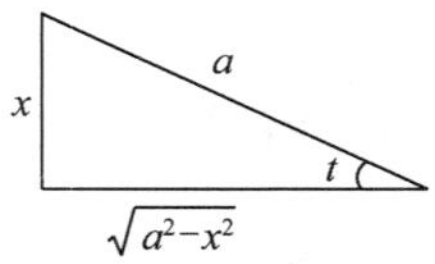

图 4-2

$$t=\arcsin \frac{x}{a},\cos t=\frac{\sqrt{a^2-x^2}}{a},$$

$$\sin 2t=2\sin t\cos t=\frac{2x\sqrt{a^2-x^2}}{a^2},$$

所以有

$$\int \sqrt{a^2-x^2}\,\mathrm{d}x = \frac{a^2}{2}\arcsin \frac{x}{a}+\frac{x\sqrt{a^2-x^2}}{2}+C.$$

例 23 求 $\displaystyle\int \frac{\mathrm{d}x}{\sqrt{x^2+a^2}}\,(a>0)$.

解 令 $x=a\tan t\left(-\dfrac{\pi}{2}<t<\dfrac{\pi}{2}\right)$，则 $\mathrm{d}x=\mathrm{d}(a\tan t)=a\sec^2 t\,\mathrm{d}t$，$\sqrt{x^2+a^2}=a\sec t$.
于是有

$$\int \frac{\mathrm{d}x}{\sqrt{x^2+a^2}}=\int \frac{a\sec^2 t}{a\sec t}\mathrm{d}t=\int \sec t\,\mathrm{d}t=\ln|\sec t+\tan t|+C_1.$$

类似于上例，根据 $\tan t=\dfrac{x}{a}$ 作辅助三角形，如图 4-3，得

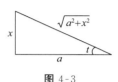

$$\sec t=\frac{\sqrt{x^2+a^2}}{a}.$$

图 4-3

所以有

$$\int \frac{\mathrm{d}x}{\sqrt{x^2+a^2}}=\ln\left|\frac{x+\sqrt{x^2+a^2}}{a}\right|+C_1$$

$$=\ln|x+\sqrt{x^2+a^2}|-\ln a+C_1$$

$$=\ln|x+\sqrt{x^2+a^2}|+C\,(C=C_1-\ln a).$$

例 24 求 $\displaystyle\int \frac{\mathrm{d}x}{\sqrt{x^2-a^2}}\,(a>0)$.

解 令 $x=a\sec t\left(0<t<\dfrac{\pi}{2}\right)$，则 $\mathrm{d}x=\mathrm{d}(a\sec t)=a\sec t\tan t\,\mathrm{d}t$，$\sqrt{x^2-a^2}=a\tan t$.于是有

$$\int \frac{\mathrm{d}x}{\sqrt{x^2-a^2}}=\int \frac{a\sec t\tan t}{a\tan t}\mathrm{d}t=\int \sec t\,\mathrm{d}t=\ln|\sec t+\tan t|+C_1.$$

由于 $\sec t=\dfrac{1}{\cos t}=\dfrac{x}{a}$，$\cos t=\dfrac{a}{x}$，据此构造辅助三角形，如图 4-4，得

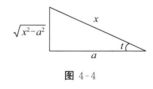

$$\tan t=\frac{\sqrt{x^2-a^2}}{a}.$$

图 4-4

所以有

$$\int \frac{\mathrm{d}x}{\sqrt{x^2-a^2}}=\ln\left|\frac{x+\sqrt{x^2-a^2}}{a}\right|+C_1=\ln|x+\sqrt{x^2-a^2}|-\ln a+C_1$$

$$=\ln|x+\sqrt{x^2-a^2}|+C\,(C=C_1-\ln a).$$

上面例 22 到例 24 中，都以三角函数代换来消去二次根式，一般称这种方法为三角代换法，它也是积分中常用的代换方法之一.一般地，根据被积函数的根式类型，常用的变形如下（下列三个二次根式中的 $a>0$）：

（1）被积函数中含有 $\sqrt{a^2-x^2}$，令 $x=a\sin t$ 或 $x=a\cos t$；

（2）被积函数中含有 $\sqrt{a^2+x^2}$，令 $x=a\tan t$ 或 $x=a\cot t$；

（3）被积函数中含有 $\sqrt{x^2-a^2}$，令 $x=a\sec t$ 或 $x=a\csc t$.

但要说明的是不可拘泥于上述规定，应视被积函数的具体情况，尽可能选取简单的

代换.

例如,对 $\int\dfrac{\mathrm{d}x}{\sqrt{a^2-x^2}}$,$\int x\sqrt{a^2+x^2}\,\mathrm{d}x$,用凑微分法显然比用三角代换更简捷.

上述例题的部分结果在求其他积分时经常遇到.因此,通常将它们作为公式直接引用.除了前面已经列出的 13 个基本积分公式外,下面 8 个结果也可作为基本积分公式使用:

(14) $\displaystyle\int \tan x\,\mathrm{d}x=-\ln|\cos x|+C$;

(15) $\displaystyle\int \cot x\,\mathrm{d}x=\ln|\sin x|+C$;

(16) $\displaystyle\int \sec x\,\mathrm{d}x=\ln|\sec x+\tan x|+C$;

(17) $\displaystyle\int \csc x\,\mathrm{d}x=\ln|\csc x-\cot x|+C$;

(18) $\displaystyle\int \frac{1}{a^2+x^2}\mathrm{d}x=\frac{1}{a}\arctan\left(\frac{x}{a}\right)+C\,(a\neq 0)$;

(19) $\displaystyle\int \frac{1}{a^2-x^2}\mathrm{d}x=\frac{1}{2a}\ln\left|\frac{a+x}{a-x}\right|+C\,(a\neq 0)$;

(20) $\displaystyle\int \frac{1}{\sqrt{a^2-x^2}}\mathrm{d}x=\arcsin\left(\frac{x}{a}\right)+C\,(a>0)$;

(21) $\displaystyle\int \frac{1}{\sqrt{x^2\pm a^2}}\mathrm{d}x=\ln|x+\sqrt{x^2\pm a^2}|+C\,(a>0)$.

 **习题 4-2**

1. 求下列不定积分:

(1) $\displaystyle\int(2x+1)^3\,\mathrm{d}x$;

(2) $\displaystyle\int\sqrt[3]{3-5x}\,\mathrm{d}x$;

(3) $\displaystyle\int\frac{\sqrt[3]{\ln x}}{x}\mathrm{d}x$;

(4) $\displaystyle\int\frac{1}{x^2}\mathrm{e}^{\frac{1}{x}}\,\mathrm{d}x$;

(5) $\displaystyle\int\mathrm{e}^{\sin x}\cos x\,\mathrm{d}x$;

(6) $\displaystyle\int\frac{\cos\sqrt{x}}{\sqrt{x}}\mathrm{d}x$;

(7) $\displaystyle\int\frac{1}{\sqrt{9-x^2}}\mathrm{d}x$;

(8) $\displaystyle\int\frac{1}{\sqrt{3+2x-x^2}}\mathrm{d}x$;

(9) $\displaystyle\int\frac{1}{9+25x^2}\mathrm{d}x$;

(10) $\displaystyle\int\frac{1}{5+4x+4x^2}\mathrm{d}x$;

(11) $\displaystyle\int\frac{2x+2}{x^2+2x+2}\mathrm{d}x$;

(12) $\displaystyle\int\frac{\sin x\cos x}{1+\sin^4 x}\mathrm{d}x$;

(13) $\displaystyle\int\frac{\sin(\ln x)}{x}\mathrm{d}x$;

(14) $\displaystyle\int\frac{1}{x\ln x\ln(\ln x)}\mathrm{d}x$;

(15) $\displaystyle\int\frac{2x-1}{\sqrt{1-x^2}}\mathrm{d}x$;

(16) $\displaystyle\int\frac{x-a}{\sqrt{a^2-x^2}}\mathrm{d}x\,(a>0)$;

(17) $\int \sin^4 x \cos^5 x \, dx$；

(18) $\int \cos 3x \cos x \, dx$；

(19) $\int \sin 5x \sin 3x \, dx$；

(20) $\int \tan^3 x \sec^4 x \, dx$；

(21) $\int \dfrac{\sin^4 x}{\cos^2 x} \, dx$；

(22) $\int \dfrac{1}{x^2-4} \, dx$；

(23) $\int \dfrac{1}{\cos^2 x \sqrt{1+\tan x}} \, dx$；

(24) $\int \dfrac{\ln \tan x}{\sin x \cos x} \, dx$；

(25) $\int \dfrac{\sec^2 x}{2+\tan^2 x} \, dx$；

(26) $\int \dfrac{1}{4x^2+4x-3} \, dx$.

2. 求下列不定积分：

(1) $\int \dfrac{1}{1+\sqrt[3]{1+x}} \, dx$；

(2) $\int \dfrac{\sqrt{1+x}}{1+\sqrt{1+x}} \, dx$；

(3) $\int \dfrac{1}{\sqrt{x}(1+\sqrt[3]{x})} \, dx$；

(4) $\int \dfrac{1}{\sqrt{2x+1}-\sqrt[4]{2x+1}} \, dx$；

(5) $\int \sqrt{9-x^2} \, dx$；

(6) $\int t \sqrt{25-t^2} \, dt$；

(7) $\int \dfrac{1}{x \sqrt{x^2-1}} \, dx$；

(8) $\int \dfrac{1}{x^2 \sqrt{x^2-9}} \, dx$；

(9) $\int \dfrac{\sqrt{x^2-2x}}{x-1} \, dx$；

(10) $\int \dfrac{x^2}{\sqrt{9-x^2}} \, dx$；

(11) $\int \dfrac{1}{\sqrt{1+e^x}} \, dx$；

(12) $\int \dfrac{e^x-1}{e^x+1} \, dx$.

◄ §4-3　分部积分法 ►

　　分部积分法是另一种基本的积分方法，它常用于被积函数是两种不同类型函数乘积的积分.例如，类似于 $\int x \cos 2x \, dx$，$\int (3x-1)\ln x \, dx$，$\int x^2 \arctan x \, dx$，$\int e^{2x} \sin x \, dx$ 的积分.分部积分是在两个函数乘积微分法则的基础上推导出来的.

　　设函数 $u = u(x)$，$v = v(x)$ 均具有连续导数，则由两个函数乘积的微分法则可得

$$d(uv) = v\,du + u\,dv,$$

所以
$$u\,dv = d(uv) - v\,du,$$

两边积分得
$$\int u\,dv = \int d(uv) - \int v\,du = uv - \int v\,du,$$

即
$$\int u\,dv = uv - \int v\,du.$$

称上述公式为**分部积分公式**.

　　分部积分公式把计算积分 $\int u\,dv$ 转化为计算积分 $\int v\,du$，这样转化当然在于前者不易

计算,而后者容易计算,从而起到化难为易的效果.

例1 求 $\int x\cos x\,\mathrm{d}x$.

解 令 $u=x$, $\cos x\,\mathrm{d}x=\mathrm{d}(\sin x)=\mathrm{d}v$,根据分部积分公式得到

$$\int x\cos x\,\mathrm{d}x=\int x\,\mathrm{d}(\sin x)=x\sin x-\int\sin x\,\mathrm{d}x=x\sin x+\cos x+C.$$

该例如果令 $u=\cos x$, $x\,\mathrm{d}x=\mathrm{d}\left(\dfrac{x^2}{2}\right)=\mathrm{d}v$,则得

$$\int x\cos x\,\mathrm{d}x=\int\cos x\,\mathrm{d}\left(\frac{x^2}{2}\right)=\frac{x^2}{2}\cos x-\int\frac{x^2}{2}\mathrm{d}(\cos x)=\frac{x^2}{2}\cos x+\int\frac{x^2}{2}\sin x\,\mathrm{d}x.$$

可见上式中右端的新积分 $\int\dfrac{x^2}{2}\sin x\,\mathrm{d}x$ 比左端的原积分 $\int x\cos x\,\mathrm{d}x$ 更难积出.因此,这样选取 u, v 是不合适的.由此可见,应用分部积分法是否有效,关键是正确选择 u, v.一般来说,选择 u, v 可依据以下两个原则:

(1) 易有 $\varphi(x)\mathrm{d}x=\mathrm{d}v$,即 v 容易凑出;

(2) 等式右端积分 $\int v\,\mathrm{d}u$ 比原积分 $\int u\,\mathrm{d}v$ 更容易计算.

例2 求 $\int x\mathrm{e}^x\,\mathrm{d}x$.

解 令 $u=x$, $\mathrm{e}^x\,\mathrm{d}x=\mathrm{d}(\mathrm{e}^x)=\mathrm{d}v$,于是

$$\int x\mathrm{e}^x\,\mathrm{d}x=\int x\,\mathrm{d}(\mathrm{e}^x)=x\mathrm{e}^x-\int\mathrm{e}^x\,\mathrm{d}x=x\mathrm{e}^x-\mathrm{e}^x+C.$$

例3 求 $\int x^2\mathrm{e}^x\,\mathrm{d}x$.

解 令 $u=x^2$, $\mathrm{e}^x\,\mathrm{d}x=\mathrm{d}(\mathrm{e}^x)=\mathrm{d}v$,于是

$$\int x^2\mathrm{e}^x\,\mathrm{d}x=\int x^2\,\mathrm{d}(\mathrm{e}^x)=x^2\mathrm{e}^x-\int\mathrm{e}^x\,\mathrm{d}(x^2)=x^2\mathrm{e}^x-2\int x\mathrm{e}^x\,\mathrm{d}x.$$

对于 $\int x\mathrm{e}^x\,\mathrm{d}x$,例2已有结论: $\int x\mathrm{e}^x\,\mathrm{d}x=x\mathrm{e}^x-\mathrm{e}^x+C$.所以

$$\int x^2\mathrm{e}^x\,\mathrm{d}x=x^2\mathrm{e}^x-2x\mathrm{e}^x+2\mathrm{e}^x+C=\mathrm{e}^x(x^2-2x+2)+C.$$

例4 求 $\int(2x+1)\ln x\,\mathrm{d}x$.

解 令 $u=\ln x$, $(2x+1)\mathrm{d}x=\mathrm{d}(x^2+x)=\mathrm{d}v$,于是

$$\int(2x+1)\ln x\,\mathrm{d}x=\int\ln x\,\mathrm{d}(x^2+x)=(x^2+x)\ln x-\int(x^2+x)\mathrm{d}(\ln x)$$

$$=(x^2+x)\ln x-\int(x+1)\mathrm{d}x=(x^2+x)\ln x-\frac{x^2}{2}-x+C.$$

例5 求 $\int x\arctan x\,\mathrm{d}x$.

解 令 $u=\arctan x$, $x\,\mathrm{d}x=\mathrm{d}\left(\dfrac{x^2}{2}\right)=\mathrm{d}v$,于是

$$\int x\arctan x\,\mathrm{d}x=\int\arctan x\,\mathrm{d}\left(\frac{x^2}{2}\right)=\frac{x^2}{2}\arctan x-\int\frac{x^2}{2}\mathrm{d}(\arctan x)$$

$$= \frac{x^2}{2}\arctan x - \frac{1}{2}\int \frac{x^2}{1+x^2}\mathrm{d}x = \frac{x^2}{2}\arctan x - \frac{1}{2}\int \frac{(1+x^2)-1}{1+x^2}\mathrm{d}x$$

$$= \frac{x^2}{2}\arctan x - \frac{1}{2}\int \mathrm{d}x + \frac{1}{2}\int \frac{1}{1+x^2}\mathrm{d}x$$

$$= \frac{x^2}{2}\arctan x - \frac{x}{2} + \frac{1}{2}\arctan x + C.$$

例 6　求 $\int \arccos x \, \mathrm{d}x$.

解　令 $u = \arccos x$, $\mathrm{d}x = \mathrm{d}v$, 于是

$$\int \arccos x \, \mathrm{d}x = x\arccos x - \int x\,\mathrm{d}(\arccos x) = x\arccos x + \int \frac{x}{\sqrt{1-x^2}}\mathrm{d}x$$

$$= x\arccos x - \frac{1}{2}\int (1-x^2)^{-\frac{1}{2}}\mathrm{d}(1-x^2)$$

$$= x\arccos x - \sqrt{1-x^2} + C.$$

例 7　求 $\int \mathrm{e}^x \sin x \, \mathrm{d}x$.

解　令 $u = \mathrm{e}^x$, $\sin x\,\mathrm{d}x = \mathrm{d}(-\cos x) = \mathrm{d}v$, 于是

$$\int \mathrm{e}^x \sin x \, \mathrm{d}x = \int \mathrm{e}^x \mathrm{d}(-\cos x) = -\mathrm{e}^x\cos x + \int \cos x\,\mathrm{d}(\mathrm{e}^x)$$

$$= -\mathrm{e}^x\cos x + \int \mathrm{e}^x\cos x \, \mathrm{d}x.$$

对于 $\int \mathrm{e}^x\cos x\,\mathrm{d}x$, 再次使用分部积分法, 仍然将 e^x 视为 u, $\cos x\,\mathrm{d}x = \mathrm{d}(\sin x)$ 视为 $\mathrm{d}v$, 则

$$\int \mathrm{e}^x \sin x \, \mathrm{d}x = -\mathrm{e}^x\cos x + \int \mathrm{e}^x\mathrm{d}(\sin x) = -\mathrm{e}^x\cos x + \mathrm{e}^x\sin x - \int \mathrm{e}^x\sin x \, \mathrm{d}x,$$

所以　　　　　　　　　　$2\int \mathrm{e}^x \sin x \, \mathrm{d}x = \mathrm{e}^x(\sin x - \cos x) + C_1,$

解得　　　　　　　　$\int \mathrm{e}^x \sin x \, \mathrm{d}x = \frac{1}{2}\mathrm{e}^x(\sin x - \cos x) + C\left(C = \frac{C_1}{2}\right).$

此例亦可将 $\sin x$ 选作 u, $\mathrm{e}^x\mathrm{d}x = \mathrm{d}(\mathrm{e}^x) = \mathrm{d}v$, 读者可自行验证.

从上述这些例题可看出, 当被积函数具有表 4-1 所列形式时, 使用分部积分法一般都能奏效, 而且其 u, v 的选择是有规律可循的.

表 4-1　被积函数的几种形式及 u, v 的选择

被积表达式（$P_n(x)$ 为多项式）	u	$\mathrm{d}v$
$P_n(x)\sin ax\,\mathrm{d}x$, $P_n(x)\cos ax\,\mathrm{d}x$ $P_n(x)\mathrm{e}^{ax}\,\mathrm{d}x$	$P_n(x)$	$\sin ax\,\mathrm{d}x$ $\cos ax\,\mathrm{d}x$ $\mathrm{e}^{ax}\,\mathrm{d}x$
$P_n(x)\ln x\,\mathrm{d}x$, $P_n(x)\cdot$ 反三角函数 $\mathrm{d}x$	$\ln x$ 反三角函数	$P_n(x)\,\mathrm{d}x$
$\mathrm{e}^{ax}\sin bx\,\mathrm{d}x$, $\mathrm{e}^{ax}\cos bx\,\mathrm{d}x$	e^{ax}, $\sin bx$, $\cos bx$ 均可选作 u, 余下部分作为 $\mathrm{d}v$	

习题 4-3

求下列不定积分：

(1) $\int x\cos 2x\,\mathrm{d}x$；

(2) $\int \dfrac{x}{\mathrm{e}^x}\mathrm{d}x$；

(3) $\int (x^2+1)\ln x\,\mathrm{d}x$；

(4) $\int x^2\arctan x\,\mathrm{d}x$；

(5) $\int \ln(x+\sqrt{1+x^2}\,)\mathrm{d}x$；

(6) $\int \arcsin x\,\mathrm{d}x$；

(7) $\int x\,\cot^2 x\,\mathrm{d}x$；

(8) $\int \mathrm{e}^x\sin 2x\,\mathrm{d}x$；

(9) $\int x^3\mathrm{e}^{x^2}\mathrm{d}x$；

(10) $\int \dfrac{x\arcsin x}{\sqrt{1-x^2}}\mathrm{d}x$.

本章小结

一、考查要求

1. 理解原函数的概念，理解不定积分的概念.

2. 熟练掌握不定积分的基本公式，掌握不定积分的性质.

3. 熟练掌握不定积分的换元积分法与分部积分法，会用根式代换、三角代换求不定积分，会求简单有理函数与简单无理函数的不定积分.

二、历年真题

1. 不定积分 $\displaystyle\int \frac{1}{\sqrt{1-x^2}}\mathrm{d}x=$ 　　　　　　　　　　　　　　　（　　）

A. $\dfrac{1}{\sqrt{1-x^2}}$ 　　　　　B. $\dfrac{1}{\sqrt{1-x^2}}+C$ 　　　　C. $\arcsin x$ 　　　　D. $\arcsin x+C$

2. 设 $f(x)$ 有连续的导函数，且 $a\neq 0,1$，则下列式子正确的是 　　　　　（　　）

A. $\displaystyle\int f'(ax)\mathrm{d}x=\frac{1}{a}f(ax)+C$ 　　　　　　B. $\displaystyle\int f'(ax)\mathrm{d}x=f(ax)+C$

C. $\left[\displaystyle\int f'(ax)\mathrm{d}x\right]'=af(ax)$ 　　　　　　D. $\displaystyle\int f'(ax)\mathrm{d}x=f(x)+C$

3. 若 $F'(x)=f(x)$，$f(x)$ 连续，则下列式子正确的是 　　　　　　　（　　）

A. $\displaystyle\int F(x)\mathrm{d}x=f(x)+C$ 　　　　　　B. $\dfrac{\mathrm{d}}{\mathrm{d}x}\displaystyle\int F(x)\mathrm{d}x=f(x)+C$

C. $\displaystyle\int f(x)\mathrm{d}x=F(x)+C$ 　　　　　　D. $\dfrac{\mathrm{d}}{\mathrm{d}x}\displaystyle\int F(x)\mathrm{d}x=f(x)$

4. 若 $\displaystyle\int f(x)\mathrm{d}x=F(x)+C$，则 $\displaystyle\int \sin x f(\cos x)\mathrm{d}x=$ 　　　　　（　　）

A. $F(\sin x)+C$ 　　　　　　　　B. $-F(\sin x)+C$

C. $F(\cos x)+C$ 　　　　　　　　D. $-F(\cos x)+C$

5. 设 $F(x)=\ln(3x+1)$ 是函数 $f(x)$ 的一个原函数，则 $\displaystyle\int f'(2x+1)\mathrm{d}x=$ 　（　　）

A. $\dfrac{1}{6x+4}+C$ 　　　　B. $\dfrac{3}{6x+4}+C$ 　　　　C. $\dfrac{1}{12x+8}+C$ 　　　　D. $\dfrac{3}{12x+8}+C$

6. 设函数 $f(x)$ 的导数为 $\cos x$，且 $f(0)=\dfrac{1}{2}$，则不定积分 $\displaystyle\int f(x)\mathrm{d}x=$ 　　　　　.

7. 不定积分 $\displaystyle\int \frac{\arcsin^3 x}{\sqrt{1-x^2}}\mathrm{d}x=$ 　　　　　.

8. 设 $f(x)$ 的一个原函数为 $\dfrac{\mathrm{e}^x}{x}$，计算 $\displaystyle\int x f'(2x)\mathrm{d}x$.

9. 设 $f(x)$ 的一个原函数为 $x^2\sin x$，求不定积分 $\displaystyle\int \frac{f(x)}{x}\mathrm{d}x$.

10. 求不定积分 $\displaystyle\int \dfrac{\mathrm{e}^{2x}}{1+\mathrm{e}^{x}}\mathrm{d}x$.

11. 求不定积分 $\displaystyle\int \dfrac{x\,\arcsin x^{2}}{\sqrt{1-x^{4}}}\mathrm{d}x$.

12. 求不定积分 $\displaystyle\int x\ln x\,\mathrm{d}x$.

13. 求不定积分 $\displaystyle\int \tan^{3}x\sec x\,\mathrm{d}x$.

14. 求不定积分 $\displaystyle\int x^{2}\mathrm{e}^{-x}\mathrm{d}x$.

15. 求不定积分 $\displaystyle\int \dfrac{x^{3}}{x+1}\mathrm{d}x$.

16. 求不定积分 $\displaystyle\int \sin\sqrt{2x+1}\,\mathrm{d}x$.

17. 求不定积分 $\displaystyle\int \dfrac{2x+1}{\cos^{2}x}\mathrm{d}x$.

本章自测题

一、填空题

1. $\mathrm{d}\left(\displaystyle\int \mathrm{e}^{-x^2}\,\mathrm{d}x\right) = \underline{\hspace{2cm}}$；$\displaystyle\int \mathrm{d}\left(\ln\left|\dfrac{a+\sqrt{a^2-x^2}}{x}\right|\right) = \underline{\hspace{2cm}}$.

2. $\displaystyle\int \dfrac{2 \cdot 3^x - 3 \cdot 2^x}{3^x}\,\mathrm{d}x = \underline{\hspace{2cm}}$.

3. $\displaystyle\int \dfrac{x+\sqrt{x}+1}{x^2}\,\mathrm{d}x = \underline{\hspace{2cm}}$.

4. $\displaystyle\int \dfrac{x}{1+x^4}\,\mathrm{d}x = \underline{\hspace{2cm}}$.

5. $\displaystyle\int \dfrac{x^4}{1+x^2}\,\mathrm{d}x = \underline{\hspace{2cm}}$.

6. $\displaystyle\int \sec x(\sec x - \tan x)\,\mathrm{d}x = \underline{\hspace{2cm}}$.

7. 已知 $\displaystyle\int f(x)\,\mathrm{d}x = x^2 + C$，则 $\displaystyle\int \dfrac{1}{x^2}f\left(\dfrac{1}{x}\right)\mathrm{d}x = \underline{\hspace{2cm}}$.

8. 已知函数 $f(x) = \mathrm{e}^{-x}$，则 $\displaystyle\int \dfrac{f'(\ln x)}{x}\,\mathrm{d}x = \underline{\hspace{2cm}}$.

9. 已知 $\displaystyle\int f(x)\,\mathrm{d}x = x + \csc^2 x + C$，则 $f(x) = \underline{\hspace{2cm}}$.

10. 已知函数 $f(x)$ 的二阶导数 $f''(x)$ 连续，则 $\displaystyle\int x f''(x)\,\mathrm{d}x = \underline{\hspace{2cm}}$.

二、选择题

1. 设函数 $f(x) = \dfrac{1}{x}$，则 $\displaystyle\int f'(x)\,\mathrm{d}x =$ 　　　　　　　　（　　）

A. $\dfrac{1}{x}$ 　　　　　　B. $\dfrac{1}{x}+C$ 　　　　　　C. $\ln x$ 　　　　　　D. $\ln x + C$

2. 设 $\left[\displaystyle\int f(x)\,\mathrm{d}x\right]' = \cos x$，则 $f(x) =$ 　　　　　　　　（　　）

A. $\cos x$ 　　　　　　B. $\cos x + C$ 　　　　　　C. $\sin x$ 　　　　　　D. $\sin x + C$

3. 设 $\displaystyle\int f(x)\,\mathrm{d}x = x\mathrm{e}^{2x} + C$，则 $f(x) =$ 　　　　　　　　（　　）

A. $2x\mathrm{e}^{2x}$ 　　　　　　B. $2\mathrm{e}^{2x}$ 　　　　　　C. $\mathrm{e}^{2x}(1+x)$ 　　　　　　D. $\mathrm{e}^{2x}(1+2x)$

4. $\int x^2 \sqrt{1+x^3}\,dx =$ 　　　　　　　　　　（　　）

A. $\dfrac{2}{3}(1+x^3)^{\frac{3}{2}}+C$ 　　　　　　B. $\dfrac{2}{9}(1+x^3)^{\frac{3}{2}}+C$

C. $\dfrac{1}{3}(1+x^3)^{\frac{3}{2}}+C$ 　　　　　　D. $\dfrac{1}{9}(1+x^3)^{\frac{3}{2}}+C$

5. $\int \dfrac{1}{\sqrt{1+9x^2}}\,dx =$ 　　　　　　　　（　　）

A. $\ln|3x+\sqrt{1+9x^2}|+C$ 　　　　B. $\ln|3x-\sqrt{1+9x^2}|+C$

C. $\dfrac{1}{3}\ln|x+\sqrt{1+9x^2}|+C$ 　　　D. $\dfrac{1}{3}\ln|3x+\sqrt{1+9x^2}|+C$

6. 设 $\sec^2 x$ 是 $f(x)$ 的一个原函数，则 $\int x f(x)\,dx =$ 　　（　　）

A. $x\sec^2 x+\tan x+C$ 　　　　　B. $x\sec^2 x-\tan x+C$

C. $x\tan x+\tan x+C$ 　　　　　　D. $x\tan x-\tan x+C$

7. 设 $\int f(x)\,dx = F(x)+C$，则 $\int e^{-x} f(e^{-x})\,dx =$ 　　（　　）

A. $F(e^{-x})+C$ 　　　　　　B. $-F(-e^{-x})+C$

C. $-F(e^{-x})+C$ 　　　　　　D. $F(-e^{-x})+C$

8. $\int \ln \dfrac{x}{3}\,dx =$ 　　　　　　　　　　（　　）

A. $x\ln \dfrac{x}{3}-3x+C$ 　　　　　B. $x\ln \dfrac{x}{3}-6x+C$

C. $x\ln \dfrac{x}{3}-x+C$ 　　　　　　D. $x\ln \dfrac{x}{3}+x+C$

三、综合题

1. 求下列积分：

(1) $\displaystyle\int \dfrac{\sin^2 x-1}{\cos x}\,dx$；　　　　　　(2) $\displaystyle\int \dfrac{x}{3+x^2}\,dx$；

(3) $\displaystyle\int \dfrac{x-1}{(x+2)^2}\,dx$；　　　　　　(4) $\displaystyle\int \dfrac{\cos(\sqrt{x}-1)}{\sqrt{x}}\,dx$；

(5) $\displaystyle\int \dfrac{1}{x\sqrt{1-\ln x}}\,dx$；　　　　　(6) $\displaystyle\int \dfrac{1}{x\ln\sqrt{x}}\,dx$；

(7) $\displaystyle\int \dfrac{\arcsin^2 x}{\sqrt{1-x^2}}\,dx$；　　　　　(8) $\displaystyle\int x^3\sqrt{1+x^2}\,dx$；

(9) $\displaystyle\int \dfrac{dx}{(2+x)\sqrt{1+x}}$；　　　　　(10) $\displaystyle\int \dfrac{dx}{2+\sqrt{x-1}}$；

(11) $\displaystyle\int \dfrac{dx}{x^2\sqrt{1-x^2}}$；　　　　　(12) $\displaystyle\int \dfrac{\sqrt{1-x^2}}{x}\,dx$；

(13) $\displaystyle\int \frac{\sqrt{a^2-x^2}}{x^2}\mathrm{d}x\,(a>0)$；

(14) $\displaystyle\int \frac{\mathrm{d}x}{x\sqrt{x^2+4}}$；

(15) $\displaystyle\int x\sin^2\frac{x}{2}\mathrm{d}x$；

(16) $\displaystyle\int \mathrm{e}^{2x}\sin x\,\mathrm{d}x$；

(17) $\displaystyle\int \mathrm{e}^{\sin x}\sin x\cos x\,\mathrm{d}x$；

(18) $\displaystyle\int \frac{x}{\sin^2 x}\mathrm{d}x$；

(19) $\displaystyle\int \frac{\mathrm{d}x}{x^2-5x+6}$；

(20) $\displaystyle\int \frac{\mathrm{d}x}{1+\cos^2 x}$；

(21) $\displaystyle\int \frac{\mathrm{d}x}{\mathrm{e}^x+\mathrm{e}^{-x}}$；

(22) $\displaystyle\int \frac{\ln x}{(x-1)^2}\mathrm{d}x$；

(23) $\displaystyle\int \frac{x^2\arctan x}{1+x^2}\mathrm{d}x$；

(24) $\displaystyle\int \frac{(x+1)\arcsin x}{\sqrt{1-x^2}}\mathrm{d}x$；

(25) $\displaystyle\int \frac{\sin^2 x}{1+\sin^2 x}\mathrm{d}x$；

(26) $\displaystyle\int \frac{\mathrm{d}x}{\tan x(1+\sin x)}$.

2. 设某函数当 $x=1$ 时有极小值，当 $x=-1$ 时极大值为 4，又知这个函数的导数具有形式 $y'=3x^2+bx+c$，求此函数并作图.

3. 设某函数的图象上有一拐点 $P(2,4)$，在拐点 P 处曲线的切线的斜率为 -3，又知这个函数的二阶导数具有形式 $y''=6x+c$，求此函数并作图.

第 5 章

定积分

◀◀◀

> **⊙本章内容**
>
> 定积分的概念和性质,定积分的几何意义,变上限定积分所确定的函数及其导数,牛顿-莱布尼兹公式,定积分的换元积分法与分部积分法,无穷限反常积分,定积分的微元法,定积分的几何应用.

◁ §5-1 定积分的概念 ▷

一、两个实例

1. 曲边梯形的面积

设 $f(x)$ 为闭区间 $[a,b]$ 上的连续函数,且 $f(x) \geqslant 0$.由曲线 $y = f(x)$,直线 $x = a$,$x = b$ 及 x 轴所围成的平面图形(图 5-1),称为 $f(x)$ 在 $[a,b]$ 上的曲边梯形.

下面讨论怎样计算曲边梯形的面积.

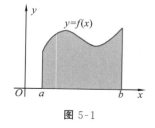

图 5-1

我们设想:先用平行于 y 轴的直线将曲边梯形任意分为 n 个小曲边梯形,对每个小曲边梯形的面积用较相近的小矩形的面积作为其近似值,再用这 n 个小矩形的面积之和作为曲边梯形面积 A 的近似值.显然,分得越细,近似程度越精确,最后我们很自然地以小矩形面积之和的极限作为曲边梯形的面积 A.

上述思路分成以下四个步骤:

(1) 化整为微.

在区间 $[a,b]$ 中任意插入 $n-1$ 个分点 $a = x_0 < x_1 < x_2 < \cdots < x_{i-1} < x_i < \cdots < x_{n-1} < x_n = b$,将 $[a,b]$ 分割为 n 个小区间 $[x_0, x_1], [x_1, x_2], \cdots, [x_{i-1}, x_i], \cdots, [x_{n-1}, x_n]$,它们的长度记为 $\Delta x_i = x_i - x_{i-1}(i = 1, 2, \cdots, n)$.过每一个分点 x_i 作平行于 y 轴的直线,这些直线把原曲边梯形分为 n 个小曲边梯形(图 5-2),它们的面积分别记为 $\Delta A_1, \Delta A_2, \cdots, \Delta A_n$.

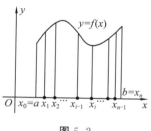

图 5-2

(2) 近似替代.

在每一个小区间 $[x_{i-1}, x_i]$ 上任取一点 ξ_i,以 Δx_i 为底、$f(\xi_i)$ 为高的小矩形的面积为

$f(\xi_i)\Delta x_i$，用它作为第 i 个小曲边梯形面积 ΔA_i 的近似值（图 5-3），即 $\Delta A_i \approx f(\xi_i)\Delta x_i (i=1,2,\cdots,n)$.

（3）积微为整.

将每一个小曲边梯形面积的近似值相加，得

$$A = \sum_{i=1}^{n} \Delta A_i \approx \sum_{i=1}^{n} f(\xi_i)\Delta x_i.$$

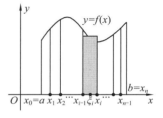

图 5-3

（4）取极限.

区间 $[a,b]$ 分得越细，精确度就越高.为保证每个 Δx_i 都无限小，取 $\lambda = \max\{\Delta x_i\}(i=1,2,\cdots,n)$，则当 $\lambda \to 0$ 时，其极限就是 A，即曲边梯形的面积可以表示为

$$A = \lim_{\lambda \to 0} \sum_{i=1}^{n} f(\xi_i)\Delta x_i.$$

2. 变速直线运动的位移

设物体做变速直线运动，已知运动的速度为连续函数 $v=v(t)$，求物体在时间间隔 $[0,T]$ 内的位移 s.

类似于求曲边梯形面积的做法，我们通过如下步骤求位移 s 的表达式.

（1）化整为微.

在 $[0,T]$ 中任意插入 $n-1$ 个分点 $0=t_0<t_1<t_2<\cdots<t_{i-1}<t_i<\cdots<t_{n-1}<t_n=T$，将 $[0,T]$ 分割为 n 个小区间 $[t_{i-1},t_i]$，其长度记为 $\Delta t_i = t_i - t_{i-1}(i=1,2,\cdots,n)$.

（2）近似替代.

在每一个小时间间隔 $[t_{i-1},t_i]$ 内任取一时刻 ξ_i，由于 Δt_i 很小，所以可以将物体运动看作速度为 $v(\xi_i)$ 的匀速直线运动.物体在 $[t_{i-1},t_i]$ 内位移的近似值 $\Delta s_i \approx v(\xi_i)\Delta t_i$.

（3）积微为整.

将每一个 Δs_i 的近似值相加，得 $s = \sum_{i=1}^{n} \Delta s_i \approx \sum_{i=1}^{n} v(\xi_i)\Delta t_i$.

（4）取极限.

$[0,T]$ 分得越细越精确.记 $\lambda = \max\{\Delta t_i\}(i=1,2,\cdots,n)$，则当 $\lambda \to 0$ 时，其极限值就是位移 s，即所求位移的表示式为 $s = \lim_{\lambda \to 0} \sum_{i=1}^{n} v(\xi_i)\Delta t_i$.

二、定积分的定义

定义 1　设函数 $f(x)$ 在 $[a,b]$ 上有定义并且有界，在 $[a,b]$ 中任意插入 $n-1$ 个分点

$$a = x_0 < x_1 < x_2 < \cdots < x_{i-1} < x_i < \cdots < x_{n-1} < x_n = b,$$

将 $[a,b]$ 分割为 n 个小区间 $[x_{i-1},x_i]$，记其长度为 $\Delta x_i = x_i - x_{i-1}(i=1,2,\cdots,n)$，并在每一个小区间 $[x_{i-1},x_i]$ 上任取一点 ξ_i，作和式 $\sum_{i=1}^{n} f(\xi_i)\Delta x_i$，记 $\lambda = \max\{\Delta x_i\}(i=1,2,\cdots,n)$.若当 $\lambda \to 0$ 时，$\sum_{i=1}^{n} f(\xi_i)\Delta x_i$ 存在与 $[a,b]$ 的分法和 ξ_i 的取法无关的极限值，则称此极限值为 $f(x)$ 在 $[a,b]$ 上的定积分，称 $f(x)$ 在 $[a,b]$ 上可积，记为

$$\int_a^b f(x)\mathrm{d}x = \lim_{\lambda \to 0} \sum_{i=1}^{n} f(\xi_i)\Delta x_i.$$

其中,称 x 为积分变量,称 $f(x)$ 为被积函数,并称"$\int$"为积分号,a 和 b 分别称为积分下限和积分上限,$[a,b]$ 称为**积分区间**.

对定义作以下几点说明:

(1) 实例 1 中曲边梯形的面积 $A=\int_a^b f(x)\mathrm{d}x$;

实例 2 中变速直线运动物体的位移 $s=\int_0^T v(t)\mathrm{d}t$.

(2) 定积分的本质是一个数,这个数仅与被积函数 $f(x)$、积分区间 $[a,b]$ 有关,而与积分变量的选择无关,所以 $\int_a^b f(x)\mathrm{d}x=\int_a^b f(t)\mathrm{d}t=\int_a^b f(u)\mathrm{d}u$.

(3) 定积分的存在性:当 $f(x)$ 在 $[a,b]$ 上连续或只有有限个第一类间断点时,$f(x)$ 在 $[a,b]$ 上的定积分存在(也称可积).

三、定积分的几何意义

在实例 1 中已经知道,当 $[a,b]$ 上的连续函数 $f(x)\geqslant 0$ 时,定积分 $\int_a^b f(x)\mathrm{d}x$ 表示由曲线 $y=f(x)$,直线 $x=a$,$x=b$ 及 x 轴所围成的曲边梯形的面积 A,即 $\int_a^b f(x)\mathrm{d}x=A$. 若 $f(x)\leqslant 0$,则 $-f(x)\geqslant 0$(图 5-4),此时围成的曲边梯形的面积是 $A=\lim\limits_{\lambda\to 0}\sum\limits_{i=1}^n[-f(\xi_i)]\Delta x_i=-\lim\limits_{\lambda\to 0}\sum\limits_{i=1}^n f(\xi_i)\Delta x_i=-\int_a^b f(x)\mathrm{d}x$,从而有 $\int_a^b f(x)\mathrm{d}x=-A$.

若 $[a,b]$ 上的连续函数 $f(x)$ 的符号不定,如图 5-5 所示,则定积分 $\int_a^b f(x)\mathrm{d}x$ 的几何意义表示由曲线 $y=f(x)$,直线 $x=a$,$x=b$ 及 x 轴所围成的曲边梯形面积的代数和,即

$$\int_a^b f(x)\mathrm{d}x=A_1-A_2+A_3.$$

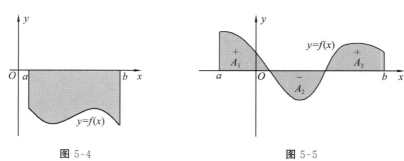

图 5-4   图 5-5

根据定积分的几何意义,有些定积分可以直接从几何中的面积公式得到.例如,

$\int_a^b \mathrm{d}x=b-a$ 表示高为 1、底为 $b-a$ 的矩形的面积;

$\int_0^1 \sqrt{1-x^2}\,\mathrm{d}x=\dfrac{\pi}{4}$ 表示由圆 $x^2+y^2=1$ 在 $[0,1]$ 上与 x 轴所围图形的面积为 $\dfrac{\pi}{4}$.

四、定积分的性质

性质 1　若 $f(x)$ 在 $[a,b]$ 上可积,则 $|f(x)|$ 也在 $[a,b]$ 上可积.

性质 2　$\displaystyle\int_a^a f(x)\mathrm{d}x=0,\int_a^b \mathrm{d}x=b-a.$

性质 3　$\displaystyle\int_a^b f(x)\mathrm{d}x=-\int_b^a f(x)\mathrm{d}x.$

性质 4　$\displaystyle\int_a^b f(x)\pm g(x)\mathrm{d}x=\int_a^b f(x)\mathrm{d}x\pm\int_a^b g(x)\mathrm{d}x;$

$$\int_a^b kf(x)\mathrm{d}x=k\int_a^b f(x)\mathrm{d}x(k\in\mathbf{R}).$$

联合这两个等式得到定积分的线性性质:

$$\int_a^b[\alpha f(x)\pm\beta g(x)]\mathrm{d}x=\alpha\int_a^b f(x)\mathrm{d}x\pm\beta\int_a^b g(x)\mathrm{d}x(\alpha,\beta\in\mathbf{R}).$$

性质 5　$\displaystyle\int_a^b f(x)\mathrm{d}x=\int_a^c f(x)\mathrm{d}x+\int_c^b f(x)\mathrm{d}x(a,b,c$ 为任意常数$).$

性质 6　若在 $[a,b]$ 上有 $f(x)\leqslant g(x)$,则

$$\int_a^b f(x)\mathrm{d}x\leqslant\int_a^b g(x)\mathrm{d}x.$$

例如,因为 $0\leqslant x\leqslant\dfrac{\pi}{4}$ 时,$\sin x\leqslant\cos x$,所以 $\displaystyle\int_0^{\frac{\pi}{4}}\sin x\mathrm{d}x\leqslant\int_0^{\frac{\pi}{4}}\cos x\mathrm{d}x.$

性质 7　设函数 $f(x)$ 满足 $m\leqslant f(x)\leqslant M,x\in[a,b]$,则

$$m(b-a)\leqslant\int_a^b f(x)\mathrm{d}x\leqslant M(b-a).$$

性质 8(积分中值定理)　设函数 $f(x)$ 在 $[a,b]$ 上连续,则在 a,b 之间至少存在一个 ξ,使

$$\int_a^b f(x)\mathrm{d}x=f(\xi)(b-a).$$

积分中值定理的几何意义:如图 5-6,对于以 $[a,b]$ 为底边,曲线 $y=f(x)(f(x)\geqslant0)$ 为曲边的曲边梯形,至少存在一个与其同底,以 $f(\xi)$ 为高的矩形,使得它们面积相等.

例 1　估计定积分 $\displaystyle\int_{-1}^1 \mathrm{e}^{-x^2}\mathrm{d}x$ 的值.

解　因为 $-1\leqslant x\leqslant1$,所以 $-1\leqslant-x^2\leqslant0$,从而 $\dfrac{1}{\mathrm{e}}\leqslant\mathrm{e}^{-x^2}\leqslant1.$ 由性质 7 知

$$\frac{2}{\mathrm{e}}\leqslant\int_{-1}^1 \mathrm{e}^{-x^2}\mathrm{d}x\leqslant2.$$

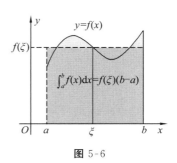

图 5-6

---

§5-2 微积分基本公式

本节将介绍一种计算定积分的有效方法——牛顿-莱布尼兹公式.

一、微积分基本定理

1. 积分上限函数

定义 1 设函数 $f(t)$ 在 $[a,b]$ 上可积,则对每个 $x \in [a,b]$,都有一个确定的值 $\int_a^x f(t)\mathrm{d}t$ 与之对应.因此,它是定义在 $[a,b]$ 上的函数,记作 $\Phi(x)$,即

$$\Phi(x) = \int_a^x f(t)\mathrm{d}t, x \in [a,b].$$

称函数 $\Phi(x)$ 为**积分上限函数**,或称**变上限函数**.积分上限函数 $\Phi(x)$ 是 x 的函数,与积分变量无关.

2. 微积分基本定理

定理 1(微积分基本定理) 设函数 $f(x)$ 在 $[a,b]$ 上连续,则积分上限函数 $\Phi(x) = \int_a^x f(t)\mathrm{d}t$ 在 $[a,b]$ 上可导,且

$$\Phi'(x) = \left[\int_a^x f(t)\mathrm{d}t \right]' = f(x), x \in [a,b].$$

证明 任取 $x \in [a,b]$,改变量 Δx 满足 $x + \Delta x \in [a,b]$,$\Phi(x)$ 对应的改变量

$$\Delta\Phi(x) = \Phi(x + \Delta x) - \Phi(x) = \int_a^{x+\Delta x} f(t)\mathrm{d}t - \int_a^x f(t)\mathrm{d}t$$

$$= \left[\int_a^x f(t)\mathrm{d}t + \int_x^{x+\Delta x} f(t)\mathrm{d}t \right] - \int_a^x f(t)\mathrm{d}t = \int_x^{x+\Delta x} f(t)\mathrm{d}t.$$

由定积分的性质 8 可知,$\Delta\Phi(x) = f(\xi)\Delta x$,即 $\dfrac{\Delta\Phi(x)}{\Delta x} = f(\xi)$($\xi$ 介于 x 和 $x + \Delta x$ 之间).当 $\Delta x \to 0$ 时,$\xi \to x$,而 $f(x)$ 在 $[a,b]$ 上连续,所以 $\lim\limits_{\Delta x \to 0} f(\xi) = f(x)$,于是

$$\lim_{\Delta x \to 0} \frac{\Delta\Phi(x)}{\Delta x} = f(x),$$

即 $\Phi(x)$ 在 x 处可导,且 $\Phi'(x) = f(x), x \in [a,b]$.

由定理 1 可得如下定理:

定理 2(原函数存在定理) 如果函数 $f(x)$ 在 $[a,b]$ 上连续,那么 $f(x)$ 在 $[a,b]$ 上的原函数一定存在,且其中的一个原函数为 $\Phi(x) = \int_a^x f(t)\mathrm{d}t$.

例 1 求下列函数的导数:

(1) $\Phi(x) = \int_0^x \mathrm{e}^{2t}\mathrm{d}t$;

(2) $\Phi(x) = \int_a^{\mathrm{e}^x} \dfrac{\ln t}{t}\mathrm{d}t \,(a > 0)$;

(3) $\Phi(x) = \int_{x^2}^{1} \dfrac{\sin\sqrt{\theta}}{\theta} \mathrm{d}\theta \, (x > 0)$.

解　(1) $\dfrac{\mathrm{d}}{\mathrm{d}x} \displaystyle\int_{0}^{x} \mathrm{e}^{2t} \mathrm{d}t = \mathrm{e}^{2x}$.

(2) $\Phi(x)$ 是 x 的复合函数,其中中间变量 $u = \mathrm{e}^x$,所以按复合函数求导法则,有

$$\frac{\mathrm{d}}{\mathrm{d}x} \int_{a}^{\mathrm{e}^x} \frac{\ln t}{t} \mathrm{d}t = \frac{\mathrm{d}}{\mathrm{d}u} \left(\int_{a}^{u} \frac{\ln t}{t} \mathrm{d}t \right) \frac{\mathrm{d}u}{\mathrm{d}x} = \frac{\ln \mathrm{e}^x}{\mathrm{e}^x} \cdot \mathrm{e}^x = x.$$

(3) $\dfrac{\mathrm{d}}{\mathrm{d}x} \displaystyle\int_{x^2}^{1} \dfrac{\sin\sqrt{\theta}}{\theta} \mathrm{d}\theta = -\dfrac{\mathrm{d}}{\mathrm{d}x} \displaystyle\int_{1}^{x^2} \dfrac{\sin\sqrt{\theta}}{\theta} \mathrm{d}\theta = -\dfrac{\sin x}{x^2} \cdot 2x = -\dfrac{2\sin x}{x}$.

例 2　求 $\lim\limits_{x \to 0} \dfrac{\displaystyle\int_{0}^{x} \cos t^2 \mathrm{d}t}{x}$.

解　注意到当 $x \to 0$ 时,分子和分母都趋近于 0,应用洛必达法则可得

$$\lim_{x \to 0} \frac{\displaystyle\int_{0}^{x} \cos t^2 \mathrm{d}t}{x} = \lim_{x \to 0} \frac{\cos x^2}{1} = 1.$$

二、牛顿-莱布尼兹公式

定理 3(牛顿-莱布尼兹公式)　设函数 $f(x)$ 在区间 $[a, b]$ 上连续,$F(x)$ 是 $f(x)$ 在 $[a, b]$ 上的一个原函数,则

$$\int_{a}^{b} f(x) \mathrm{d}x = F(x) \big|_{a}^{b} = F(b) - F(a).$$

上述公式称为**牛顿-莱布尼兹公式**,也称为**微积分基本公式**.式中 $F(x) \big|_{a}^{b}$ 也可写成 $\big[F(x) \big]_{a}^{b}$.

证明　由定理 1,$\Phi(x) = \displaystyle\int_{a}^{x} f(t) \mathrm{d}t$ 是 $f(x)$ 在 $[a, b]$ 上的一个原函数,又因为 $F(x)$ 也是 $f(x)$ 在 $[a, b]$ 上的一个原函数,由原函数的性质,得

$$\Phi(x) = F(x) + C \, (x \in [a, b], C \text{ 为常数}).$$

显然有 $\Phi(b) = F(b) + C$,$\Phi(a) = F(a) + C$,则 $\Phi(b) - \Phi(a) = F(b) - F(a)$.

注意到 $\Phi(a) = 0$,所以有

$$\int_{a}^{b} f(x) \mathrm{d}x = \Phi(b) - \Phi(a) = F(b) - F(a).$$

牛顿-莱布尼兹公式表明:计算定积分时只要先用不定积分求出一个原函数,再将积分上、下限分别代入求差即可.

例 3　求定积分:

(1) $\displaystyle\int_{1}^{2} x^2 \mathrm{d}x$;

(2) $\displaystyle\int_{-4}^{-2} \dfrac{1}{x} \mathrm{d}x$;

(3) $\displaystyle\int_{0}^{\pi} |\cos x| \mathrm{d}x$.

解　(1) 因为 $\dfrac{x^3}{3}$ 是 x^2 的一个原函数,由定理 3,得

$$\int_1^2 x^2\,\mathrm{d}x = \frac{x^3}{3}\Big|_1^2 = \frac{8}{3} - \frac{1}{3} = \frac{7}{3}.$$

（2）因为 $\ln|x|$ 是 $\dfrac{1}{x}$ 的一个原函数，由定理 3，得

$$\int_{-4}^{-2} \frac{1}{x}\,\mathrm{d}x = \ln|x|\,\big|\big|_{-4}^{-2} = \ln 2 - \ln 4 = \ln\frac{1}{2}.$$

（3）$\displaystyle\int_0^\pi |\cos x|\,\mathrm{d}x = \int_0^{\frac{\pi}{2}} |\cos x|\,\mathrm{d}x + \int_{\frac{\pi}{2}}^\pi |\cos x|\,\mathrm{d}x = \int_0^{\frac{\pi}{2}} \cos x\,\mathrm{d}x - \int_{\frac{\pi}{2}}^\pi \cos x\,\mathrm{d}x$

$$= \sin x\,\big|_0^{\frac{\pi}{2}} + \sin x\,\big|_{\frac{\pi}{2}}^\pi = 1 - 0 + 0 - (-1) = 2.$$

习题 5-2

1. 求下列定积分：

（1）$\displaystyle\int_1^2 x^3\,\mathrm{d}x$ ；

（2）$\displaystyle\int_0^{\frac{1}{2}} \frac{1}{\sqrt{1-x^2}}\,\mathrm{d}x$ ；

（3）$\displaystyle\int_1^4 \sqrt{x}\,(\sqrt{x}-1)\,\mathrm{d}x$ ；

（4）$\displaystyle\int_0^{2\pi} |\cos x|\,\mathrm{d}x$.

2. 求下列导数：

（1）$\displaystyle\frac{\mathrm{d}}{\mathrm{d}x}\int_a^{x^3} \sqrt{1+t^2}\,\mathrm{d}t$ ；

（2）$\displaystyle\frac{\mathrm{d}}{\mathrm{d}x}\int_{x^2}^{x^3} \frac{\cos t}{t}\,\mathrm{d}t$.

3. 求由方程 $\displaystyle\int_0^y \cos t\,\mathrm{d}t + \int_0^x e^t\,\mathrm{d}t = 0$ 所确定的隐函数 $y = y(x)$ 的导数.

4. 求 $\displaystyle\lim_{x\to\infty} \frac{\left(\int_0^x e^{t^2}\,\mathrm{d}t\right)^2}{\int_0^x e^{2t^2}\,\mathrm{d}t}$.

§5-3　定积分的换元积分法和分部积分法

牛顿-莱布尼兹公式告诉我们，求定积分的问题可以归结为求原函数的问题，从而可以把求不定积分的方法移植到定积分的计算中来.

一、定积分的换元积分法

定理 1 设

（1）函数 $f(x)$ 在 $[a,b]$ 上连续；

（2）$\varphi'(x)$ 在 $[a,b]$ 上连续，且 $\varphi(x)$ 单调，$x \in (a,b)$；

（3）$\varphi(a) = \alpha$，$\varphi(b) = \beta$.

则 $$\int_a^b f[\varphi(x)]\,\mathrm{d}\varphi(x) = \int_\alpha^\beta f(u)\,\mathrm{d}u\,(u = \varphi(x)).$$

定理 2　设

(1) 函数 $f(x)$ 在 $[a,b]$ 上连续;

(2) $\varphi'(t)$ 在 $[\alpha,\beta]$ 上连续,且 $\varphi(t)$ 单调,$t\in(\alpha,\beta)$;

(3) $\varphi(\alpha)=a$,$\varphi(\beta)=b$.

则
$$\int_a^b f(x)\mathrm{d}x=\int_\alpha^\beta f[\varphi(t)]\varphi'(t)\mathrm{d}t\,(x=\varphi(t)).$$

例 1　计算下列定积分:

(1) $\displaystyle\int_0^{\frac{\pi}{2}}\sin x\cos x\mathrm{d}x$;

(2) $\displaystyle\int_1^{\mathrm{e}}\frac{2\ln x}{x}\mathrm{d}x$.

解　(1) 令 $u=\sin x$,则 $\mathrm{d}u=\cos x\mathrm{d}x$.当 x 从 $0\to\dfrac{\pi}{2}$ 时,u 从 $0\to1$.

应用定理 1,有 $\displaystyle\int_0^{\frac{\pi}{2}}\sin x\cos x\mathrm{d}x=\int_0^1 u\,\mathrm{d}u=\dfrac{u^2}{2}\Big|_0^1=\dfrac{1}{2}$.

实际上,在凑微分时,可以直接以原变量、原积分限求解.做法如下:
$$\int_0^{\frac{\pi}{2}}\sin x\cos x\mathrm{d}x=\int_0^{\frac{\pi}{2}}\sin x\mathrm{d}(\sin x)=\frac{1}{2}\sin^2 x\,\Big|_0^{\frac{\pi}{2}}=\frac{1}{2}.$$

说明　计算时,需遵循"换元换限,上(下)限对上(下)限;不换元,则限不变"的原则.

---

(2) $\displaystyle\int_1^{\mathrm{e}}\frac{2\ln x}{x}\mathrm{d}x=\int_1^{\mathrm{e}}2\ln x\mathrm{d}(\ln x)=\ln^2 x\,|_1^{\mathrm{e}}=1-0=1$.

例 2　计算下列定积分:

(1) $\displaystyle\int_0^4\frac{\mathrm{d}x}{1+\sqrt{x}}$;

(2) $\displaystyle\int_0^1\sqrt{1-x^2}\,\mathrm{d}x$.

解　(1) 设 $\sqrt{x}=t$,即 $x=t^2\,(t\geqslant0)$,$\mathrm{d}x=2t\mathrm{d}t$.当 x 从 $0\to4$ 时,t 从 $0\to2$.应用定理 2,有
$$\int_0^4\frac{\mathrm{d}x}{1+\sqrt{x}}=\int_0^2\frac{2t\,\mathrm{d}t}{1+t}=2\int_0^2\Big(1-\frac{1}{1+t}\Big)\mathrm{d}t=2(t-\ln|1+t|)\,|_0^2=2(2-\ln3).$$

(2) 设 $x=\sin t$,$\mathrm{d}x=\cos t\mathrm{d}t$.当 x 从 $0\to1$ 时,t 从 $0\to\dfrac{\pi}{2}$.应用定理 2,有
$$\int_0^1\sqrt{1-x^2}\,\mathrm{d}x=\int_0^{\frac{\pi}{2}}\cos^2 t\,\mathrm{d}t=\int_0^{\frac{\pi}{2}}\frac{1+\cos2t}{2}\mathrm{d}t=\frac{1}{2}\Big(t+\frac{\sin2t}{2}\Big)\,\Big|_0^{\frac{\pi}{2}}=\frac{\pi}{4}.$$

例 3　设函数 $f(x)$ 在闭区间 $[-a,a]$ 上连续,证明:

(1) 当 $f(x)$ 为奇函数时,$\displaystyle\int_{-a}^a f(x)\mathrm{d}x=0$;

(2) 当 $f(x)$ 为偶函数时,$\displaystyle\int_{-a}^a f(x)\mathrm{d}x=2\int_0^a f(x)\mathrm{d}x$.

证明　$\displaystyle\int_{-a}^{a}f(x)\mathrm{d}x=\int_{-a}^{0}f(x)\mathrm{d}x+\int_{0}^{a}f(x)\mathrm{d}x.$

对 $\displaystyle\int_{-a}^{0}f(x)\mathrm{d}x$ 换元,令 $x=-t$,则 $\mathrm{d}x=-\mathrm{d}t$,x 从 $-a\to0\Leftrightarrow t$ 从 $a\to0$.所以

$$\int_{-a}^{0}f(x)\mathrm{d}x=\int_{a}^{0}f(-t)\mathrm{d}(-t)=\int_{0}^{a}f(-t)\mathrm{d}t,$$

从而　　　$\displaystyle\int_{-a}^{a}f(x)\mathrm{d}x=\int_{0}^{a}f(-t)\mathrm{d}t+\int_{0}^{a}f(t)\mathrm{d}t=\int_{0}^{a}[f(-x)+f(x)]\mathrm{d}x.$

(1) 当 $f(x)$ 为奇函数时,有 $f(-x)+f(x)=0$,所以 $\displaystyle\int_{-a}^{a}f(x)\mathrm{d}x=0$;

(2) 当 $f(x)$ 为偶函数时,有 $f(-x)+f(x)=2f(x)$,所以 $\displaystyle\int_{-a}^{a}f(x)\mathrm{d}x=2\int_{0}^{a}f(x)\mathrm{d}x.$

例 4　计算下列定积分:

(1) $\displaystyle\int_{-\pi}^{\pi}(2x^{4}+x)\sin x\,\mathrm{d}x$;

(2) $\displaystyle\int_{-1}^{1}\frac{x^{2}\sin^{5}x+3}{1+x^{2}}\mathrm{d}x.$

解　(1) 因为 $2x^{4}\sin x$ 是 $[-\pi,\pi]$ 上的奇函数,$x\sin x$ 是 $[-\pi,\pi]$ 上的偶函数,所以

$$\int_{-\pi}^{\pi}(2x^{4}+x)\sin x\,\mathrm{d}x=\int_{-\pi}^{\pi}2x^{4}\sin x\,\mathrm{d}x+\int_{-\pi}^{\pi}x\sin x\,\mathrm{d}x=2\int_{0}^{\pi}x\sin x\,\mathrm{d}x$$

$$=-2\int_{0}^{\pi}x\mathrm{d}(\cos x)=-2x\cos x\,|_{0}^{\pi}+2\sin x\,|_{0}^{\pi}=2\pi.$$

(2) 因为 $\dfrac{x^{2}\sin^{5}x}{1+x^{2}}$ 是 $[-1,1]$ 上的奇函数,$\dfrac{3}{1+x^{2}}$ 是 $[-1,1]$ 上的偶函数,所以

$$\int_{-1}^{1}\frac{x^{2}\sin^{5}x+3}{1+x^{2}}\mathrm{d}x=6\int_{0}^{1}\frac{1}{1+x^{2}}\mathrm{d}x=6\arctan x\,|_{0}^{1}=\frac{3\pi}{2}.$$

二、定积分的分部积分法

定理 3(定积分的分部积分公式)　设 $u'(x),v'(x)$ 在区间 $[a,b]$ 上连续,则

$$\int_{a}^{b}u(x)v'(x)\mathrm{d}x=[u(x)v(x)]_{a}^{b}-\int_{a}^{b}v(x)u'(x)\mathrm{d}x,$$

或简写为　　　　　　　$\displaystyle\int_{a}^{b}u\,\mathrm{d}v=[uv]_{a}^{b}-\int_{a}^{b}v\,\mathrm{d}u.$

例 5　计算下列定积分:

(1) $\displaystyle\int_{1}^{2\mathrm{e}}\ln x\,\mathrm{d}x$;

(2) $\displaystyle\int_{0}^{1}x\mathrm{e}^{x}\mathrm{d}x.$

解　(1) $\displaystyle\int_{1}^{2\mathrm{e}}\ln x\,\mathrm{d}x=x\ln x\,|_{1}^{2\mathrm{e}}-\int_{1}^{2\mathrm{e}}x\mathrm{d}(\ln x)=2\mathrm{e}\ln(2\mathrm{e})-x\,|_{1}^{2\mathrm{e}}=2\mathrm{e}\ln(2\mathrm{e})-2\mathrm{e}+1.$

(2) $\displaystyle\int_{0}^{1}x\mathrm{e}^{x}\mathrm{d}x=\int_{0}^{1}x\mathrm{d}(\mathrm{e}^{x})=x\mathrm{e}^{x}\,|_{0}^{1}-\int_{0}^{1}\mathrm{e}^{x}\mathrm{d}x=\mathrm{e}-\mathrm{e}^{x}\,|_{0}^{1}=\mathrm{e}-(\mathrm{e}-1)=1.$

习题 5-3

1. 计算下列各定积分：

(1) $\int_0^1 \dfrac{x}{1+x^2}\,\mathrm{d}x$;

(2) $\int_0^2 x\,\mathrm{e}^{-x^2}\,\mathrm{d}x$;

(3) $\int_1^{\mathrm{e}^{\frac{1}{2}}} \dfrac{1}{x\sqrt{1-\ln^2 x}}\,\mathrm{d}x$;

(4) $\int_3^8 \dfrac{1}{\sqrt{x+1}-1}\,\mathrm{d}x$;

(5) $\int_{\sqrt{2}}^2 \dfrac{1}{\sqrt{x^2-1}}\,\mathrm{d}x$.

2. 计算下列各定积分：

(1) $\int_1^{2\mathrm{e}} x\ln x\,\mathrm{d}x$;

(2) $\int_0^{\frac{1}{2}} \arcsin x\,\mathrm{d}x$;

(3) $\int_0^{\frac{\pi}{3}} x^2\cos x\,\mathrm{d}x$.

3. 求下列各定积分：

(1) $\int_{-\pi}^{\pi} (3x^3+x+1)\cos x\,\mathrm{d}x$;

(2) $\int_{-\frac{1}{2}}^{\frac{1}{2}} \dfrac{x\sin^2 x-2}{1-x^2}\,\mathrm{d}x$.

4. 证明：$\int_0^{\frac{\pi}{2}} (\sin^m x+\cos^n x)\,\mathrm{d}x=\int_0^{\frac{\pi}{2}} (\sin^n x+\cos^m x)\,\mathrm{d}x\ (m,n\in\mathbf{N}^*)$.

§5-4 广义积分(反常积分)

定积分定义中的被积函数要求在有限闭区间上有界.在实际问题中,我们经常会遇到无限区间上的积分问题.

例 1 如图 5-7,求曲线 $y=x^{-2}$,x 轴及直线 $x=1$ 右边所围成的"开口曲边梯形"的面积.

解 因为这个图形不是封闭的曲边梯形,在 x 轴正方向是开口的.也就是说,这时的积分区间是无限区间 $[1,+\infty)$,所以不能直接用前面所学的定积分来计算它的面积.

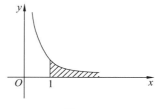

图 5-7

为了借助常义积分来求这个图形的面积,我们任取一个大于 1 的数 b,则在区间 $[1,b]$ 上由曲线 $y=x^{-2}$,$x=1$,$x=b$ 及 x 轴所围成的曲边梯形的面积为

$$\int_1^b x^{-2}\,\mathrm{d}x=\left[-x^{-1}\right]_1^b=1-\dfrac{1}{b}.$$

当 b 改变时,曲边梯形的面积也随之改变,且随着 b 趋于无穷大而趋于一个确定的极限,即

$$\lim_{b\to+\infty}\int_1^b x^{-2}\,\mathrm{d}x=\lim_{b\to+\infty}\left(1-\dfrac{1}{b}\right)=1.$$

这个极限值就表示了所求的"开口曲边梯形"的面积.

一般来说,对于已知在无限区间上的变化率的量,求在无限区间上的累积问题,都可以采用先截取区间为有限区间,求出积分后再求其极限的方法来处理.下面对这个过程给出明确的定义:

定义 1 设函数 $f(x)$ 在 $[a,+\infty)$ 内有定义,对任意 $A\in[a,+\infty)$,$f(x)$ 在 $[a,A]$ 上可积 $\left(\int_a^A f(x)\mathrm{d}x\ 存在\right)$,称 $\lim\limits_{A\to+\infty}\int_a^A f(x)\mathrm{d}x$ 为函数 $f(x)$ 在 $[a,+\infty)$ 上的无穷区间广义积分(简称无穷积分),记作 $\int_a^{+\infty} f(x)\mathrm{d}x$,即

$$\int_a^{+\infty} f(x)\mathrm{d}x = \lim_{A\to+\infty}\int_a^A f(x)\mathrm{d}x.$$

若等式右边的极限存在,则称无穷积分 $\int_a^{+\infty} f(x)\mathrm{d}x$ 收敛.否则,称积分发散.

同样可以定义:

$$\int_{-\infty}^b f(x)\mathrm{d}x = \lim_{B\to-\infty}\int_B^b f(x)\mathrm{d}x(极限号下的积分存在);$$

$$\int_{-\infty}^{+\infty} f(x)\mathrm{d}x = \lim_{B\to-\infty}\int_B^a f(x)\mathrm{d}x + \lim_{A\to+\infty}\int_a^A f(x)\mathrm{d}x(两个极限号下的积分都存在,a\in\mathbf{R}).$$

它们也称为**无穷积分**.若等式右边的极限都存在,则称无穷积分**收敛**.否则,称积分**发散**.

例 2 计算下列广义积分:

(1) $\int_1^{+\infty} x\mathrm{e}^{-x^2}\mathrm{d}x$;　　　　　　　　(2) $\int_{-\infty}^{-1}\frac{1}{x^2}\mathrm{d}x$;

(3) $\int_{-\infty}^{+\infty}\frac{1}{1+x^2}\mathrm{d}x$;　　　　　　　　(4) $\int_1^{+\infty}\frac{1}{x}\mathrm{d}x$.

解　(1) $\int_1^{+\infty} x\mathrm{e}^{-x^2}\mathrm{d}x = \lim\limits_{A\to+\infty}\int_1^A x\mathrm{e}^{-x^2}\mathrm{d}x = \lim\limits_{A\to+\infty}\left[-\frac{1}{2}\int_1^A \mathrm{e}^{-x^2}\mathrm{d}(-x^2)\right]$

$$= -\frac{1}{2}\lim_{A\to+\infty}\left(\mathrm{e}^{-A^2}-\frac{1}{\mathrm{e}}\right) = \frac{1}{2\mathrm{e}}(收敛).$$

(2) $\int_{-\infty}^{-1}\frac{1}{x^2}\mathrm{d}x = \lim\limits_{B\to-\infty}\int_B^{-1}\frac{1}{x^2}\mathrm{d}x = \lim\limits_{B\to-\infty}\left(\frac{-1}{x}\right)\Big|_B^{-1} = \lim\limits_{B\to-\infty}\left(1+\frac{1}{B}\right) = 1(收敛).$

(3) $\int_{-\infty}^{+\infty}\frac{1}{1+x^2}\mathrm{d}x = \lim\limits_{B\to-\infty}\int_B^0\frac{1}{1+x^2}\mathrm{d}x + \lim\limits_{A\to+\infty}\int_0^A\frac{1}{1+x^2}\mathrm{d}x$

$$= -\lim_{B\to-\infty}\arctan B + \lim_{A\to+\infty}\arctan A = \frac{\pi}{2}+\frac{\pi}{2} = \pi(收敛).$$

(4) $\int_1^{+\infty}\frac{1}{x}\mathrm{d}x = \lim\limits_{A\to+\infty}\int_1^A\frac{1}{x}\mathrm{d}x = \lim\limits_{A\to+\infty}(\ln x)\big|_1^A = \lim\limits_{A\to+\infty}\ln A = +\infty(发散).$

例 3 证明:无穷积分 $\int_1^{+\infty}\frac{1}{x^p}\mathrm{d}x(p>0)$ 当 $p>1$ 时收敛,当 $0<p\leqslant 1$ 时发散.

证明　当 $p=1$ 时,$\int_1^{+\infty}\frac{1}{x}\mathrm{d}x = +\infty$,即 $\int_1^{+\infty}\frac{1}{x^p}\mathrm{d}x$ 发散;

当 $0<p<1$ 时,$1-p>0$,所以

$$\int_1^{+\infty}\frac{1}{x^p}\mathrm{d}x = \lim_{A\to+\infty}\int_1^A\frac{1}{x^p}\mathrm{d}x = \lim_{A\to+\infty}\left(\frac{x^{1-p}}{1-p}\right)\Big|_1^A = \frac{1}{1-p}\lim_{A\to+\infty}(A^{1-p}-1) = +\infty,$$

即 $\int_1^{+\infty} \dfrac{1}{x^p}\mathrm{d}x$ 发散;

当 $p>1$ 时,$1-p<0$,所以

$$\int_1^{+\infty} \frac{1}{x^p}\mathrm{d}x = \lim_{A\to+\infty}\int_1^A \frac{1}{x^p}\mathrm{d}x = \lim_{A\to+\infty}\left(\frac{x^{1-p}}{1-p}\right)\Big|_1^A = \frac{1}{1-p}\lim_{A\to+\infty}(A^{1-p}-1) = \frac{1}{p-1},$$

即 $\int_1^{+\infty} \dfrac{1}{x^p}\mathrm{d}x$ 收敛.

综合可知,$\int_1^{+\infty} \dfrac{1}{x^p}\mathrm{d}x\,(p>0)$ 当 $p>1$ 时收敛,当 $0<p\leqslant 1$ 时发散.

 **习题 5-4**

计算下列广义积分:

(1) $\int_1^{+\infty} \dfrac{1}{x^2}\mathrm{d}x$;

(2) $\int_{-\infty}^0 \dfrac{1}{1-x}\mathrm{d}x$;

(3) $\int_{-\infty}^{+\infty} x\,\mathrm{e}^{\frac{x^2}{2}}\mathrm{d}x$;

(4) $\int_1^{+\infty} \dfrac{1}{\sqrt[3]{x}}\mathrm{d}x$.

§5-5 定积分在几何中的应用

一、微元法

在用定积分计算某个量时,关键是如何把所求的量表示成定积分的形式,常用的方法就是微元法.

再看曲边梯形的面积:

设函数 $y=f(x)$ 在区间 $[a,b]$ 上连续且 $f(x)\geqslant 0$,前面我们已讨论过以曲线 $y=f(x)$ 为曲边、$[a,b]$ 为底的曲边梯形面积 A 的计算方法.它分四个步骤:化整为微,近似替代,积微为整,求极限.因为区间的分割、ξ_i 的选取都有任意性,故我们可简述过程:用 $[x,x+\mathrm{d}x]$ 表示一个小区间,以这个小区间的左端点 x 处的函数值 $f(x)$ 为高、$\mathrm{d}x$ 为宽的小矩形面积 $f(x)\mathrm{d}x$ 就是区间 $[x,x+\mathrm{d}x]$ 上的小曲边梯形面积 ΔA 的近似值.

如图 5-8 中的阴影部分所示,有 $\Delta A\approx f(x)\mathrm{d}x$,其中 $f(x)\mathrm{d}x$ 称为面积微元,记作 $\mathrm{d}A$,即 $\mathrm{d}A=f(x)\mathrm{d}x$.因此 $A=\sum\Delta A\approx\sum f(x)\mathrm{d}x$,从而 $A=\int_a^b f(x)\mathrm{d}x$.

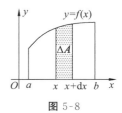

图 5-8

这种求曲边梯形面积的方法可以推广到利用积分计算某个量 U 上,具体步骤如下:

(1) 确定积分变量 x,求出积分区间 $[a,b]$;

(2) 在区间 $[a,b]$ 上任取一个小区间 $[x,x+\mathrm{d}x]$,并在该区间上找到所求量 U 的微元 $\mathrm{d}U=f(x)\mathrm{d}x$;

(3) 所求量 U 的积分表达式为 $U = \int_a^b f(x)\mathrm{d}x$,求出它的值.

这种方法称为积分的**微元法**.

二、平面图形的面积

1. X 型平面图形的面积

由上下两条曲线 $y = f_1(x)$ 与 $y = f_2(x)$ 及左右两条直线 $x = a$ 与 $x = b$ 所围成的平面图形称为 **X 型图形**(图 5-9).注意构成图形的两条直线,有时也可能蜕化为点.

下面用微元法分析 X 型图形的面积.

取横坐标 x 为积分变量,$x \in [a, b]$.在区间 $[a, b]$ 上任取一微段 $[x, x + \mathrm{d}x]$,该微段上的图形的面积 ΔA 可以用高为 $f_2(x) - f_1(x)$、底为 $\mathrm{d}x$ 的矩形的面积近似代替.因此

$$\mathrm{d}A = [f_2(x) - f_1(x)]\mathrm{d}x,$$

从而
$$A = \int_a^b [f_2(x) - f_1(x)]\mathrm{d}x. \tag{1}$$

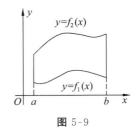

图 5-9

2. Y 型平面图形的面积

由左右两条曲线 $x = g_1(y)$ 与 $x = g_2(y)$ 及上下两条直线 $y = c$ 与 $y = d$ 所围成的平面图形称为 **Y 型图形**.注意构成图形的两条直线,有时也可能蜕化为点.

类似 X 型图形,用微元法分析 Y 型图形,可以得到它的面积为

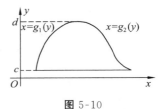

图 5-10

$$A = \int_c^d [g_2(y) - g_1(y)]\mathrm{d}y. \tag{2}$$

对于非 X 型、Y 型平面图形,我们可以先进行适当的分割,将其划分成若干个 X 型和 Y 型平面图形,再去求面积.

例 1 计算由曲线 $y = \sqrt{x}$,$y = x$ 所围成的图形的面积 A.

解 解方程组 $\begin{cases} y = \sqrt{x}, \\ y = x, \end{cases}$ 得交点为 $(0, 0)$,$(1, 1)$.将该平面图形视为 X 型图形,确定积分变量为 x,积分区间为 $[0, 1]$.

由公式(1),所求图形的面积为

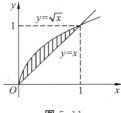

图 5-11

$$A = \int_0^1 (\sqrt{x} - x)\mathrm{d}x = \left(\frac{2}{3}x^{\frac{3}{2}} - \frac{1}{2}x^2 \right) \Big|_0^1 = \frac{1}{6}.$$

例 2 计算由抛物线 $y^2 = 2x$ 与直线 $y = x - 4$ 所围成的图形的面积 A.

解 解方程组 $\begin{cases} y^2 = 2x, \\ y = x - 4, \end{cases}$ 得交点为 $(2, -2)$,$(8, 4)$.

将该平面图形视为 Y 型图形,确定积分变量为 y,积分区间为 $[-2, 4]$.

由公式(2),所求图形的面积为

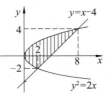

图 5-12

$$A = \int_{-2}^{4} \left(y + 4 - \frac{1}{2} y^2 \right) \mathrm{d}y = \left(\frac{1}{2} y^2 + 4y - \frac{1}{6} y^3 \right) \bigg|_{-2}^{4} = 18.$$

例 3 求由曲线 $y = \sin x, y = \cos x$ 和直线 $x = 2\pi$ 及 y 轴所围成图形的面积 A.

解 在 $x = 0$ 和 $x = 2\pi$ 之间，两条曲线有两个交点：

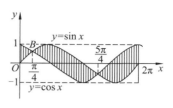

图 5-13

$B\left(\frac{\pi}{4}, \frac{\sqrt{2}}{2}\right), C\left(\frac{5\pi}{4}, -\frac{\sqrt{2}}{2}\right)$. 由图 5-13 易知，整个图形可划分为 $\left[0, \frac{\pi}{4}\right], \left[\frac{\pi}{4}, \frac{5\pi}{4}\right], \left[\frac{5\pi}{4}, 2\pi\right]$ 三段，在每一段上都是 X 型图形.

应用公式(1)，所求面积为

$$A = \int_{0}^{\frac{\pi}{4}} (\cos x - \sin x) \mathrm{d}x + \int_{\frac{\pi}{4}}^{\frac{5\pi}{4}} (\sin x - \cos x) \mathrm{d}x + \int_{\frac{5\pi}{4}}^{2\pi} (\cos x - \sin x) \mathrm{d}x = 4\sqrt{2}.$$

三、旋转体的体积

旋转体就是由一个平面图形绕该平面内一条直线旋转一周而成的空间立体，其中直线叫作旋转轴. 旋转体在日常生活中随处可见，如我们在中学学过的圆柱、圆锥、圆台、球体都是旋转体.

把 X 型单曲边梯形绕 x 轴旋转一周得到旋转体，下面用微元法求它的体积 V_x.

如图 5-14，设曲边梯形的曲边为连续曲线 $y = f(x), x \in [a, b] (a < b)$，则过任意 $x \in [a, b]$ 处作垂直于 x 轴的截面，所得截面是半径为 $|f(x)|$ 的圆. 取横坐标 x 为积分变量，$x \in [a, b]$. 在区间 $[a, b]$ 上任取一微段 $[x, x + \mathrm{d}x]$，该微段上的旋转体的体积 ΔV_x，可以用底为半径是 $|f(x)|$ 的圆、高为 $\mathrm{d}x$ 的圆柱体的体积近似代替. 因此

$$\mathrm{d}V_x = \pi |f(x)|^2 \mathrm{d}x,$$

从而 $$V_x = \pi \int_{a}^{b} [f(x)]^2 \mathrm{d}x. \tag{3}$$

类似可得，把 Y 型单曲边梯形绕 y 轴旋转一周所得旋转体（图 5-15）的体积 V_y 的计算公式

$$V_y = \pi \int_{c}^{d} [g(y)]^2 \mathrm{d}y. \tag{4}$$

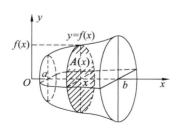

图 5-14

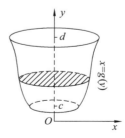

图 5-15

例 4 连接坐标原点 O 及点 $P(h,r)$ 的直线、直线 $x=h$ 及 x 轴围成一个直角三角形. 将它绕 x 轴旋转构成一个底半径为 r、高为 h 的圆锥体,计算该圆锥体的体积.

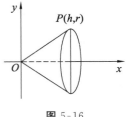

解 如图 5-16,直角三角形斜边的直线方程为 $y=\dfrac{r}{h}x$.

所求圆锥体的体积为

$$V=\pi\int_0^h\left(\frac{r}{h}x\right)^2\mathrm{d}x=\frac{\pi r^2}{h^2}\left(\frac{1}{3}x^3\right)\Big|_0^h=\frac{1}{3}\pi hr^2.$$

图 5-16

例 5 计算椭圆 $\dfrac{x^2}{a^2}+\dfrac{y^2}{b^2}=1$ 绕 x 轴及 y 轴旋转而成的椭球体的体积.

解 (1)绕 x 轴旋转所得的椭球体,可以看作是由上半个椭圆 $y=\dfrac{b}{a}\sqrt{a^2-x^2}$ 及 x 轴围成的图形绕 x 轴旋转而成的立体(图 5-17).由公式(3)得

$$V_x=\pi\int_{-a}^a\frac{b^2}{a^2}(a^2-x^2)\mathrm{d}x=\pi\frac{b^2}{a^2}\left(a^2x-\frac{1}{3}x^3\right)\Big|_{-a}^a=\frac{4}{3}\pi ab^2.$$

(2)绕 y 轴旋转所得的椭球体,可以看作是由上半个椭圆 $x=\dfrac{a}{b}\sqrt{b^2-y^2}$ 及 y 轴围成的图形绕 y 轴旋转而成的立体(图 5-18).由公式(4)得

$$V_y=\pi\int_{-b}^b\frac{a^2}{b^2}(b^2-y^2)\mathrm{d}y=\pi\frac{a^2}{b^2}\left(b^2y-\frac{1}{3}y^3\right)\Big|_{-b}^b=\frac{4}{3}\pi a^2b.$$

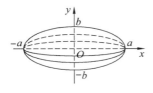

图 5-17

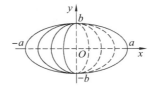

图 5-18

例 6 求由抛物线 $y=x^2$ 与 $x=y^2$ 围成的平面图形,绕 y 轴旋转而成的旋转体的体积.

解 由方程组 $\begin{cases}y=x^2,\\x=y^2,\end{cases}$ 得交点为 $(0,0)$,$(1,1)$.

记 $y=x^2$ 绕 y 轴旋转所得旋转体的体积为 V_1,$x=y^2$ 绕 y 轴旋转所得旋转体的体积为 V_2.

由图 5-19 可见,所求旋转体体积 $V_y=V_1-V_2$.

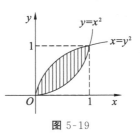

因为绕 y 轴旋转,故把 $y=x^2$,$x\in[0,1]$ 改写为 $x=\sqrt{y}$, $y\in[0,1]$.由公式(4),得

图 5-19

$$V_1=\pi\int_0^1(\sqrt{y})^2\mathrm{d}y=\frac{\pi}{2},$$

$$V_2=\pi\int_0^1(y^2)^2\mathrm{d}y=\frac{\pi}{5},$$

$$V_y=V_1-V_2=\frac{\pi}{2}-\frac{\pi}{5}=\frac{3\pi}{10}.$$

 **习题 5-5**

1. 求下列平面图形的面积：

（1）曲线 $x = y^2 - a\,(a > 0)$ 与 y 轴所围成的图形；

（2）曲线 $y = x^3$ 与直线 $y = x$ 所围成的图形；

（3）曲线 $y = x^2$ 与 $y = 2 - x^2$ 所围成的图形；

（4）曲线 $y = \mathrm{e}^x$，$y = \mathrm{e}^{-x}$ 与直线 $x = 1$ 所围成的图形；

（5）曲线 $y = \ln x$ 与 y 轴及直线 $y = \ln 2$，$y = \ln 7$ 所围成的图形；

（6）曲线 $y = \dfrac{1}{x}$ 与直线 $y = x$，$x = 2$ 所围成的图形；

（7）抛物线 $y = 3 - x^2$ 与直线 $y = 2x$ 所围成的图形；

（8）分别求介于抛物线 $y^2 = 2x$ 与圆 $y^2 = 4x - x^2$ 之间的三块图形的面积.

2. 求下列平面图形绕指定坐标轴旋转所形成的立体的体积：

（1）曲线段 $y = \cos x \left(x \in \left[0, \dfrac{\pi}{2} \right] \right)$ 与直线 $x = 0$，$y = 0$ 所围成的图形绕 x 轴旋转；

（2）曲线 $y = x^{\frac{3}{2}}$ 与直线 $x = 4$，$y = 0$ 所围成的图形绕 y 轴旋转；

（3）抛物线 $y = x^2$ 与圆 $x^2 + y^2 = 2$ 所围成的图形绕 x 轴旋转；

（4）圆 $x^2 + y^2 = 4$ 被 $y^2 = 3x$ 分割成的两部分中较小的一块，分别绕 x 轴旋转和绕 y 轴旋转.

◀ 本章小结 ▶

一、考查要求

1. 理解定积分的概念,理解定积分的几何意义.

2. 掌握定积分的性质.

3. 熟练掌握定积分的换元积分法与分部积分法.

4. 理解变上限定积分所确定的函数,并熟练掌握它的求导方法,熟练掌握牛顿–莱布尼兹公式.

5. 了解反常积分及其敛散性的概念,会计算无穷限反常积分.

6. 理解定积分的微元法,熟练掌握用定积分表达和计算平面图形的面积与旋转体的体积的方法.

二、历年真题

1. 定积分 $\int_0^2 |x-1| \, dx =$ (   )

A. 0   B. 2   C. -1 D. 1

2. 若 $I = \int_0^1 \dfrac{x^4}{\sqrt{1+x}} \, dx$,则 I 的范围是   (   )

A. $\left[0, \dfrac{\sqrt{2}}{2}\right]$ B. $[1, +\infty)$ C. $(-\infty, 0]$ D. $\left[\dfrac{\sqrt{2}}{2}, 1\right]$

3. 若广义积分 $\int_1^{+\infty} \dfrac{1}{x^p} \, dx$ 收敛,则 p 应满足   (   )

A. $0 < p < 1$ B. $p > 1$ C. $p < -1$ D. $p < 0$

4. 设圆周 $x^2 + y^2 = 8R^2$ 所围成的面积为 S,则 $\int_0^{2\sqrt{2}R} \sqrt{8R^2 - x^2} \, dx$ 的值为   (   )

A. S B. $\dfrac{1}{4}S$ C. $\dfrac{1}{2}S$ D. $2S$

5. 设函数 $f(x) = \int_1^{x^2} \sin t^2 \, dt$,则 $f'(x) =$ (   )

A. $\sin x^4$ B. $2x \sin x^2$ C. $2x \cos x^2$ D. $2x \sin x^4$

6. 设 $f(x)$ 为连续函数,则 $\int_{-2}^2 [f(x) + f(-x) + x] x^3 \, dx =$ _____.

7. 定积分 $\int_{-2}^2 \sqrt{4-x^2} (1 + x\cos^3 x) \, dx$ 的值为 _____.

8. 定积分 $\int_{-1}^1 \dfrac{x^3+1}{x^2+1} \, dx$ 的值为 _____.

9. 已知 $\int_{-\infty}^0 \dfrac{k}{1+x^2} \, dx = \dfrac{1}{2}$,求常数 k.

10. 计算 $\lim\limits_{x \to 0} \dfrac{x - \int_0^x e^{t^2} dt}{x^2 \sin x}$.

11. 求极限 $\lim\limits_{x \to 0} \dfrac{\int_0^x (\tan t - \sin t) dt}{(e^{x^2} - 1)\ln(1 + 3x^2)}$.

12. 设 $f(x) = \begin{cases} \dfrac{1}{1+x}, & x \geqslant 0, \\ \dfrac{1}{1+e^x}, & x < 0, \end{cases}$ 求 $\int_0^2 f(x-1) dx$.

13. 计算广义积分 $\int_2^{+\infty} \dfrac{dx}{x\sqrt{x-1}}$.

14. 证明：$\int_0^{\pi} x f(\sin x) dx = \dfrac{\pi}{2} \int_0^{\pi} f(\sin x) dx$，并利用此等式求 $\int_0^{\pi} x \dfrac{\sin x}{1 + \cos^2 x} dx$.

15. 计算 $\int_0^1 \arctan x \, dx$.

16. 求定积分 $\int_0^1 \dfrac{x^2}{\sqrt{2-x^2}} dx$.

17. 求定积分 $\int_1^2 \dfrac{1}{x\sqrt{2x-1}} dx$.

18. 设函数 $f(x) = \begin{cases} \dfrac{\int_0^x g(t) dt}{x^2}, & x \neq 0, \\ g(0), & x = 0, \end{cases}$ 其中函数 $g(x)$ 在 $(-\infty, +\infty)$ 上连续，且

$\lim\limits_{x \to 0} \dfrac{g(x)}{1 - \cos x} = 3$. 证明：函数 $f(x)$ 在 $x = 0$ 处可导，且 $f'(0) = \dfrac{1}{2}$.

19. 从原点作抛物线 $f(x) = x^2 - 2x + 4$ 的两条切线，由这两条切线与抛物线所围成的图形记为 S，求：

（1）S 的面积；（2）图形 S 绕 x 轴旋转一周所得的立体的体积.

20. 过 $P(1, 0)$ 作抛物线 $y = \sqrt{x-2}$ 的切线，求：

（1）切线方程；

（2）由抛物线、切线及 x 轴所围平面图形的面积；

（3）（2）中平面分别绕 x 轴、y 轴旋转一周所得立体的体积.

21. 已知曲边三角形由抛物线 $y^2 = 2x$ 及直线 $x = 0, y = 1$ 所围成，求：

（1）曲边三角形的面积；

（2）该曲边三角形绕 x 轴旋转一周所形成的旋转体的体积.

22. 设 D_1 是由抛物线 $y = 2x^2$ 和直线 $x = a, y = 0$ 所围成的平面区域，D_2 是由抛物线 $y = 2x^2$ 和直线 $x = a, x = 2$ 及 $y = 0$ 所围成的平面区域，其中 $0 < a < 2$. 试求：

（1）D_1 绕 y 轴旋转所成的旋转体的体积 V_1，以及 D_2 绕 x 轴旋转所成的旋转体的体积 V_2；

（2）求常数 a 的值，使得 D_1 的面积与 D_2 的面积相等.

———————— ◀ **本章自测题** ▶ ————————

一、填空题

1. 已知 $\int_1^4 f(x)\,\mathrm{d}x = 5$，$\int_3^4 f(x)\,\mathrm{d}x = 2$，则 $\int_1^3 f(x)\,\mathrm{d}x =$ _____ .

2. $\int_a^b f(x)\,\mathrm{d}x + \int_b^a f(x)\,\mathrm{d}x =$ _____ .

3. 设 $\int_a^b \dfrac{f(x)}{f(x)-g(x)}\,\mathrm{d}x = 1$，则 $\int_a^b \dfrac{g(x)}{f(x)-g(x)}\,\mathrm{d}x =$ _____ .

4. 设 $f(x)$ 为连续函数，则 $\int_{-1}^1 \dfrac{x^5[f(-x)+f(x)]}{1-\cos x}\,\mathrm{d}x =$ _____ .

5. $\lim\limits_{x\to 0} \dfrac{\int_0^x \sin t\,\mathrm{d}t}{5x} =$ _____ .

6. $\int_2^4 \dfrac{1}{1-x^2}\,\mathrm{d}x =$ _____ .

7. $\int_0^{2\pi} |\sin x|\,\mathrm{d}x =$ _____ .

8. $\int_1^{+\infty} \dfrac{x}{1+x^4}\,\mathrm{d}x =$ _____ .

二、选择题

1. $\dfrac{\mathrm{d}}{\mathrm{d}x}\int_a^b \arcsin x\,\mathrm{d}x =$ (   )

A. $\arcsin x$ B. $\dfrac{1}{1+x^2}$ C. 0   D. $\arcsin b - \arcsin a$

2. 若 $\int_0^k (1-3x^2)\,\mathrm{d}x = 0$，则 k 不能等于   (   )

A. 2   B. 0   C. 1   D. -1

3. 以下各式错误的是   (   )

A. $\int_a^a f(x)\,\mathrm{d}x = 0$ B. $\int_a^b f(x)\,\mathrm{d}x = \int_a^b f(t)\,\mathrm{d}t$

C. $\int_a^b f'(x)\,\mathrm{d}x = f(b) - f(a)$ D. $\int_a^b f(x)\,\mathrm{d}x = 2\int_{2a}^{2b} f(2t)\,\mathrm{d}t$

4. 定积分 $\int_{\frac{1}{n}}^n \left(1-\dfrac{1}{t^2}\right) f\left(t+\dfrac{1}{t}\right)\mathrm{d}t =$ (   )

A. 0   B. $f\left(n+\dfrac{1}{n}\right)$ C. 1   D. $f\left(1-\dfrac{1}{n^2}\right)$

5. 已知 $\int_{-e}^{0} \dfrac{\cos x}{x^2+\sin^2 x+1}dx=m$ ，则 $\int_{-e}^{e} \dfrac{\cos x}{x^2+\sin^2 x+1}dx=$ 　　　（　　）

A. 0　　　　　　　　　B. $-2m$　　　　　　　　C. $2m$　　　　　　　　D. $e+2m$

6. 下列式子正确的是　　　　　　　　　　　　　　　　　　　　　　　（　　）

A. $\int_{0}^{1} e^x\,dx \leqslant \int_{0}^{1} e^{x^2}\,dx$　　　　　　　　B. $\int_{0}^{1} e^x\,dx \geqslant \int_{0}^{1} e^{x^2}\,dx$

C. $\int_{0}^{1} e^x\,dx = \int_{0}^{1} e^{x^2}\,dx$　　　　　　　　　D. 以上都不对

三、综合题

1. 求定积分：

(1) $\int_{0}^{1} \dfrac{x^3}{x^2+1}dx$ ；

(2) $\int_{1}^{e} x\ln 2x\,dx$ ；

(3) $\int_{0}^{\pi} x\sin \pi x\,dx$ ；

(4) $\int_{0}^{1} x\sqrt{1+x^2}\,dx$ ；

(5) $\int_{0}^{1} e^x(e^x-1)^3\,dx$ ；

(6) $\int_{-2}^{3} |x^2-1|\,dx$ ；

(7) $\int_{1}^{2} \dfrac{\sqrt{x^2-1}}{x}dx$ ；

(8) $\int_{0}^{1} x\sqrt{4+5x}\,dx$ ；

(9) $\int_{\frac{\sqrt{2}}{2}}^{1} \dfrac{\sqrt{1-x^2}}{x^2}dx$ ；

(10) $\int_{0}^{e-1} \ln(x+1)\,dx$ ；

(11) $\int_{0}^{+\infty} \dfrac{4x}{x^2+4}dx$.

2. 求函数 $F(x)=\int_{0}^{x} \dfrac{2t+1}{1+t^2}dt$ 在 $[0,1]$ 上的最大值和最小值.

3. 求由抛物线 $y^2=\dfrac{1}{2}x$ 与直线 $x-y-1=0$ 所围成的图形的面积.

4. 求 $y=x^2$, $y=0$, $x=1$ 分别绕 x 轴和 y 轴旋转所得的旋转体的体积.

5. 求 $x^2+(y-5)^2=16$ 绕 x 轴旋转所得的旋转体的体积.

第 6 章

常微分方程

本章内容

常微分方程的基本概念,可分离变量的微分方程,齐次方程,一阶线性微分方程,线性微分方程解的性质与解的结构,二阶常系数齐次线性微分方程,自由项为 $f(x) = P_n(x)e^{\lambda x}$(其中 $P_n(x)$ 为 n 次多项式)的二阶常系数非齐次线性微分方程.

▶ §6-1 微分方程的基本概念 ▶

在实践中,我们往往需要求得变量之间的函数关系,但是根据问题本身所提供的条件往往不能直接归结出函数表达式,仅能得到含有未知函数的导数或微分的关系式,这种关系式就是所谓的微分方程.本节主要介绍微分方程的相关概念.

我们先看一个具体的实例.

例 1 已知曲线通过点 $(2,6)$,且该曲线上任意点 $M(x,y)$ 处的切线的斜率等于 $-\dfrac{y}{x}$,求此曲线方程.

解 设所求的曲线方程为 $y = f(x)$.根据题意和导数的几何意义,得

$$\frac{dy}{dx} = -\frac{y}{x}, \tag{1}$$

且 $f(x)$ 还满足条件

$$f(2) = 6. \tag{2}$$

将(1)式变为

$$\frac{dy}{y} = -\frac{dx}{x}.$$

对上式两端积分,得

$$\ln y = -\ln x + \ln C,$$

即

$$y = \frac{C}{x}, \tag{3}$$

C 为大于零的任意常数.

再将已知条件(2)式代入(3)式,得

$$6 = \frac{C}{2},$$

求出 $C = 12$.从而得到曲线方程为

$$y = \frac{12}{x}. \tag{4}$$

上面例子的特征是:首先,问题要求的是一个未知函数,而由已知条件并不能直接得到未知函数,只是得到了含有未知函数导数的关系式和未知函数应该满足的附加条件;其次,从求解方法看,通过求不定积分求出满足附加条件的未知函数;最后,从求解结果看,求出的是一个函数,而不是变量值或函数值.

总结这类问题,给出下面的定义:

定义 1　若在一个方程中涉及的函数是未知的,自变量仅有一个,且在方程中含有未知函数的导数(或微分),则称这样的方程为**常微分方程**,简称**微分方程**.

例 1 中的方程(1)就是一个常微分方程.

微分方程中所出现的未知函数的最高阶导数的阶数,称为微分方程的**阶**.例如,例 1 中的方程(1)是一阶微分方程.

满足微分方程的函数(把函数代入微分方程能使该方程成为恒等式)称为微分方程的**解**.

微分方程的解常用不定积分来求解,因此得到的解常含有任意常数.若微分方程的解中含有相互独立的任意常数,且任意常数的个数与微分方程的阶数相同,则称之为微分方程的**通解**.独立的任意常数是指这些常数不能进行合并.

容易验证,例 1 中的(3)是微分方程的通解. 通解表示满足微分方程的未知函数的一般形式,在大部分情况下,也表示满足微分方程的解的全体.在几何上,通解的图象是一族曲线,称为**积分曲线族**.

微分方程中对未知函数的附加条件,若以限定未知函数及其各阶导数在某一个特定点的值的形式表示,则称这种条件为微分方程的**定解条件**或**初始条件**. 例如,例 1 中的(2)是初始条件.

微分方程初始条件的作用是用来确定通解中的任意常数.不含任意常数的解称为**特解**.例如,例 1 中的(4)是微分方程(1)满足初始条件(2)的特解. 求微分方程满足初始条件的特解的问题,称为**初值问题**.特解表示微分方程通解中一个满足定解条件的特定的解.

例 2　验证函数 $x = C_1 \cos kt + C_2 \sin kt$ 是微分方程 $\dfrac{\mathrm{d}^2 x}{\mathrm{d} t^2} + k^2 x = 0$ 的通解,并求满足初始条件 $x|_{t=0} = A$,$x'|_{t=0} = 0$ 的特解.

解　求所给函数的导数:

$$\frac{\mathrm{d} x}{\mathrm{d} t} = -k C_1 \sin kt + k C_2 \cos kt,$$

$$\frac{\mathrm{d}^2 x}{\mathrm{d} t^2} = -k^2 C_1 \cos kt - k^2 C_2 \sin kt = -k^2 (C_1 \cos kt + C_2 \sin kt).$$

将 $\dfrac{\mathrm{d}^2 x}{\mathrm{d} t^2}$ 的表达式代入所给方程,得

$$-k^2 (C_1 \cos kt + C_2 \sin kt) + k^2 (C_1 \cos kt + C_2 \sin kt) \equiv 0.$$

所以函数 $x = C_1 \cos kt + C_2 \sin kt$ 是方程 $\dfrac{\mathrm{d}^2 x}{\mathrm{d} t^2} + k^2 x = 0$ 的解. 因为 $\dfrac{\cos kt}{\sin kt} = \cot kt \neq$ 常数,又解中含有两个相互独立的任意常数 C_1 和 C_2,而微分方程是二阶的,即任意常数的个数

与方程的阶数相同,所以它是该方程的通解.

将初始条件 $x\mid_{t=0}=A$,$x'\mid_{t=0}=0$ 分别代入 $x=C_1\cos kt+C_2\sin kt$ 及 $x'(t)=-kC_1\sin kt+kC_2\cos kt$ 得 $C_1=A$,$C_2=0$.

把 C_1,C_2 的值代入 $x=C_1\cos kt+C_2\sin kt$ 中,得所求特解为 $x=A\cos kt$.

二阶及二阶以上的微分方程称为高阶微分方程. 求解高阶微分方程往往比较困难,一般的方法是把高阶方程降阶为较低阶的方程求解,这是求解高阶微分方程的常用技巧之一. 这里先介绍一种特殊的高阶微分方程,它可直接通过多次积分降阶,最终转化为一阶方程求解.

$y^{(n)}=f(x)$ 型的微分方程的特点是:在方程中解出最高阶导数后,等号右边仅含有自变量 x 的函数.

解法:只要两边同时逐次积分,就能逐次降阶.

两边积分一次,得

$$y^{(n-1)}=\int f(x)\mathrm{d}x+C_1;$$

将 $y^{(n-1)}$ 再积分一次,得

$$y^{(n-2)}=\int\left[\int f(x)\mathrm{d}x+C_1\right]\mathrm{d}x+C_2.$$

如此继续,积分 n 次便可求得通解.

例3 求微分方程 $y'''=\mathrm{e}^{2x}-\cos x$ 的通解.

解 方程两边积分一次,得

$$y''=\int(\mathrm{e}^{2x}-\cos x)\mathrm{d}x=\frac{1}{2}\mathrm{e}^{2x}-\sin x+C_1;$$

两边再积分,得 $y'=\int\left(\frac{1}{2}\mathrm{e}^{2x}-\sin x+C_1\right)\mathrm{d}x=\frac{1}{4}\mathrm{e}^{2x}+\cos x+C_1x+C_2;$

第三次积分,得通解

$$y=\int\left(\frac{1}{4}\mathrm{e}^{2x}+\cos x+C_1x+C_2\right)\mathrm{d}x=\frac{1}{8}\mathrm{e}^{2x}+\sin x+\frac{1}{2}C_1x^2+C_2x+C_3.$$

 习题 6-1

求解下列微分方程的通解:

(1) $y''=\dfrac{1}{1+x^2}$; (2) $y'''=x\mathrm{e}^x$.

§6-2 一阶微分方程

一阶微分方程中出现的未知函数的导数或微分是一阶的,所以它的一般形式为

$$F(x,y,y')=0. \tag{1}$$

对于一阶微分方程或一阶微分方程的初值问题,首先要了解解的存在性问题,其次在解存在的情况下要研究如何解的问题. 本节介绍一些常见的一阶微分方程类型.

一、可分离变量的微分方程

如果一个一阶微分方程能写成

$$g(y)\mathrm{d}y = f(x)\mathrm{d}x\,(\text{或写成 } y' = \varphi(x)\psi(y)) \tag{2}$$

的形式,就是说,能把微分方程写成一端只含 y 的函数和 $\mathrm{d}y$,另一端只含 x 的函数和 $\mathrm{d}x$,那么该方程就称为**可分离变量的微分方程**.

可分离变量的微分方程的解法:

第一步　分离变量:将方程写成 $g(y)\mathrm{d}y = f(x)\mathrm{d}x$ 的形式.

第二步　两端积分:若函数 $f(x)$ 和 $g(x)$ 连续,两端同时求不定积分,即

$$\int g(y)\mathrm{d}y = \int f(x)\mathrm{d}x.$$

设 $G(y)$, $F(x)$ 分别是 $g(y)$, $f(x)$ 的一个原函数,则由上式得 $G(y) = F(x) + C$.

此时称 $G(y) = F(x) + C$ 为方程的隐式通解. 如果能求出 $G(y)$ 的反函数 G^{-1},那么可得方程的通解为 $y = G^{-1}[F(x) + C]$;否则,求出隐式通解即可. 如果是初值问题,再利用初始条件确定通解中的任意常数 C 即可.

例 1　求微分方程 $\dfrac{\mathrm{d}y}{\mathrm{d}x} = 1 + x + y^2 + xy^2$ 满足条件 $y|_{x=0} = 1$ 的特解.

解　方程可化为 $\dfrac{\mathrm{d}y}{\mathrm{d}x} = (1+x)(1+y^2)$,属于可分离变量的微分方程类型.

分离变量,得

$$\frac{\mathrm{d}y}{1+y^2} = (1+x)\mathrm{d}x.$$

两边积分,得

$$\int \frac{\mathrm{d}y}{1+y^2} = \int (1+x)\mathrm{d}x,$$

即通解为

$$\arctan y = \frac{1}{2}x^2 + x + C.$$

将 $y|_{x=0} = 1$ 代入得 $C = \dfrac{\pi}{4}$.

因此,特解为 $\arctan y = \dfrac{1}{2}x^2 + x + \dfrac{\pi}{4}$,即 $y = \tan\left(\dfrac{1}{2}x^2 + x + \dfrac{\pi}{4}\right)$.

某些方程在通过适当的变量代换之后,可以化为可分离变量的方程.

例 2　求方程 $y\mathrm{d}x + x\mathrm{d}y = 2x^2 y(\ln x + \ln y)\mathrm{d}x$ 的通解.

解　原方程不属于可分离变量的微分方程类型,改写原方程为

$$\mathrm{d}(xy) = 2x \cdot xy\ln(xy)\mathrm{d}x.$$

设新未知函数 $u = xy$,则原方程变成 $\mathrm{d}u = 2xu\ln u\,\mathrm{d}x$,这是关于 u 的可分离变量的微分方程.

分离变量,得

$$\frac{\mathrm{d}u}{u\ln u} = 2x\mathrm{d}x.$$

两边积分,得

$$\ln(\ln u) = x^2 + \ln C,\ \text{即 } \ln u = C e^{x^2}.$$

将 $u = xy$ 代入，得通解为 $\ln(xy) = C e^{x^2}$.

二、齐次方程

如果由一阶微分方程 $F(x,y,y') = 0$ 能解出

$$\frac{\mathrm{d}y}{\mathrm{d}x} = \varphi\left(\frac{y}{x}\right), \tag{3}$$

那么称此方程为**齐次方程**.

对齐次方程只要作一个变量代换，就能转化为关于新变量的可分离变量的一阶微分方程.具体解法如下：

第一步　在齐次方程 $\dfrac{\mathrm{d}y}{\mathrm{d}x} = \varphi\left(\dfrac{y}{x}\right)$ 中，令 $u = \dfrac{y}{x}$，即 $y = ux$，有 $\dfrac{\mathrm{d}y}{\mathrm{d}x} = u + x\dfrac{\mathrm{d}u}{\mathrm{d}x}$，原方程变为

$$u + x\frac{\mathrm{d}u}{\mathrm{d}x} = \varphi(u).$$

第二步　分离变量，得

$$\frac{\mathrm{d}u}{\varphi(u) - u} = \frac{\mathrm{d}x}{x}.$$

第三步　两边积分，得

$$\int \frac{\mathrm{d}u}{\varphi(u) - u} = \int \frac{\mathrm{d}x}{x}.$$

第四步　求出不定积分后再用 $\dfrac{y}{x}$ 代替 u 便得所给齐次方程的通解.

例 3　求微分方程 $(2y - x)y' = y - 2x$ 满足 $y|_{x=0} = 10$ 的特解.

解　原方程可化为

$$y' = \frac{\dfrac{y}{x} - 2}{2\dfrac{y}{x} - 1}.$$

令 $u = \dfrac{y}{x}$，得

$$u'x + u = \frac{u - 2}{2u - 1}.$$

分离变量，得

$$\frac{2u - 1}{2u^2 - 2u + 2}\mathrm{d}u = -\frac{\mathrm{d}x}{x}.$$

两边积分，得

$$\frac{1}{2}\ln(u^2 - u - 1) = -\ln x + \ln C,\ \text{即 } u^2 - u - 1 = \left(\frac{C}{x}\right)^2.$$

将 $u = \dfrac{y}{x}$ 代回，得

$$y^2 - yx + x^2 = C^2.$$

因为 $y|_{x=0} = 10$, 所以代入得 $C^2 = 100$.

所以满足初始条件的特解为 $y^2 - yx + x^2 = 100$.

有些齐次方程需要化成 $\dfrac{\mathrm{d}x}{\mathrm{d}y} = \varphi\left(\dfrac{x}{y}\right)$ 的形式, 把 y 看作自变量, x 看作未知函数, 令 $v = \dfrac{x}{y}$, 再化为可分离变量的微分方程来求解.

例 4　求微分方程 $(1 + 2\mathrm{e}^{\frac{x}{y}})\mathrm{d}x + 2\mathrm{e}^{\frac{x}{y}}\left(1 - \dfrac{x}{y}\right)\mathrm{d}y = 0$ 的通解.

解　原方程可化为

$$\frac{\mathrm{d}x}{\mathrm{d}y} = \frac{2\mathrm{e}^{\frac{x}{y}}\left(\dfrac{x}{y} - 1\right)}{1 + 2\mathrm{e}^{\frac{x}{y}}}.$$

令 $v = \dfrac{x}{y}$, 得

$$v + y\frac{\mathrm{d}v}{\mathrm{d}y} = \frac{2\mathrm{e}^v(v - 1)}{1 + 2\mathrm{e}^v}.$$

分离变量, 得

$$\frac{1 + 2\mathrm{e}^v}{v + 2\mathrm{e}^v}\mathrm{d}v = -\frac{\mathrm{d}y}{y}.$$

两边积分, 得

$$\ln(v + 2\mathrm{e}^v) = -\ln y + \ln C, \text{即 } v + 2\mathrm{e}^v = \frac{C}{y}.$$

将 $v = \dfrac{x}{y}$ 代回, 得通解为 $x + 2y\mathrm{e}^{\frac{x}{y}} = C$.

三、一阶线性微分方程

如果一阶微分方程可化为

$$y' + P(x)y = Q(x) \tag{4}$$

的形式, 即方程关于未知函数及其导数是线性的, 而 $P(x)$ 和 $Q(x)$ 是已知的连续函数, 则称此方程为**一阶线性微分方程**. 当 $Q(x) \neq 0$ 时, 方程 (4) 称为关于未知函数 y, y' 的一阶非齐次线性微分方程. 反之, 当 $Q(x) \equiv 0$ 时, 方程 (4) 变为

$$y' + P(x)y = 0, \tag{5}$$

称其为方程 (4) 所对应的一阶齐次线性微分方程.

先考虑齐次方程 (5) 的解法. 显然它是可分离变量的方程. 分离变量后, 得

$$\frac{\mathrm{d}y}{y} = -P(x)\mathrm{d}x.$$

两边积分, 得

$$\ln y = -\int P(x)\mathrm{d}x + \ln C,$$

其中 $\displaystyle\int P(x)\mathrm{d}x$ 表示 $P(x)$ 的一个原函数. 于是一阶齐次线性微分方程的通解为

$$y = C\mathrm{e}^{-\int P(x)\mathrm{d}x}. \tag{6}$$

下面研究非齐次方程(4)的解法.

我们使用常数变易法来求其通解.将方程(4)对应的齐次方程(5)的通解(6)中的任意常数 C 换成 x 的未知函数 $u(x)$.设非齐次方程(4)的通解为

$$y = u(x)\mathrm{e}^{-\int P(x)\mathrm{d}x}.$$

将其代入非齐次方程(4)求得

$$u'(x)\mathrm{e}^{-\int P(x)\mathrm{d}x} - u(x)\mathrm{e}^{-\int P(x)\mathrm{d}x}P(x) + P(x)u(x)\mathrm{e}^{-\int P(x)\mathrm{d}x} = Q(x).$$

化简,得

$$u'(x) = Q(x)\mathrm{e}^{\int P(x)\mathrm{d}x},$$

从而

$$u(x) = \int Q(x)\mathrm{e}^{\int P(x)\mathrm{d}x}\mathrm{d}x + C,$$

其中 $\int Q(x)\mathrm{e}^{\int P(x)\mathrm{d}x}\mathrm{d}x$ 表示 $Q(x)\mathrm{e}^{\int P(x)\mathrm{d}x}$ 的一个原函数.于是非齐次方程(4)的通解为

$$y = \mathrm{e}^{-\int P(x)\mathrm{d}x}\left[\int Q(x)\mathrm{e}^{\int P(x)\mathrm{d}x}\mathrm{d}x + C\right] \tag{7}$$

或

$$y = C\mathrm{e}^{-\int P(x)\mathrm{d}x} + \mathrm{e}^{-\int P(x)\mathrm{d}x}\int Q(x)\mathrm{e}^{\int P(x)\mathrm{d}x}\mathrm{d}x.$$

上式右端第一项恰是非齐次方程(4)对应的齐次方程(5)的通解,第二项可由非齐次方程(4)的通解中取 $C=0$ 得到,所以是它的一个特解.

由此可见,**一阶非齐次线性方程的通解的结构是:对应的齐次线性方程的通解与它自身的一个特解之和.**

上述通过把非齐次线性方程对应的齐次线性方程的通解中的任意常数 C 改变为待定函数 $u(x)$,然后求出非齐次线性方程通解的方法,称为**常数变易法**.

例5 求方程 $(x+1)y' - 2y = (x+1)^{\frac{7}{2}}$ 的通解.

解 这是一个非齐次线性方程,即 $y' - \dfrac{2}{x+1}y = (x+1)^{\frac{5}{2}}$.

方法1(常数变易法):先求对应的齐次线性方程 $\dfrac{\mathrm{d}y}{\mathrm{d}x} - \dfrac{2}{x+1}y = 0$ 的通解.

分离变量,得

$$\frac{\mathrm{d}y}{y} = \frac{2\mathrm{d}x}{x+1}.$$

两边积分,得

$$\ln y = 2\ln(x+1) + \ln C.$$

所以原方程对应的齐次线性方程的通解为 $y = C(x+1)^2$.

用常数变易法把 C 换成 $u(x)$,即令 $y = u(x)(x+1)^2$,代入所给非齐次线性方程,得

$$u'(x)(x+1)^2 + 2u(x)(x+1) - 2u(x)(x+1) = (x+1)^{\frac{5}{2}}.$$

化简,得

$$u'(x) = (x+1)^{\frac{1}{2}}.$$

两边积分,得

$$u(x) = \frac{2}{3}(x+1)^{\frac{3}{2}} + C.$$

由此得原方程的通解为 $y = (x+1)^2\left[\dfrac{2}{3}(x+1)^{\frac{3}{2}} + C\right]$.

方法 2（公式法）：在原方程中，$P(x) = -\dfrac{2}{x+1}$，$Q(x) = (x+1)^{\frac{5}{2}}$，代入公式（7）得原方程的通解

$$y = e^{\int \frac{2}{x+1}dx}\left[\int (x+1)^{\frac{5}{2}}e^{-\int \frac{2}{x+1}dx}\,dx + C\right]$$

$$= e^{\ln(x+1)^2}\left[\int \frac{(x+1)^{\frac{5}{2}}}{(x+1)^2}\,dx + C\right]$$

$$= (x+1)^2\left[\frac{2}{3}(x+1)^{\frac{3}{2}} + C\right].$$

有时方程不是关于未知函数 y，y' 的一阶线性方程，而把 x 看成 y 的未知函数 $x = x(y)$，则方程成为关于未知函数 $x = x(y)$，$x' = x'(y)$ 的一阶线性方程

$$\frac{dx}{dy} + P_1(y)x = Q_1(y). \tag{8}$$

这时也可以利用上述方法得其通解公式

$$x = e^{-\int P_1(y)dy}\left[\int Q_1(y)e^{\int P_1(y)dy}\,dy + C\right]. \tag{9}$$

例 6 求微分方程 $y\,dx + (x - y^3)\,dy = 0$ 满足条件 $y|_{x=1} = 1$ 的特解.

解 原方程不是关于未知函数 y，y' 的一阶线性方程，现改写为

$$\frac{dx}{dy} + \frac{1}{y}x = y^2.$$

它是关于 $x(y)$，$x'(y)$ 的一阶线性方程，其中 $P_1(y) = \dfrac{1}{y}$，$Q_1(y) = y^2$. 代入通解公式（9），得通解为

$$x = e^{-\int P_1(y)dy}\left[\int Q_1(y)e^{\int P_1(y)dy}\,dy + C\right] = e^{-\int \frac{1}{y}dy}\left(\int y^2 e^{\int \frac{1}{y}dy}\,dy + C\right)$$

$$= e^{-\ln y}\left(\int y^2 e^{\ln y}\,dy + C\right) = \frac{1}{y}\left(\int y^2 \cdot y\,dy + C\right) = \frac{C}{y} + \frac{1}{4}y^4.$$

将条件 $y|_{x=1} = 1$ 代入上式，得 $C = \dfrac{3}{4}$，于是特解为 $x = \dfrac{3}{4y} + \dfrac{1}{4}y^4$.

 **习题 6-2**

1. 求解下列微分方程：

（1）$3x^2 + 5x - 5y' = 0$；

（2）$y'\sin x = y\ln y$，$y|_{x=\frac{\pi}{2}} = e$；

（3）$x(y^2 - 1)dx + y(x^2 - 1)dy = 0$；

（4）$\cos x \sin y\,dy = \cos y \sin x\,dx$，$y|_{x=0} = \dfrac{\pi}{4}$；

（5）$(e^{x+y} - e^x)dx + (e^{x+y} + e^y)dy = 0$；

（6）$\sqrt{1-x^2}\,y' = \sqrt{1-y^2}$，$y|_{x=0} = 0$.

2. 求解下列微分方程:

(1) $\dfrac{\mathrm{d}y}{\mathrm{d}x}=\dfrac{y}{x}+\tan\dfrac{y}{x}$;

(2) $x\dfrac{\mathrm{d}y}{\mathrm{d}x}=y\ln\dfrac{y}{x}$;

(3) $2x^3\mathrm{d}y+y(y^2-2x^2)\mathrm{d}x=0$;

(4) $xy\dfrac{\mathrm{d}y}{\mathrm{d}x}=y^2+x^2,y(1)=2$;

(5) $y'=\mathrm{e}^{\frac{y}{x}}+\dfrac{y}{x},y\big|_{x=1}=0$;

(6) $y\mathrm{d}x=\left(x+y\sec\dfrac{x}{y}\right)\mathrm{d}y,y(0)=1$.

3. 求解下列微分方程:

(1) $\dfrac{\mathrm{d}r}{\mathrm{d}\theta}+3r=2$;

(2) $y'+y\cos x=\mathrm{e}^{-\sin x},y(0)=0$;

(3) $(x^2-6y)\mathrm{d}x+2x\mathrm{d}y=0$;

(4) $y\mathrm{d}x+(x-\mathrm{e}^y)\mathrm{d}y=0,y\big|_{x=2}=3$;

(5) $(x^2-1)y'+2xy-\cos x=0$;

(6) $\dfrac{\mathrm{d}y}{\mathrm{d}x}-\dfrac{2xy}{1+x^2}=1+x,y(0)=\dfrac{1}{2}$.

4. 设一曲线过原点,且在点 (x,y) 处的切线斜率等于 $y\tan x-\sec x$,求此曲线方程.

5. 已知曲线过点 $\left(1,\dfrac{1}{3}\right)$,且在该曲线上任意一点处的切线斜率等于自原点到该点连线的斜率的两倍,求此曲线方程.

§6-3　二阶常系数线性微分方程

本节探讨一种特殊类型的二阶微分方程求通解的一般方法.

形如 $y''+py'+qy=f(x)$(其中 p,q 为与 x,y 无关的常数)的方程称为二阶常系数线性微分方程,其中,函数 $f(x)$ 称为自由项.

当 $f(x)\equiv0$ 时,方程

$$y''+py'+qy=0 \tag{1}$$

称为二阶常系数齐次线性微分方程;否则,称

$$y''+py'+qy=f(x) \tag{2}$$

为二阶常系数非齐次线性微分方程.

一、二阶常系数齐次线性微分方程的解法

如果 y_1,y_2 是齐次方程(1)的两个解,且 $\dfrac{y_1}{y_2}\neq$ 常数,那么齐次方程(1)的通解为

$$y=C_1y_1+C_2y_2(C_1,C_2 \text{ 是任意常数}). \tag{3}$$

因为函数 $y=\mathrm{e}^{rx}$ 的各阶导数与函数本身仅相差常数因子,根据齐次方程(1)常系数的特点,可猜想齐次方程(1)以 $y=\mathrm{e}^{rx}$ 形式的函数为其解.事实上,将 $y=\mathrm{e}^{rx}$ 代入齐次方程(1),得

$$\mathrm{e}^{rx}(r^2+pr+q)=0.$$

而 $\mathrm{e}^{rx}\neq0$,故只要 r 是代数方程 $r^2+pr+q=0$ 的根,那么函数 $y=\mathrm{e}^{rx}$ 就是齐次方程(1)的解.

　　可见,代数方程 $r^2+pr+q=0$ 在求二阶常系数齐次线性微分方程的通解中起着决定性作用,故称其为齐次方程(1)的特征方程,并称其根为齐次方程(1)的特征根.

　　以下根据特征方程根的不同情况,讨论齐次方程(1)的通解.

　　(1) 两个相异的实特征根.

　　设 $r^2+pr+q=0$ 有两个相异实根 $r_1\neq r_2$,则 $y=e^{r_1 x}$,$y=e^{r_2 x}$ 是齐次方程(1)的解,且 $\dfrac{y_1}{y_2}\neq$ 常数,由(3)式可知齐次方程(1)的通解为

$$y=C_1 e^{r_1 x}+C_2 e^{r_2 x}\ (C_1,C_2\ \text{是任意常数}).\tag{4}$$

　　(2) 一对共轭复数根.

　　设 $r^2+pr+q=0$ 有一对共轭复数根 $r_1=\alpha+\beta i$,$r_2=\alpha-\beta i\ (\beta\neq 0)$,则齐次方程(1)有两个特解 $y=e^{r_1 x}$,$y=e^{r_2 x}$,但这是两个复数解,不便于应用.为了得到实数解,利用欧拉公式 $e^{i\theta}=\cos\theta+i\sin\theta$,可得

$$y_1=e^{(\alpha+\beta i)x}=e^{\alpha x}(\cos\beta x+i\sin\beta x),\quad y_2=e^{(\alpha-\beta i)x}=e^{\alpha x}(\cos\beta x-i\sin\beta x).$$

代入齐次方程(1)可知

$$\frac{1}{2}(y_1+y_2)=e^{\alpha x}\cos\beta x,\quad \frac{1}{2i}(y_1-y_2)=e^{\alpha x}\sin\beta x$$

也是齐次方程(1)的解,且

$$\frac{e^{\alpha x}\cos\beta x}{e^{\alpha x}\sin\beta x}=\cot\beta x\neq\text{常数}.$$

因此齐次方程(1)的通解可以表示为

$$y=e^{\alpha x}(C_1\cos\beta x+C_2\sin\beta x)\ (C_1,C_2\ \text{是任意常数}).\tag{5}$$

　　(3) 两个相等的实特征根.

　　设 $r^2+pr+q=0$ 有两个相等的实根 $r_1=r_2$,则 $y=e^{r_1 x}$ 是齐次方程(1)的一个解.因为 $r^2+pr+q=0$ 有重根,所以 $\Delta=p^2-4q=0$.齐次方程(1)可改写为

$$y''+py'+qy=y''+py'+\frac{p^2}{4}y=\left(y'+\frac{p}{2}y\right)'+\frac{p}{2}\left(y'+\frac{p}{2}y\right)=0.$$

　　令 $u=y'+\dfrac{p}{2}y$,则齐次方程(1)成为 u 的一阶齐次线性方程 $u'+\dfrac{p}{2}u=0$.它的一个特解为 $u=e^{-\frac{p}{2}x}=e^{r_1 x}$,即 $y'+\dfrac{p}{2}y=e^{-\frac{p}{2}x}$.

　　利用一阶非齐次线性微分方程求解公式,可得齐次方程(1)的另一个解($C=0$)

$$y_2=e^{-\frac{p}{2}x}\int e^{-\frac{p}{2}x}e^{\frac{p}{2}x}\,dx=xe^{-\frac{p}{2}x}=xe^{r_1 x}.$$

　　因为 y_1,y_2 都是齐次方程(1)的解且 $\dfrac{y_1}{y_2}=x\neq$ 常数,所以齐次方程(1)的通解为

$$y=C_1 e^{r_1 x}+C_2 x e^{r_1 x}=(C_1+C_2 x)e^{r_1 x}\ (C_1,C_2\ \text{是任意常数}).\tag{6}$$

　　综上所述,求二阶常系数齐次线性微分方程(1)的通解的步骤如下:

　　(1) 写出微分方程所对应的特征方程 $r^2+pr+q=0$;

　　(2) 求出特征方程的两个根 r_1,r_2;

　　(3) 根据特征根的不同情况,按表 6-1 写出其通解.

表 6-1　齐次方程 $y'' + py' + qy = 0$ 的特征根的情况和通解形式

特征根的情况	齐次方程 $y'' + py' + qy = 0$ 的通解形式
两个不等的实特征根 $r_1 \neq r_2$	$y = C_1 e^{r_1 x} + C_2 e^{r_2 x}$
两个相等的实特征根 $r_1 = r_2$	$y = (C_1 + C_2 x) e^{r_1 x}$
一对共轭复数根 $r_{1,2} = \alpha \pm \beta i (\beta \neq 0)$	$y = e^{\alpha x}(C_1 \cos \beta x + C_2 \sin \beta x)$

例 1　求微分方程 $y'' - 5y' + 6y = 0$ 的满足初始条件 $y'|_{x=0} = -1, y|_{x=0} = 0$ 的特解.

解　特征方程: $r^2 - 5r + 6 = 0$.

特征根: $r_1 = 2, r_2 = 3$.

微分方程的通解为 $y = C_1 e^{2x} + C_2 e^{3x}$, 且 $y' = 2C_1 e^{2x} + 3C_2 e^{3x}$.

将初始条件代入, 得

$$\begin{cases} 2C_1 + 3C_2 = -1, \\ C_1 + C_2 = 0. \end{cases}$$

解之, 得 $\begin{cases} C_1 = 1, \\ C_2 = -1. \end{cases}$

所以所求特解为 $y = e^{2x} - e^{3x}$.

例 2　求微分方程 $\dfrac{d^2 s}{dt^2} + 4 \dfrac{ds}{dt} + 4s = 0$ 的通解.

解　特征方程: $r^2 + 4r + 4 = 0$.

特征根: $r_1 = r_2 = -2$.

所以微分方程的通解为 $s = (C_1 + C_2 t) e^{-2t}$.

例 3　求微分方程 $y'' - 4y' + 13y = 0$ 的通解.

解　特征方程: $r^2 - 4r + 13 = 0$.

特征根: $r_{1,2} = \dfrac{4 \pm 6i}{2} = 2 \pm 3i, \alpha = 2, \beta = 3$.

所以微分方程的通解为 $y = e^{2x}(C_1 \cos 3x + C_2 \sin 3x)$.

二、二阶常系数非齐次线性微分方程解的结构

设 y^* 是非齐次方程 $y'' + py' + qy = f(x)$ (2) 的特解, Y 是其对应的齐次方程 $y'' + py' + qy = 0$ (1) 的通解, 则把 $y = Y + y^*$ 代入非齐次微分方程可知, 它是非齐次方程 (2) 的解. 又 Y 是对应的齐次方程 (1) 的通解, 它含有两个相互独立的任意常数, 故 $y = Y + y^*$ 中含有两个相互独立的任意常数, 从而 $y = Y + y^*$ 是非齐次方程 (2) 的通解.

例 4　求微分方程 $y'' - 2y' + y = 2\cos x - 2\sin x$ 的通解.

解　易验证函数 $y^* = \sin x + \cos x$ 是该微分方程的一个特解.

该方程对应的齐次方程的特征方程为

$$r^2 - 2r + 1 = 0,$$

从而特征根为 $r_1 = r_2 = 1$, 故对应的齐次方程的通解为

$$Y = (C_1 + C_2 x) e^x.$$

于是原方程的通解为

$$y = Y + y^* = (C_1 + C_2 x)\mathrm{e}^x + \sin x + \cos x.$$

三、二阶常系数非齐次线性微分方程的解法

根据非齐次线性微分方程解的结构可知为了求得非齐次方程(2)的通解,只需求出其对应齐次方程的通解和它本身的一个特解.求前者的问题已经解决,余下的是解决如何求非齐次方程(2)的一个特解 y^*.

设非齐次方程(2)对应的齐次方程(1)的特征方程的根——特征根为 r_1, r_2,由韦达定理 $p = -(r_1 + r_2)$,$q = r_1 r_2$,于是非齐次方程(2)可改写为

$$y'' - (r_1 + r_2)y' + r_1 r_2 y = f(x),$$

即

$$(y' - r_1 y)' - r_2(y' - r_1 y) = f(x).$$

令 $u = y' - r_1 y$,则

$$u' - r_2 u = f(x).$$

根据一阶非齐次线性方程的求解公式,有

$$u = \mathrm{e}^{r_2 x} \int f(x)\mathrm{e}^{-r_2 x}\,\mathrm{d}x \quad (C = 0),$$

即

$$y' - r_1 y = \mathrm{e}^{r_2 x} \int f(x)\mathrm{e}^{-r_2 x}\,\mathrm{d}x.$$

再利用一阶非齐次线性方程的求解公式,得非齐次方程(2)的一个特解

$$y^* = \mathrm{e}^{r_1 x} \int \left[\mathrm{e}^{-r_1 x} \cdot \mathrm{e}^{r_2 x} \int f(x)\mathrm{e}^{-r_2 x}\,\mathrm{d}x \right]\mathrm{d}x$$

$$= \mathrm{e}^{r_1 x} \int \left[\mathrm{e}^{(r_2 - r_1)x} \int f(x)\mathrm{e}^{-r_2 x}\,\mathrm{d}x \right]\mathrm{d}x \quad (C = 0). \tag{7}$$

公式(7)叫非齐次方程(2)的**特解公式**.如果非齐次方程的特征根是实数且自由项 $f(x)$ 较简单,可以根据公式(7)直接求出特解.但对于一般的自由项 $f(x)$,由于特征根有各种不同情况,想按公式(7)求出特解 y^* 并非易事.

下面介绍用**待定系数法**来求特解.我们仅讨论当 $f(x) = P_n(x)\mathrm{e}^{\lambda x}$ 时的方程的特解,其中 $P_n(x)$ 是 n 次多项式,即 $P_n(x) = a_n x^n + a_{n-1} x^{n-1} + \cdots + a_0$,$\lambda$ 是常数.此时方程(2)为 $y'' + py' + qy = P_n(x)\mathrm{e}^{\lambda x}$,可以证明它的特解 y^* 总具有形式:

$$y^* = x^k Q_n(x)\mathrm{e}^{\lambda x}.$$

其中 $Q_n(x)$ 为 n 次待定多项式,即 $Q_n(x) = b_n x^n + b_{n-1} x^{n-1} + \cdots + b_0$,其中 $b_n, b_{n-1}, \cdots, b_0$ 待定,而 k 的取法如下:

$$k = \begin{cases} 0, & \text{当 } \lambda \text{ 不是特征根时}, \\ 1, & \text{当 } \lambda \text{ 是两个相异特征根之一时}, \\ 2, & \text{当 } \lambda \text{ 是重特征根时}. \end{cases}$$

例 5　求微分方程 $y'' - 2y' - 3y = 3x\mathrm{e}^{2x}$ 的一个特解.

解　方法 1(公式法)　该方程对应的齐次方程的特征方程为

$$r^2 - 2r - 3 = 0.$$

从而特征根为 $r_1 = 3$,$r_2 = -1$.

由特解公式(7),得

$$y^* = \mathrm{e}^{r_1 x} \int \left[\mathrm{e}^{(r_2 - r_1)x} \int f(x) \mathrm{e}^{-r_2 x} \, \mathrm{d}x \right] \mathrm{d}x$$

$$= \mathrm{e}^{3x} \int \left(\mathrm{e}^{-4x} \int 3x \, \mathrm{e}^{2x} \mathrm{e}^x \, \mathrm{d}x \right) \mathrm{d}x$$

$$= \mathrm{e}^{3x} \int \left[\mathrm{e}^{-4x} \left(x \mathrm{e}^{3x} - \frac{1}{3} \mathrm{e}^{3x} \right) \right] \mathrm{d}x$$

$$= \mathrm{e}^{3x} \left(-x \mathrm{e}^{-x} - \frac{2 \mathrm{e}^{-x}}{3} \right) = -\left(x + \frac{2}{3} \right) = \mathrm{e}^{2x}.$$

方法 2（待定系数法）　该方程对应的齐次方程的特征根为

$$r_1 = 3, r_2 = -1.$$

由于 $\lambda = 2$ 不是特征根，所以令特解 $y^* = (Ax + B)\mathrm{e}^{2x}$，则

$$(y^*)' = (2Ax + A + 2B)\mathrm{e}^{2x},$$
$$(y^*)'' = 4(Ax + A + B)\mathrm{e}^{2x}.$$

代入原方程，得

$$-3Ax \mathrm{e}^{2x} + (2A - 3B)\mathrm{e}^{2x} = 3x \mathrm{e}^{2x}.$$

等式两边比较系数，得 $\begin{cases} -3A = 3, \\ 2A - 3B = 0, \end{cases}$ 解之，得 $\begin{cases} A = -1, \\ B = -\dfrac{2}{3}. \end{cases}$

所以原方程的特解为 $y^* = -\left(x + \dfrac{2}{3} \right) \mathrm{e}^{2x}$.

例 6　求微分方程 $y'' - 6y' + 9y = (x^2 + 3x - 5)\mathrm{e}^{3x}$ 的通解.

解　该方程对应的齐次方程的特征方程为

$$r^2 - 6r + 9 = 0.$$

从而特征根为 $r_1 = r_2 = 3$，故对应的齐次方程的通解为 $Y = (C_1 + C_2 x)\mathrm{e}^{3x}$.

因为方程的自由项 $f(x) = (x^2 + 3x - 5)\mathrm{e}^{3x}$，其中 $\lambda = 3$ 是特征重根，所以令特解

$$y^* = x^2 (Ax^2 + Bx + C)\mathrm{e}^{3x},$$

其中 A, B, C 为待定系数，则

$$(y^*)' = [3Ax^4 + (4A + 3B)x^3 + 3(B + C)x^2 + 2Cx]\mathrm{e}^{3x}.$$

$$(y^*)'' = [9Ax^4 + 3(8A + 3B)x^3 + 3(4A + 6B + 3C)x^2 + 6(B + 2C) + 2C]\mathrm{e}^{3x}.$$

代入原方程并整理，得

$$(12Ax^2 + 6Bx + 2C)\mathrm{e}^{3x} = (x^2 + 3x - 5)\mathrm{e}^{3x}.$$

等式两边比较系数，得

$$\begin{cases} 12A = 1, \\ 6B = 3, \\ 2C = -5, \end{cases} \text{解之得} \begin{cases} A = \dfrac{1}{12}, \\ B = \dfrac{1}{2}, \\ C = -\dfrac{5}{2}. \end{cases}$$

所以特解为

$$y^* = x^2 \left(\frac{1}{12} x^2 + \frac{1}{2} x - \frac{5}{2} \right) \mathrm{e}^{3x}.$$

于是原方程的通解为

$$y = Y + y^* = \left(\frac{1}{12}x^4 + \frac{1}{2}x^3 - \frac{5}{2}x^2 + C_2 x + C_1 \right) e^{3x}.$$

习题 6-3

1. 求下列微分方程的通解：

(1) $y'' - 9y = 0$；

(2) $y'' - 2y' + y = 0$；

(3) $y'' + 4y = 0$；

(4) $y'' + 6y' + 10y = 0$.

2. 求下列微分方程满足初始条件的特解：

(1) $y'' - 4y' + 3y = 0, y(0) = 6, y'(0) = 10$；

(2) $4y'' + 4y' + y = 0, y(0) = 2, y'(0) = 0$；

(3) $y'' + 2y' + 5y = 0, y(0) = 2, y'(0) = 0$.

3. 求下列微分方程的一个特解：

(1) $y'' + y = 2x^2 - 3$；

(2) $y'' + 4y' + 4y = 2e^{-2x}$.

4. 求下列微分方程的通解：

(1) $y'' + 6y' + 9y = 5x e^{-3x}$；

(2) $y'' + 3y' - 4y = 5e^x$；

(3) $4y'' + 4y' + y = e^{\frac{x}{2}}$.

5. 求下列微分方程满足初始条件的特解：

$$y'' + y' - 2y = 2x, y\big|_{x=0} = 0, y'\big|_{x=0} = 3.$$

6. 求满足方程 $y'' + 4y' + 4y = 0$ 的曲线 $y = y(x)$，使该曲线在点 $P(2,4)$ 处与直线 $y = x + 2$ 相切.

◀━━━━━━━━━━ **本章小结** ▶━━━━━━━━━━

一、考查要求

1. 了解微分方程及其阶、解、通解、初始条件和特解等基本概念.

2. 熟练掌握可分离变量的微分方程、齐次方程与一阶线性微分方程的通解与特解的求法.

3. 会用一阶微分方程求解简单的应用问题.

4. 理解二阶线性微分方程解的性质及解的结构,熟练掌握二阶常系数齐次线性微分方程的解法,熟练掌握自由项为 $f(x)=P_n(x)e^{\lambda x}$（其中 $P_n(x)$ 为 n 次多项式）的二阶常系数非齐次线性微分方程的解法.

二、历年真题

1. 微分方程 $y''+2y'+y=0$ 的通解是 　　　　　　　　　　　（　　）

A. $y=C_1\cos x+C_2\sin x$ 　　　　　　B. $y=C_1 e^x+C_2 e^{2x}$

C. $y=(C_1+C_2 x)e^{-x}$ 　　　　　　D. $y=C_1 e^x+C_2 e^{-x}$

2. $y''+y=0$ 满足 $y|_{x=0}=0$，$y'|_{x=0}=1$ 的解是 　　　　　（　　）

A. $y=C_1\cos x+C_2\sin x$ 　　　　　　B. $y=\sin x$

C. $y=\cos x$ 　　　　　　D. $y=C\cos x$

3. 微分方程 $y''-3y'+2y=x e^{2x}$ 的特解 y^* 的形式应为 　　　（　　）

A. $Ax e^{2x}$ 　　　　　　B. $(Ax+B)e^{2x}$

C. $Ax^2 e^{2x}$ 　　　　　　D. $x(Ax+B)e^{2x}$

4. 微分方程 $y''+3y'+2y=1$ 的通解为 　　　　　　　　　　（　　）

A. $y=C_1 e^{-x}+C_2 e^{-2x}+1$ 　　　　　　B. $y=C_1 e^{-x}+C_2 e^{-2x}+\dfrac{1}{2}$

C. $y=C_1 e^x+C_2 e^{-2x}+1$ 　　　　　　D. $y=C_1 e^x+C_2 e^{-2x}+\dfrac{1}{2}$

5. 微分方程 $(1+x^2)y\,dx-(2-y)x\,dy=0$ 的通解为＿＿＿＿＿＿.

6. 微分方程 $y''-6y'+13y=0$ 的通解为＿＿＿＿＿＿.

7. 设 $y(x)$ 满足微分方程 $e^x yy'=1$，且 $y(0)=1$，则 $y=$＿＿＿＿＿＿.

8. 求微分方程 $y'-y\tan x=\sec x$ 满足初始条件 $y|_{x=0}=0$ 的特解.

9. 求微分方程 $y'-(\cos x)y=e^{\sin x}$ 满足 $y(0)=1$ 的特解.

10. 求微分方程 $xy'-y=x^2 e^x$ 的通解.

11. 设函数 $f(x)$ 可导,且满足方程 $\displaystyle\int_0^x tf(t)\,dt=x^2+1+f(x)$，求 $f(x)$.

12. 求微分方程 $xy'+y-e^x=0$ 满足初始条件 $y|_{x=1}=e$ 的特解.

13. 求微分方程 $xy'-y=2\,007x^2$ 满足初始条件 $y|_{x=1}=2\,008$ 的特解.

14. 求微分方程 $xy'=2y+x^2$ 的通解.

15. 设函数 $f(x)$ 满足方程 $f'(x)+f(x)=2\mathrm{e}^x$,且 $f(0)=2$,记由曲线 $y=\dfrac{f'(x)}{f(x)}$ 与直线 $y=1,x=t(t>0)$ 及 y 轴所围平面图形的面积为 $A(t)$,试求 $\lim\limits_{t\to+\infty}A(t)$.

16. 设函数 $f(x)$ 满足微分方程 $xf'(x)-2f(x)=-(a+1)x$(其中 a 为正常数),且 $f(1)=1$,由曲线 $y=f(x)(x\leqslant1)$ 与直线 $x=1,y=0$ 所围成的平面图形记为 D.已知 D 的面积为 $\dfrac{2}{3}$,求:

(1) 函数 $f(x)$ 的表达式;

(2) 平面图形 D 绕 x 轴旋转一周所形成的旋转体的体积 V_x;

(3) 平面图形 D 绕 y 轴旋转一周所形成的旋转体的体积 V_y.

17. 已知定义在 $(-\infty,+\infty)$ 上的可导函数 $f(x)$ 满足方程 $xf(x)-4\displaystyle\int_1^x f(t)\mathrm{d}t=x^3-3$,试求:

(1) 函数 $f(x)$ 的表达式;

(2) 函数 $f(x)$ 的单调区间与极值;

(3) 曲线 $y=f(x)$ 的凹凸区间与拐点.

18. 设 $y=C_1\mathrm{e}^{2x}+C_2\mathrm{e}^{3x}$ 为某二阶常系数齐次线性微分方程的通解,求该微分方程.

19. 求微分方程 $y''-y=x$ 的通解.

20. 已知函数 $y=\mathrm{e}^x$ 和 $y=\mathrm{e}^{-2x}$ 是二阶常系数齐次线性微分方程 $y''+py'+qy=0$ 的两个解,试确定常数 p,q 的值,并求微分方程 $y''+py'+qy=\mathrm{e}^x$ 的通解.

21. 已知函数 $y=(x+1)\mathrm{e}^x$ 是一阶线性微分方程 $y'+2y=f(x)$ 的解,求二阶常系数线性微分方程 $y''+3y'+2y=f(x)$ 的通解.

22. 已知函数 $f(x)$ 的一个原函数为 $x\mathrm{e}^x$,求微分方程 $y''+4y'+4y=f(x)$ 的通解.

本章自测题

一、填空题

1. 微分方程 $y'+2xy=0$ 的通解是 _____.

2. 微分方程 $y''+2y=0$ 的通解是 _____.

3. 微分方程 $y''+y'-2y=0$ 的通解是 _____.

4. 微分方程 $xy'+y=3$ 满足初始条件 $y|_{x=1}=0$ 的特解是 _____.

5. 求 $y''+2y'=2x^2-1$ 的一个特解时,用待定系数法应设特解为 _____.

二、选择题

1. 方程 $(y-\ln x)\mathrm{d}x+x\mathrm{d}y=0$ 是 （   ）

A. 可分离变量方程　　　　　　　　　B. 齐次方程

C. 一阶非齐次线性方程　　　　　　　D. 一阶齐次线性方程

2. 若 $x(t)=-\dfrac{1}{4}\cos 2t$ 是方程 $\dfrac{\mathrm{d}^2x}{\mathrm{d}t^2}+4x=\sin 2t$ 的一个特解,则方程的通解是 （   ）

A. $x=C_1\sin 2t+C_2\cos 2t-\dfrac{1}{4}\cos 2t$　　　B. $x=C_1\sin 2t-C_2\cos 2t$

C. $x=(C_1+C_2t)\mathrm{e}^{2t}-\dfrac{1}{4}\cos 2t$　　　D. $x=C_1\mathrm{e}^{2t}+C_2\mathrm{e}^{-2t}-\dfrac{1}{4}\cos 2t$

3. 微分方程 $y''-2y'+y=0$ 的一个特解是 （   ）

A. $y=x^2\mathrm{e}^x$　　　　B. $y=\mathrm{e}^x$　　　　C. $y=x^3\mathrm{e}^x$　　　　D. $y=\mathrm{e}^{-x}$

4. 微分方程 $(y')^2+y'(y'')^3+xy^4=0$ 的阶数是 （   ）

A. 1　　　　　　　B. 2　　　　　　　C. 3　　　　　　　D. 4

5. 在下列微分方程中,通解为 $y=C_1\cos x+C_2\sin x$ 的是 （   ）

A. $y''-y'=0$　　　B. $y''+y'=0$　　　C. $y''+y=0$　　　D. $y''-y=0$

三、综合题

1. 求下列微分方程的解:

(1) $\sec^2 x\tan y\mathrm{d}x+\sec^2 y\tan x\mathrm{d}y=0$, $y\left(\dfrac{\pi}{4}\right)=\dfrac{\pi}{3}$;

(2) $y'=\dfrac{2(\ln x-y)}{x}$;

(3) $y''=\mathrm{e}^{3x}$, $y(1)=y'(1)=0$;

(4) $y''-y'=x$;

(5) $y''+5y'+4y=3-2x$.

2. 一条曲线通过点 $(1,2)$,它在两坐标轴间的任意切线段均被切点所平分,求这条曲线的方程.

第 7 章

无穷级数

本章内容

　　无穷级数的基本概念,数项级数的收敛与发散的概念,收敛级数的和的概念,级数的基本性质与级数收敛的必要条件,几何级数(等比级数)、调和级数与 p-级数及其敛散性,正项级数的比较审敛法与比值审敛法,交错级数与莱布尼兹定理,级数的绝对收敛与条件收敛,绝对收敛与收敛的关系,幂级数及其收敛半径、收敛区间和收敛域.

§7-1　数项级数

常数项级数是函数项级数的特殊情况,又是研究函数项级数的基础.

一、数项级数的概念

　　例 1　战国时期哲学家庄周所著的《庄子·天下篇》引用过一句话:"一尺之棰,日取其半,万世不竭."也就是说,一根长为一尺的木棒,每天截去一半,这样的过程可以无限次进行下去.

　　把每天截下的那部分长度"加"起来:

$$\frac{1}{2}+\frac{1}{2^2}+\frac{1}{2^3}+\cdots+\frac{1}{2^n}+\cdots,$$

这就是一个"无限个数相加"的例子.

　　定义 1　给定一个数列 $\{u_n\}$,把它的各项依次用"+"连接起来的表达式

$$u_1+u_2+u_3+\cdots+u_n+\cdots$$

称为常数项无穷级数,简称(数项)级数,记作 $\sum\limits_{n=1}^{\infty}u_n$,即

$$\sum_{n=1}^{\infty}u_n=u_1+u_2+u_3+\cdots+u_n+\cdots. \tag{1}$$

其中第 n 项 u_n 称为数项级数(1)的通项或一般项.

　　例 1 的级数可以记作 $\sum\limits_{n=1}^{\infty}\frac{1}{2^n}$.我们再来看下面一个例子.

　　例 2　(1) $\sum\limits_{n=1}^{\infty}(-1)^n=-1+1+(-1)+1+\cdots$;

(2) $\sum\limits_{n=1}^{\infty} (-1+1) = (-1+1) + (-1+1) + \cdots$;

(3) $-1 + \sum\limits_{n=1}^{\infty} [1+(-1)] = -1 + [1+(-1)] + [1+(-1)] + \cdots$.

在例 2 中,(2)的结果无疑是 0,而(3)的结果则是 -1,也就是说括号用在不同的地方,求出来的结果就不一样了.因此,在定义中,我们只说把数列各项以"+"依次连接,这里的"+"并不能理解为相加,因而加法的一些运算法则(如结合律、交换律)就不一定成立.

我们提出这样的问题:数项级数是否存在"和"? 如果存在,"和"是什么? 为此,我们给出数项级数收敛和发散的概念.

定义 2 取级数(1)的前 n 项相加,记为 s_n,即

$$s_n = u_1 + u_2 + \cdots + u_n,$$

称 s_n 为级数(1)的**前 n 项部分和**,称新数列 $\{s_n\}$ 为级数(1)的**部分和数列**.

定义 3 如果级数(1)的部分和数列 $\{s_n\}$ 的极限存在,记为 s,即

$$\lim_{n \to \infty} s_n = s,$$

那么称级数(1)**收敛**,称 s 为级数(1)的**和**,记作

$$s = \sum_{n=1}^{\infty} u_n = u_1 + u_2 + u_3 + \cdots + u_n + \cdots;$$

如果级数(1)的部分和数列 $\{s_n\}$ 的极限不存在,那么称级数(1)**发散**.

说明 (1)发散级数不存在和;(2)当级数 $\sum\limits_{n=1}^{\infty} u_n$ 收敛时,其前 n 项部分和 s_n 是级数 $\sum\limits_{n=1}^{\infty} u_n$ 的和 s 的近似值,它们之间的差值

$$r_n = s - s_n = u_{n+1} + u_{n+2} + \cdots = \sum_{i=n+1}^{\infty} u_i$$

称为级数 $\sum\limits_{n=1}^{\infty} u_n$ 的余项.容易验证级数收敛的充分必要条件是 $\lim\limits_{n \to \infty} r_n = 0$.

在例 1 中,因为 $s_n = \dfrac{\dfrac{1}{2}\left(1 - \dfrac{1}{2^n}\right)}{1 - \dfrac{1}{2}} = 1 - \dfrac{1}{2^n}$,$\lim\limits_{n \to \infty} s_n = s = 1$,所以

$$\frac{1}{2} + \frac{1}{2^2} + \frac{1}{2^3} + \cdots + \frac{1}{2^n} + \cdots = 1.$$

在例 2(1)中,$s_n = \begin{cases} 0, & n \text{ 为偶数}, \\ -1, & n \text{ 为奇数}, \end{cases}$ 其极限不存在,因此级数

$$\sum_{n=1}^{\infty} (-1)^n = -1 + 1 + (-1) + 1 + \cdots$$

发散.

例3 讨论几何级数（等比级数）

$$\sum_{n=1}^{\infty} aq^{n-1} = a + aq + aq^2 + \cdots + aq^{n-1} + \cdots$$

的敛散性，其中 $a \neq 0$，q 叫作级数的公比.

解 若 $q \neq 1$，则级数的前 n 项部分和 $s_n = \dfrac{a(1-q^n)}{1-q}$.

当 $|q| < 1$ 时，$\lim\limits_{n \to \infty} s_n = \dfrac{a}{1-q}$，此时级数 $\sum\limits_{n=1}^{\infty} aq^{n-1}$ 收敛，其和为 $\dfrac{a}{1-q}$.

当 $|q| > 1$ 时，$\lim\limits_{n \to \infty} s_n = \infty$，此时级数 $\sum\limits_{n=1}^{\infty} aq^{n-1}$ 发散.

当 $q = 1$ 时，$s_n = na \to \infty \ (n \to \infty)$，此时级数 $\sum\limits_{n=1}^{\infty} aq^{n-1}$ 发散.

当 $q = -1$ 时，$s_n = \begin{cases} a, & n \text{ 为奇数}, \\ 0, & n \text{ 为偶数}, \end{cases}$ 所以 $\{s_n\}$ 的极限不存在，此时级数 $\sum\limits_{n=1}^{\infty} aq^{n-1}$ 也

发散.

综上所述，若 $|q| < 1$，则级数 $\sum\limits_{n=1}^{\infty} aq^{n-1} \ (a \neq 0)$ 收敛，其和为 $\dfrac{a}{1-q}$；若 $|q| \geqslant 1$，则级数

$\sum\limits_{n=1}^{\infty} aq^{n-1} \ (a \neq 0)$ 发散.

说明 几何级数（等比级数）$\sum\limits_{n=1}^{\infty} aq^{n-1}$ 也可以记作 $\sum\limits_{n=0}^{\infty} aq^n$.

例4 证明级数 $1 + 2 + 3 + \cdots + n + \cdots$ 是发散的.

证明 级数的前 n 项部分和为

$$s_n = 1 + 2 + 3 + \cdots + n = \frac{n(n+1)}{2}.$$

因为 $\lim\limits_{n \to \infty} s_n = \infty$，所以级数是发散的.

例5 判别无穷级数 $\dfrac{1}{1 \cdot 2} + \dfrac{1}{2 \cdot 3} + \dfrac{1}{3 \cdot 4} + \cdots + \dfrac{1}{n(n+1)} + \cdots$ 的敛散性.

解 由于 $u_n = \dfrac{1}{n(n+1)} = \dfrac{1}{n} - \dfrac{1}{n+1}$，所以

$$s_n = \frac{1}{1 \cdot 2} + \frac{1}{2 \cdot 3} + \frac{1}{3 \cdot 4} + \cdots + \frac{1}{n(n+1)}$$

$$= \left(1 - \frac{1}{2}\right) + \left(\frac{1}{2} - \frac{1}{3}\right) + \cdots + \left(\frac{1}{n} - \frac{1}{n+1}\right) = 1 - \frac{1}{n+1},$$

从而

$$\lim_{n \to \infty} s_n = \lim_{n \to \infty} \left(1 - \frac{1}{n+1}\right) = 1,$$

所以此级数收敛，并且它的和是 1.

利用定义来判别级数的敛散性，关键在于判定部分和数列 $\{s_n\}$ 的极限是否存在. 如果能够根据 $\{s_n\}$ 的表达式判断出其极限是否存在，就能对级数的敛散性作出判定. 而且如果

该级数是收敛的,那么$\{s_n\}$的极限值就是级数的和.但是能够求出$\{s_n\}$的极限值的级数并不多,更多的时候只要判断出$\{s_n\}$的极限是否存在就可以了.

定理 1(单调有界定理) 单调且在单调方向上有界的数列必有极限.

例 6 讨论级数$\sum\limits_{n=1}^{\infty}\dfrac{1}{n^2}$的敛散性.

解 部分和为$s_n=1+\dfrac{1}{2^2}+\dfrac{1}{3^2}+\cdots+\dfrac{1}{n^2}<1+\dfrac{1}{1\cdot 2}+\dfrac{1}{2\cdot 3}+\cdots+\dfrac{1}{(n-1)\cdot n}$

$$=1+\left(\dfrac{1}{1}-\dfrac{1}{2}\right)+\left(\dfrac{1}{2}-\dfrac{1}{3}\right)+\cdots+\left(\dfrac{1}{n-1}-\dfrac{1}{n}\right)=2-\dfrac{1}{n}<2,$$

且

$$s_1<s_2<\cdots<s_n,$$

所以部分和数列$\{s_n\}$单调递增且有上界.根据单调有界定理知,部分和数列$\{s_n\}$存在极限.因此,原级数收敛.

在例 6 中,根据单调有界定理,我们证明了该级数是收敛的,但并没有求出该级数的和.一般说来,收敛级数求和难度更大.级数$\sum\limits_{n=1}^{\infty}\dfrac{1}{n^2}=\dfrac{\pi^2}{6}$的证明过程很复杂.

二、数项级数的基本性质

性质 1 若级数$\sum\limits_{n=1}^{\infty}u_n$收敛于和$s$,$k$为任意常数,则级数$\sum\limits_{n=1}^{\infty}ku_n$也收敛,且其和为$ks$.

这是因为,设$\sum\limits_{n=1}^{\infty}u_n$与$\sum\limits_{n=1}^{\infty}ku_n$的部分和分别为$s_n$与$\sigma_n$,则

$$\lim_{n\to\infty}\sigma_n=\lim_{n\to\infty}(ku_1+ku_2+\cdots+ku_n)=k\lim_{n\to\infty}(u_1+u_2+\cdots+u_n)=k\lim_{n\to\infty}s_n=ks.$$

这表明级数$\sum\limits_{n=1}^{\infty}ku_n$收敛,且和为$ks$.

性质 2 若级数$\sum\limits_{n=1}^{\infty}u_n$,$\sum\limits_{n=1}^{\infty}v_n$分别收敛于和$s$,$\sigma$,则级数$\sum\limits_{n=1}^{\infty}(u_n\pm v_n)$也收敛,且其和为$s\pm\sigma$.

这是因为,若$\sum\limits_{n=1}^{\infty}u_n$,$\sum\limits_{n=1}^{\infty}v_n$,$\sum\limits_{n=1}^{\infty}(u_n\pm v_n)$的部分和分别为$s_n,\sigma_n,\tau_n$,则

$$\lim_{n\to\infty}\tau_n=\lim_{n\to\infty}[(u_1\pm v_1)+(u_2\pm v_2)+\cdots+(u_n\pm v_n)]$$
$$=\lim_{n\to\infty}[(u_1+u_2+\cdots+u_n)\pm(v_1+v_2+\cdots+v_n)]$$
$$=\lim_{n\to\infty}s_n\pm\lim_{n\to\infty}\sigma_n=s\pm\sigma.$$

性质 3 在级数中去掉、加上或改变有限项,不会改变级数的敛散性.

比如,级数$\dfrac{1}{1\cdot 2}+\dfrac{1}{2\cdot 3}+\dfrac{1}{3\cdot 4}+\cdots+\dfrac{1}{n(n+1)}+\cdots$是收敛的,则级数

$$1\,000+\dfrac{1}{1\cdot 2}+\dfrac{1}{2\cdot 3}+\dfrac{1}{3\cdot 4}+\cdots+\dfrac{1}{n(n+1)}+\cdots$$

和级数

$$\frac{1}{3 \cdot 4} + \frac{1}{4 \cdot 5} + \cdots + \frac{1}{n(n+1)} + \cdots$$

也都是收敛的.

性质 4　若级数 $\sum\limits_{n=1}^{\infty} u_n$ 收敛,则对这个级数的项任意加括号后所成的级数仍收敛,且其和不变.

注意　如果加括号后所成的级数收敛,那么不能断定去括号后原来的级数也收敛.比如,例 2 中的级数(1)和(2).

推论　若加括号后所成的级数发散,则原来的级数也发散.

例 7　判定级数 $\sum\limits_{n=1}^{\infty} \frac{3+(-1)^n}{2^n}$ 的敛散性.

解　因为级数 $\sum\limits_{n=1}^{\infty} \frac{3}{2^n} = 3\sum\limits_{n=1}^{\infty} \frac{1}{2^n}$ 收敛,级数 $\sum\limits_{n=1}^{\infty} \frac{(-1)^n}{2^n} = \sum\limits_{n=1}^{\infty} \left(-\frac{1}{2}\right)^n$ 也收敛,由性质 2 知原级数收敛.

三、级数收敛的必要条件

定理 2(级数收敛的必要条件)　若级数 $\sum\limits_{n=1}^{\infty} u_n$ 收敛,则它的一般项 u_n 趋于零,即若 $\sum\limits_{n=1}^{\infty} u_n$ 收敛,则 $\lim\limits_{n \to \infty} u_n = 0$.

证明　设级数 $\sum\limits_{n=1}^{\infty} u_n$ 的部分和为 s_n,且 $\lim\limits_{n \to \infty} s_n = s$,则
$$\lim_{n \to \infty} u_n = \lim_{n \to \infty} (s_n - s_{n-1}) = \lim_{n \to \infty} s_n - \lim_{n \to \infty} s_{n-1} = s - s = 0.$$

注意　(1) 如果级数的一般项的极限不为零,那么由定理 2 可知该级数必定发散;
(2) 级数的一般项趋于零并不是级数收敛的充分条件.

例 8　证明调和级数 $\sum\limits_{n=1}^{\infty} \frac{1}{n} = 1 + \frac{1}{2} + \frac{1}{3} + \cdots + \frac{1}{n} + \cdots$ 是发散的.

证明　假设级数 $\sum\limits_{n=1}^{\infty} \frac{1}{n}$ 收敛且其和为 s,s_n 是它的部分和,显然有 $\lim\limits_{n \to \infty} s_n = s$ 及 $\lim\limits_{n \to \infty} s_{2n} = s$.于是
$$\lim_{n \to \infty} (s_{2n} - s_n) = 0.$$
但另一方面,
$$s_{2n} - s_n = \frac{1}{n+1} + \frac{1}{n+2} + \cdots + \frac{1}{2n} > \frac{1}{2n} + \frac{1}{2n} + \cdots + \frac{1}{2n} = \frac{1}{2},$$
故 $\lim\limits_{n \to \infty} (s_{2n} - s_n) \geqslant \frac{1}{2}$.这与 $\lim\limits_{n \to \infty} (s_{2n} - s_n) = 0$ 矛盾,所以级数 $\sum\limits_{n=1}^{\infty} \frac{1}{n}$ 必定发散.

在上述例子中,级数 $\sum\limits_{n=1}^{\infty} \frac{1}{n}$ 的一般项极限 $\lim\limits_{n \to \infty} \frac{1}{n} = 0$,但 $\sum\limits_{n=1}^{\infty} \frac{1}{n}$ 发散.

例9 判定下列级数的敛散性：

(1) $\sum\limits_{n=1}^{\infty} \dfrac{n}{3n+1}$;

(2) $\sum\limits_{n=1}^{\infty} \left(\dfrac{n+1}{n}\right)^n$.

解 (1) 因为 $\lim\limits_{n\to\infty} \dfrac{n}{3n+1} = \dfrac{1}{3}$，所以由级数收敛的必要条件知原级数发散.

(2) 因为 $\lim\limits_{n\to\infty} \left(\dfrac{n+1}{n}\right)^n = \lim\limits_{n\to\infty} \left(1+\dfrac{1}{n}\right)^n = \mathrm{e}$，所以由级数收敛的必要条件知原级数发散.

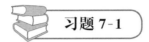 习题 7-1

判定下列级数的敛散性：

(1) $\dfrac{1}{2} + \dfrac{3}{4} + \dfrac{5}{6} + \cdots + \dfrac{2n-1}{2n} + \cdots$;

(2) $\dfrac{1}{2} - \dfrac{1}{4} + \dfrac{1}{8} + \cdots + \dfrac{(-1)^{n+1}}{2^n} + \cdots$;

(3) $\dfrac{1}{1\times 6} + \dfrac{1}{6\times 11} + \dfrac{1}{11\times 16} + \cdots + \dfrac{1}{(5n-4)(5n+1)} + \cdots$;

(4) $\left(\dfrac{1}{2} + \dfrac{1}{3}\right) + \left(\dfrac{1}{2^2} + \dfrac{1}{3^2}\right) + \cdots + \left(\dfrac{1}{2^n} + \dfrac{1}{3^n}\right) + \cdots$;

(5) $\sum\limits_{n=1}^{\infty} \dfrac{2n-1}{2^n}$;

(6) $\sum\limits_{n=1}^{\infty} 2^n \sin \dfrac{\pi}{2^n}$.

§7-2　数项级数审敛法

在上一节的最后，我们介绍了一个级数收敛的必要条件，但对于级数收敛的充分性的判定，目前还只能通过研究级数的部分和数列 $\{s_n\}$ 来实现，很不方便.在本节，我们将介绍一些判定级数敛散性的比较方便的方法.

一、正项级数及其审敛法

如果级数 $\sum\limits_{n=1}^{\infty} u_n$ 中的每一项均非负，即 $u_n \geqslant 0 (n=1,2,\cdots)$，那么称该级数为**正项级数**.

由级数的性质知，如果一个级数从某一项起全是非负的，我们也把它看作正项级数.如果级数的各项都是负的，那么乘 -1 后就得到一个正项级数了.

因为正项级数的部分和数列 $\{s_n\}$ 是单调递增的，所以结合单调有界定理，我们得到下面的结论：

正项级数 $\sum\limits_{n=1}^{\infty} u_n$ 收敛的充分必要条件是其部分和数列 $\{s_n\}$ 有上界.

于是,我们可以将部分已知敛散性的级数作为参照,得到正项级数的审敛法.

1. 比 较 审 敛 法

定理 1(比较审敛法)　设 $\sum\limits_{n=1}^{\infty} u_n$, $\sum\limits_{n=1}^{\infty} v_n$ 均为正项级数,如果存在某一正数 N,对于所有 $n > N$,都有 $u_n \leqslant k v_n (k > 0, k$ 为常数),那么

(1) 若 $\sum\limits_{n=1}^{\infty} v_n$ 收敛,则 $\sum\limits_{n=1}^{\infty} u_n$ 收敛;

(2) 若 $\sum\limits_{n=1}^{\infty} u_n$ 发散,则 $\sum\limits_{n=1}^{\infty} v_n$ 发散.

证明　因为改变级数的有限项并不改变级数的敛散性,所以不妨假设 $u_n \leqslant k v_n$ 对一切正整数 n 都成立.

现分别以 s_n', s_n'' 表示级数 $\sum\limits_{n=1}^{\infty} u_n$, $\sum\limits_{n=1}^{\infty} v_n$ 的前 n 项部分和.由 $u_n \leqslant k v_n$,得 $s_n' \leqslant k s_n''$.

$\sum\limits_{n=1}^{\infty} v_n$ 收敛 $\Rightarrow s_n''$ 有上界 $\Rightarrow s_n'$ 有上界 $\Rightarrow \sum\limits_{n=1}^{\infty} u_n$ 收敛,故(1)成立.

(2)为(1)的逆否命题,自然成立.

例 1　讨论 p-级数 $\sum\limits_{n=1}^{\infty} \dfrac{1}{n^p} (p > 0)$ 的敛散性.

解　(1) 当 $p = 1$ 时, $\sum\limits_{n=1}^{\infty} \dfrac{1}{n^p} = \sum\limits_{n=1}^{\infty} \dfrac{1}{n}$ 为调和级数,发散;

(2) 当 $0 < p < 1$ 时, $\dfrac{1}{n^p} > \dfrac{1}{n}$,由比较审敛法知, $\sum\limits_{n=1}^{\infty} \dfrac{1}{n^p}$ 发散;

(3) 当 $p > 1$ 时, $\sum\limits_{n=1}^{\infty} \dfrac{1}{n^p} = 1 + \left(\dfrac{1}{2^p} + \dfrac{1}{3^p} \right) + \left(\dfrac{1}{4^p} + \dfrac{1}{5^p} + \dfrac{1}{6^p} + \dfrac{1}{7^p} \right) + \cdots$

$$\leqslant 1 + \left(\dfrac{1}{2^p} + \dfrac{1}{2^p} \right) + \left(\dfrac{1}{4^p} + \dfrac{1}{4^p} + \dfrac{1}{4^p} + \dfrac{1}{4^p} \right) + \cdots$$

$$= \sum\limits_{n=0}^{\infty} \left(\dfrac{1}{2^{p-1}} \right)^n,$$

因为 $\sum\limits_{n=0}^{\infty} \left(\dfrac{1}{2^{p-1}} \right)^n (p > 1)$ 收敛,所以 $\sum\limits_{n=1}^{\infty} \dfrac{1}{n^p}$ 收敛.

综上, p-级数 $\sum\limits_{n=1}^{\infty} \dfrac{1}{n^p}$ 当 $p > 1$ 时收敛,当 $0 < p \leqslant 1$ 时发散.

比较审敛法中要求我们找到敛散性已知的级数作为参照级数,常用的参照级数有:几何级数 $\sum\limits_{n=0}^{\infty} a q^n$, p-级数 $\sum\limits_{n=1}^{\infty} \dfrac{1}{n^p} (p > 0)$.

例 2　证明级数 $\sum\limits_{n=0}^{\infty} \dfrac{1}{2^n + 3}$ 收敛.

证明　因为 $0 < \dfrac{1}{2^n + 3} < \dfrac{1}{2^n}$,且由几何级数的敛散性知 $\sum\limits_{n=0}^{\infty} \dfrac{1}{2^n}$ 收敛,所以由比较审敛法

知 $\sum\limits_{n=0}^{\infty} \dfrac{1}{2^n+3}$ 收敛.

例 3 讨论级数 $\sum\limits_{n=1}^{\infty} \dfrac{1}{n^2+n+1}$ 的敛散性.

解 因为 $\dfrac{1}{n^2+n+1} < \dfrac{1}{n^2}$,且由 p -级数的敛散性知 $\sum\limits_{n=1}^{\infty} \dfrac{1}{n^2}$ 收敛,所以由比较审敛法知,$\sum\limits_{n=1}^{\infty} \dfrac{1}{n^2+n+1}$ 收敛.

推论(比较审敛法的极限形式) 设 $\sum\limits_{n=1}^{\infty} u_n$,$\sum\limits_{n=1}^{\infty} v_n$ 均为正项级数,若

$$\lim_{n\to\infty} \frac{u_n}{v_n} = l \, (v_n \neq 0),$$

则

(1) 当 $0 < l < +\infty$ 时,$\sum\limits_{n=1}^{\infty} u_n$,$\sum\limits_{n=1}^{\infty} v_n$ 同时收敛或同时发散;

(2) 当 $l=0$ 时,若 $\sum\limits_{n=1}^{\infty} v_n$ 收敛,则 $\sum\limits_{n=1}^{\infty} u_n$ 收敛;

(3) 当 $l=+\infty$ 时,若 $\sum\limits_{n=1}^{\infty} v_n$ 发散,则 $\sum\limits_{n=1}^{\infty} u_n$ 发散.

例 4 判定下列级数的敛散性:

(1) $\sum\limits_{n=1}^{\infty} \dfrac{1}{2^n-n}$;

(2) $\sum\limits_{n=1}^{\infty} \sin \dfrac{1}{n}$;

(3) $\sum\limits_{n=1}^{\infty} \dfrac{\sqrt{n}}{(2n+1)(n+5)}$.

解 (1) $\lim\limits_{n\to\infty} \dfrac{\dfrac{1}{2^n-n}}{\dfrac{1}{2^n}} = \lim\limits_{n\to\infty} \dfrac{2^n}{2^n-n} = \lim\limits_{n\to\infty} \dfrac{1}{1-\dfrac{n}{2^n}} = 1,$

因为 $\sum\limits_{n=1}^{\infty} \dfrac{1}{2^n}$ 收敛,所以由比较审敛法的推论知 $\sum\limits_{n=1}^{\infty} \dfrac{1}{2^n-n}$ 也收敛.

(2) $\lim\limits_{n\to\infty} \dfrac{\sin \dfrac{1}{n}}{\dfrac{1}{n}} = 1$,因为 $\sum\limits_{n=1}^{\infty} \dfrac{1}{n}$ 发散,所以由比较审敛法的推论知 $\sum\limits_{n=1}^{\infty} \sin \dfrac{1}{n}$ 发散.

(3) $\lim\limits_{n\to\infty} \dfrac{\dfrac{\sqrt{n}}{(2n+1)(n+5)}}{\dfrac{1}{n^{\frac{3}{2}}}} = \lim\limits_{n\to\infty} \dfrac{n^2}{(2n+1)(n+5)} = \dfrac{1}{2},$

因为 $\sum\limits_{n=1}^{\infty} \dfrac{1}{n^{\frac{3}{2}}}$ 收敛,所以由比较审敛法的推论知 $\sum\limits_{n=1}^{\infty} \dfrac{\sqrt{n}}{(2n+1)(n+5)}$ 收敛.

2. 比值审敛法

定理 2（比值审敛法）　设 $\sum\limits_{n=1}^{\infty} u_n$ 为正项级数，若

$$\lim_{n \to \infty} \frac{u_{n+1}}{u_n} = l,$$

则

（1）当 $l < 1$ 时，级数 $\sum\limits_{n=1}^{\infty} u_n$ 收敛；

（2）当 $l > 1 \left(\text{或} \lim\limits_{n \to \infty} \dfrac{u_{n+1}}{u_n} = +\infty\right)$ 时，级数 $\sum\limits_{n=1}^{\infty} u_n$ 发散；

（3）当 $l = 1$ 时，级数 $\sum\limits_{n=1}^{\infty} u_n$ 可能收敛也可能发散.

比值审敛法是以级数相邻通项之比的极限值作为判断依据的，因此适用于通项中含有 $n!, n^n, a^n (a > 0), n^k (k > 0)$ 等因子的级数.

例 5　判定下列级数的敛散性：

（1）$\sum\limits_{n=1}^{\infty} \dfrac{n^k}{2^n} (k > 0, k$ 为常数$)$；

（2）$\sum\limits_{n=1}^{\infty} \dfrac{n^n}{n!}$；

（3）$\sum\limits_{n=1}^{\infty} nx^{n-1} (x > 0)$.

解　（1）$\lim\limits_{n \to \infty} \dfrac{u_{n+1}}{u_n} = \lim\limits_{n \to \infty} \dfrac{(n+1)^k}{2^{n+1}} \cdot \dfrac{2^n}{n^k} = \dfrac{1}{2} \lim\limits_{n \to \infty} \dfrac{(n+1)^k}{n^k} = \dfrac{1}{2} \lim\limits_{n \to \infty} \left(1 + \dfrac{1}{n}\right)^k = \dfrac{1}{2} < 1$，由

比值审敛法知 $\sum\limits_{n=1}^{\infty} \dfrac{n^k}{2^n}$ 收敛.

（2）$\lim\limits_{n \to \infty} \dfrac{u_{n+1}}{u_n} = \lim\limits_{n \to \infty} \dfrac{(n+1)^{n+1}}{(n+1)!} \cdot \dfrac{n!}{n^n} = \lim\limits_{n \to \infty} \dfrac{(n+1)^{n+1}}{n+1} \cdot \dfrac{1}{n^n} = \lim\limits_{n \to \infty} \dfrac{(n+1)^n}{n^n}$

$$= \lim_{n \to \infty} \left(1 + \dfrac{1}{n}\right)^n = e > 1,$$

由比值审敛法知 $\sum\limits_{n=1}^{\infty} \dfrac{n^n}{n!}$ 发散.

（3）$\lim\limits_{n \to \infty} \dfrac{u_{n+1}}{u_n} = \lim\limits_{n \to \infty} \dfrac{(n+1)x^n}{nx^{n-1}} = \lim\limits_{n \to \infty} \dfrac{n+1}{n} x = x$.

所以，当 $0 < x < 1$ 时，$\sum\limits_{n=1}^{\infty} nx^{n-1}$ 收敛；当 $x > 1$ 时，$\sum\limits_{n=1}^{\infty} nx^{n-1}$ 发散；

当 $x = 1$ 时，$\sum\limits_{n=1}^{\infty} nx^{n-1} = \sum\limits_{n=1}^{\infty} n$ 发散.

3. 根值审敛法

定理 3（根值审敛法）　设 $\sum\limits_{n=1}^{\infty} u_n$ 为正项级数，若

$$\lim_{n \to \infty} \sqrt[n]{u_n} = l,$$

则

（1）当 $l<1$ 时，级数 $\sum\limits_{n=1}^{\infty}u_n$ 收敛；

（2）当 $l>1$（或 $\lim\limits_{n\to\infty}\sqrt[n]{u_n}=+\infty$）时，级数 $\sum\limits_{n=1}^{\infty}u_n$ 发散；

（3）当 $l=1$ 时，级数 $\sum\limits_{n=1}^{\infty}u_n$ 可能收敛也可能发散.

例 6 证明级数 $1+\dfrac{1}{2^2}+\dfrac{1}{3^3}+\cdots+\dfrac{1}{n^n}+\cdots$ 是收敛的.

证明 $\lim\limits_{n\to\infty}\sqrt[n]{\dfrac{1}{n^n}}=\lim\limits_{n\to\infty}\dfrac{1}{n}=0$，由根值审敛法知 $1+\dfrac{1}{2^2}+\dfrac{1}{3^3}+\cdots+\dfrac{1}{n^n}+\cdots$ 收敛.

上面介绍了判定正项级数敛散性的几种常用方法. 实际运用时，先检查一般项是否收敛于零，若一般项收敛于零，再根据一般项的特点，选择适当的审敛法判定级数的敛散性.

二、交错级数及其审敛法

定义 1 如果级数的通项正负交错，即其一般形式为 $\sum\limits_{n=1}^{\infty}(-1)^{n-1}u_n$ 或 $\sum\limits_{n=1}^{\infty}(-1)^n u_n$，其中 $u_n>0$，那么称级数为**交错级数**.

例如，$\sum\limits_{n=1}^{\infty}(-1)^{n-1}\dfrac{1}{n}$ 是交错级数，但 $\sum\limits_{n=1}^{\infty}(-1)^{n-1}\dfrac{1-\cos n\pi}{n}$ 不是交错级数.

下面给出交错级数的一个审敛法.

定理 4（莱布尼兹审敛法） 若交错级数 $\sum\limits_{n=1}^{\infty}(-1)^{n-1}u_n(u_n>0)$ 满足条件：

（1）$\{u_n\}$ 单调减少，即 $u_n\geqslant u_{n+1}(n=1,2,3,\cdots)$，

（2）$\lim\limits_{n\to\infty}u_n=0$，

则交错级数收敛，且其和 $s\leqslant u_1$.

简要证明：设级数的前 n 项部分和为 s_n，则
$$s_{2n}=(u_1-u_2)+(u_3-u_4)+\cdots+(u_{2n-1}-u_{2n}),$$
根据条件（1），数列 $\{s_{2n}\}$ 单调增加. 又
$$s_{2n}=u_1-(u_2-u_3)-(u_4-u_5)-\cdots-(u_{2n-2}-u_{2n-1})-u_{2n}<u_1,$$
即 $\{s_{2n}\}$ 有上界. 由单调有界定理知 $\{s_{2n}\}$ 收敛，且 $\lim\limits_{n\to\infty}s_{2n}\leqslant u_1$.

设 $\lim\limits_{n\to\infty}s_{2n}=s$，根据条件（2），有 $\lim\limits_{n\to\infty}s_{2n+1}=\lim\limits_{n\to\infty}(s_{2n}+u_{2n+1})=s$，所以 $\lim\limits_{n\to\infty}s_n=s$，从而级数是收敛的，且 $s\leqslant u_1$.

例 7 判定下列级数的敛散性：

（1）$\sum\limits_{n=1}^{\infty}(-1)^{n-1}\dfrac{1}{n}$；

（2）$\sum\limits_{n=1}^{\infty}\left(\dfrac{\pi}{2}-\arctan n\right)\cos n\pi$.

解 （1）这是一个交错级数，此级数满足

$$u_n = \frac{1}{n} > \frac{1}{n+1} = u_{n+1}(n=1,2,\cdots), \text{且} \lim_{n\to\infty} u_n = \lim_{n\to\infty} \frac{1}{n} = 0.$$

因此,由莱布尼兹审敛法知级数 $\sum_{n=1}^{\infty} (-1)^{n-1} \frac{1}{n}$ 收敛.

（2） $\sum_{n=1}^{\infty} \left(\frac{\pi}{2} - \arctan n \right) \cos n\pi = \sum_{n=1}^{\infty} (-1)^n \left(\frac{\pi}{2} - \arctan n \right)$,这是一个交错级数.因为

$$u_n' = \left(\frac{\pi}{2} - \arctan n \right)' = -\frac{1}{1+n^2} < 0,$$

所以 $\{u_n\}$ 单调减少,且

$$\lim_{n\to\infty} u_n = \lim_{n\to\infty} \left(\frac{\pi}{2} - \arctan n \right) = 0.$$

因此,由莱布尼兹审敛法知,级数 $\sum_{n=1}^{\infty} \left(\frac{\pi}{2} - \arctan n \right) \cos n\pi$ 收敛.

三、绝对收敛与条件收敛

最后,我们讨论一般的级数

$$\sum_{n=1}^{\infty} u_n = u_1 + u_2 + \cdots + u_n + \cdots,$$

它的各项为任意实数,也称之为**任意项级数**.

定义 2　若级数 $\sum_{n=1}^{\infty} |u_n|$ 收敛,则称级数 $\sum_{n=1}^{\infty} u_n$ **绝对收敛**;若级数 $\sum_{n=1}^{\infty} u_n$ 收敛,而级数 $\sum_{n=1}^{\infty} |u_n|$ 发散,则称级数 $\sum_{n=1}^{\infty} u_n$ 条件收敛.

例如,级数 $\sum_{n=1}^{\infty} (-1)^{n-1} \frac{1}{n^2}$ 是绝对收敛的,而级数 $\sum_{n=1}^{\infty} (-1)^n \frac{1}{n}$ 是条件收敛的.

定理 5　若级数 $\sum_{n=1}^{\infty} u_n$ 绝对收敛,则级数 $\sum_{n=1}^{\infty} u_n$ 必定收敛.

例 8　判定级数 $\sum_{n=1}^{\infty} \frac{\sin na}{n^2}$ （a 为非零常数）的敛散性.

解　因为 $\left| \frac{\sin na}{n^2} \right| \leq \frac{1}{n^2}$,而级数 $\sum_{n=1}^{\infty} \frac{1}{n^2}$ 是收敛的,所以级数 $\sum_{n=1}^{\infty} \left| \frac{\sin na}{n^2} \right|$ 也收敛,从而级数 $\sum_{n=1}^{\infty} \frac{\sin na}{n^2}$ 绝对收敛.

习题 7-2

1. 用比较审敛法判定下列级数的敛散性:

（1） $\sum_{n=1}^{\infty} \frac{1}{2n+1}$;

（2） $\sum_{n=1}^{\infty} \frac{n-2}{n^2 \sqrt{n+1}}$;

（3） $\sum_{n=1}^{\infty} \sin \frac{\pi}{2^n-1}$;

（4） $\sum_{n=2}^{\infty} \frac{1}{n} \ln \frac{n+1}{n-1}$.

2. 用比值审敛法判定下列级数的敛散性：

(1) $\sum_{n=1}^{\infty} \frac{n!}{2^n(n+1)}$；

(2) $\sum_{n=1}^{\infty} \frac{n^3}{a^n}(a>1)$；

(3) $\sum_{n=1}^{\infty} \frac{n^n}{(n!)^2}$；

(4) $\sum_{n=1}^{\infty} n^2 \sin \frac{5}{3^n}$.

3. 用根值审敛法判定下列级数的敛散性：

(1) $\sum_{n=1}^{\infty} \left(\frac{n}{2n+1}\right)^n$；

(2) $\sum_{n=1}^{\infty} \frac{1}{3^n}\left(\frac{n+1}{n}\right)^{n^2}$；

(3) $\sum_{n=1}^{\infty} \left(\frac{n}{3n-1}\right)^{2n-1}$；

(4) $\sum_{n=1}^{\infty} \left(\frac{na}{n+1}\right)^n (a>0)$.

4. 判定下列交错级数的敛散性，若收敛，指出是绝对收敛还是条件收敛：

(1) $\sum_{n=1}^{\infty} (-1)^{n-1} \frac{1}{\ln n}$；

(2) $\sum_{n=1}^{\infty} \arctan \frac{n}{n^2+1} \cos n\pi$；

(3) $\sum_{n=1}^{\infty} (-1)^n \frac{n}{3^n}$；

(4) $\sum_{n=1}^{\infty} (-1)^n \frac{1}{\sqrt[n]{n}}$.

---

§7-3　幂级数

从本节开始将介绍函数项级数. 如果级数的通项是函数，那么称级数为函数项级数. 我们将重点介绍一种特殊的函数项级数——幂级数.

一、函数项级数的概念

定义 1　给定一个定义在区间 I 上的函数列 $\{u_n(x)\}$，由这个函数列构成的表达式

$$u_1(x)+u_2(x)+u_3(x)+\cdots+u_n(x)+\cdots$$

称为定义在区间 I 上的**函数项无穷级数**，简称**(函数项)级数**，记作 $\sum_{n=1}^{\infty} u_n(x)$，即

$$\sum_{n=1}^{\infty} u_n(x)=u_1(x)+u_2(x)+\cdots+u_n(x)+\cdots, \tag{1}$$

其中第 n 项 $u_n(x)$ 称为函数项级数(1)的通项.

对于每一个确定的值 $x_0 \in I$，函数项级数(1)就成为一个常数项级数

$$\sum_{n=1}^{\infty} u_n(x_0)=u_1(x_0)+u_2(x_0)+\cdots+u_n(x_0)+\cdots. \tag{2}$$

它可能收敛，也可能发散.

定义 2　对于区间 I 内的一定点 x_0，若常数项级数 $\sum_{n=1}^{\infty} u_n(x_0)$ 收敛，则称点 x_0 是函数项级数 $\sum_{n=1}^{\infty} u_n(x)$ 的**收敛点**；若常数项级数 $\sum_{n=1}^{\infty} u_n(x_0)$ 发散，则称点 x_0 是函数项级数 $\sum_{n=1}^{\infty} u_n(x)$ 的**发散点**. 函数项级数 $\sum_{n=1}^{\infty} u_n(x)$ 的所有收敛点构成的集合称为它的收敛域. 所有

发散点构成的集合称为它的**发散域**.

对应于收敛域内的任意一个数 x,函数项级数成为一个收敛的常数项级数,因而有一确定的和 s. 这样,在收敛域上,函数项级数的和是 x 的函数 $s(x)$,通常将 $s(x)$ 称为函数项级数 $\sum\limits_{n=1}^{\infty} u_n(x)$ 的**和函数**,并写成

$$s(x) = \sum_{n=1}^{\infty} u_n(x) = u_1(x) + u_2(x) + \cdots + u_n(x) + \cdots,$$

和函数的定义域就是函数项级数的收敛域.

把函数项级数 $\sum\limits_{n=1}^{\infty} u_n(x)$ 的前 n 项部分和记作 $s_n(x)$,即

$$s_n(x) = u_1(x) + u_2(x) + \cdots + u_n(x).$$

在收敛域上,有 $\lim\limits_{n\to\infty} s_n(x) = s(x)$ 或 $s_n(x) \to s(x)$ $(n \to \infty)$. 此时,函数项级数 $\sum\limits_{n=1}^{\infty} u_n(x)$ 的和函数 $s(x)$ 与部分和 $s_n(x)$ 的差 $s(x) - s_n(x)$ 称为函数项级数 $\sum\limits_{n=1}^{\infty} u_n(x)$ 的余项,记作 $r_n(x)$,即

$$r_n(x) = s(x) - s_n(x).$$

注意 在收敛域上,余项 $r_n(x)$ 才有意义,并且有 $\lim\limits_{n\to\infty} r_n(x) = 0$.

二、幂级数及其收敛性

1. 幂级数的概念

函数项级数中简单而常见的一类级数就是各项都是 $(x - x_0)$ 的幂函数的函数项级数,这种形式的级数称为 $(x - x_0)$ 的**幂级数**.

定义 3 形如

$$\sum_{n=0}^{\infty} a_n (x - x_0)^n = a_0 + a_1(x - x_0) + a_2(x - x_0)^2 + \cdots + a_n(x - x_0)^n + \cdots \qquad (3)$$

的函数项级数称为 $(x - x_0)$ 的**幂级数**,其中常数 $a_0, a_1, a_2, \cdots, a_n, \cdots$ 叫作**幂级数的系数**.

特别地,当 $x_0 = 0$ 时,它的形式为

$$\sum_{n=0}^{\infty} a_n x^n = a_0 + a_1 x + a_2 x^2 + \cdots + a_n x^n + \cdots, \qquad (4)$$

称为 x 的幂级数.

由于 $(x - x_0)$ 的幂级数可以通过变换 $t = x - x_0$ 转变为 t 的幂级数,所以下面只讨论形如式(4)的 x 的幂级数.例如,

$$\sum_{n=0}^{\infty} x^n = 1 + x + x^2 + \cdots + x^n + \cdots,$$

$$\sum_{n=0}^{\infty} \frac{1}{n!} x^n = 1 + x + \frac{1}{2!} x^2 + \cdots + \frac{1}{n!} x^n + \cdots$$

都是幂级数.

2.幂级数的收敛性

现在我们来讨论对于一个给定的幂级数,它的收敛域与发散域是怎样的,这就是幂级数的收敛性问题.

先看一个具体的例子,考察幂级数

$$\sum_{n=0}^{\infty} x^n = 1 + x + x^2 + \cdots + x^n + \cdots$$

的收敛性.它可以看成是公比为 x 的几何级数.由 §7-1 例 3 可以知道,当 $|x| < 1$ 时,它是收敛的;当 $|x| \geqslant 1$ 时,它是发散的.因此,它的收敛域为开区间 $(-1, 1)$,并且有

$$\frac{1}{1-x} = 1 + x + x^2 + \cdots + x^n + \cdots (-1 < x < 1).$$

对于一般幂级数的收敛域,我们有如下定理:

定理 1(阿贝尔定理)　若级数 $\sum_{n=0}^{\infty} a_n x^n$ 当 $x = x_0 (x_0 \neq 0)$ 时收敛,则满足不等式 $|x| < |x_0|$ 的一切 x 使此幂级数绝对收敛.反之,若级数 $\sum_{n=0}^{\infty} a_n x^n$ 当 $x > x_0$ 时发散,则满足不等式 $|x| > |x_0|$ 的一切 x 使此幂级数发散.

证明　先设 x_0 是幂级数 $\sum_{n=0}^{\infty} a_n x^n$ 的收敛点,即级数 $\sum_{n=0}^{\infty} a_n x_0^n$ 收敛.根据级数收敛的必要条件有 $\lim\limits_{n \to \infty} a_n x_0^n = 0$,于是存在一个正数 M,使 $|a_n x_0^n| \leqslant M (n = 0, 1, 2, \cdots)$,这样级数 $\sum_{n=0}^{\infty} a_n x^n$ 的通项的绝对值

$$|a_n x^n| = \left| a_n x_0^n \cdot \frac{x^n}{x_0^n} \right| = |a_n x_0^n| \cdot \left| \frac{x}{x_0} \right|^n \leqslant M \cdot \left| \frac{x}{x_0} \right|^n.$$

因为当 $|x| < |x_0|$ 时,等比级数 $\sum_{n=0}^{\infty} \left| \frac{x}{x_0} \right|^n$ 收敛,所以级数 $\sum_{n=0}^{\infty} |a_n x^n|$ 收敛,也就是级数 $\sum_{n=0}^{\infty} a_n x^n$ 绝对收敛.

定理的第二部分可用反证法证明.假设幂级数当 $x = x_0$ 时发散,但有一点 x_1 满足 $|x_1| > |x_0|$ 使级数收敛,则根据本定理的第一部分,当 $x = x_0$ 时级数应收敛,这与假设矛盾.

定理得证.

定理 1 表明,若幂级数 $\sum_{n=0}^{\infty} a_n x^n$ 在 $x = x_0 (x_0 \neq 0)$ 处收敛,则对于开区间 $(-|x_0|, |x_0|)$ 内的任意 x,幂级数都绝对收敛;若幂级数在 $x = x_0 (x_0 \neq 0)$ 处发散,则对于区间 $(-\infty, -|x_0|) \cup (|x_0|, +\infty)$ 内的所有 x,幂级数都发散.于是,我们可以得到下面的重要推论:

推论　对于任意幂级数 $\sum_{n=0}^{\infty} a_n x^n$,其收敛情况总是下列三种情况之一:

(1) 仅在点 $x = 0$ 处收敛.

(2) 在 $(-\infty, +\infty)$ 内绝对收敛.

(3) 存在正数 R,使得当 $|x| < R$ 时,幂级数绝对收敛;当 $|x| > R$ 时,幂级数发散;当

$x=R$ 与 $x=-R$ 时,幂级数可能收敛也可能发散.

正数 R 通常称为幂级数 $\sum\limits_{n=0}^{\infty}a_nx^n$ 的收敛半径,开区间 $(-R,R)$ 称为幂级数 $\sum\limits_{n=0}^{\infty}a_nx^n$ 的收敛区间.再由幂级数在 $x=\pm R$ 处的收敛性就可以确定它的收敛域.幂级数的收敛域是 $(-R,R)$,$[-R,R)$,$(-R,R]$,$[-R,R]$ 这四个区间之一.

若幂级数 $\sum\limits_{n=0}^{\infty}a_nx^n$ 只在 $x=0$ 处收敛,则规定收敛半径 $R=0$;若幂级数 $\sum\limits_{n=0}^{\infty}a_nx^n$ 对一切 x 都收敛,则规定收敛半径 $R=+\infty$,这时收敛域为 $(-\infty,+\infty)$.

关于幂级数收敛半径的求法有下面的定理:

定理 2 若幂级数 $\sum\limits_{n=0}^{\infty}a_nx^n$ 的相邻两项的系数满足 $\lim\limits_{n\to\infty}\left|\dfrac{a_{n+1}}{a_n}\right|=\rho$,则此幂级数的收敛半径

$$R=\begin{cases}+\infty, & \rho=0,\\ \dfrac{1}{\rho}, & \rho\neq0,\\ 0, & \rho=+\infty.\end{cases}$$

证明 考察幂级数的各项取绝对值所构成的级数

$$\sum_{n=0}^{\infty}|a_nx^n|=|a_0|+|a_1x|+|a_2x^2|+\cdots+|a_nx^n|+\cdots.$$

因为 $\lim\limits_{n\to\infty}\left|\dfrac{a_{n+1}x^{n+1}}{a_nx^n}\right|=\lim\limits_{n\to\infty}\left|\dfrac{a_{n+1}}{a_n}\right|\cdot|x|=\rho|x|$,所以:

若 $0<\rho<+\infty$,则当 $\rho|x|<1$,即 $|x|<\dfrac{1}{\rho}$ 时,级数 $\sum\limits_{n=0}^{\infty}|a_nx^n|$ 收敛,即幂级数 $\sum\limits_{n=0}^{\infty}a_nx^n$ 绝对收敛;当 $\rho|x|>1$,即 $|x|>\dfrac{1}{\rho}$ 时,级数 $\sum\limits_{n=0}^{\infty}|a_nx^n|$ 发散且从某一个 n 开始,有 $|a_{n+1}x_{n+1}|>|a_nx_n|$,因此一般项 $|a_nx_n|$ 不可能趋于零,所以 a_nx_n 也不可能趋于零,从而幂级数 $\sum\limits_{n=0}^{\infty}a_nx^n$ 发散.于是收敛半径 $R=\dfrac{1}{\rho}$.

若 $\rho=0$,则对任意的 $x\neq0$,总有 $\lim\limits_{n\to\infty}\left|\dfrac{a_{n+1}x^{n+1}}{a_nx^n}\right|=0<1$,所以幂级数 $\sum\limits_{n=0}^{\infty}a_nx^n$ 绝对收敛,于是收敛半径 $R=+\infty$.

若 $\rho=+\infty$,则对任意的 $x\neq0$,总有 $\lim\limits_{n\to\infty}\left|\dfrac{a_{n+1}x^{n+1}}{a_nx^n}\right|=+\infty$,所以幂级数 $\sum\limits_{n=0}^{\infty}a_nx^n$ 发散.只有当 $x=0$ 时幂级数收敛,于是 $R=0$.

例 1 求幂级数

$$\sum_{n=1}^{\infty}(-1)^{n-1}\frac{x^n}{n}=x-\frac{x^2}{2}+\frac{x^3}{3}-\cdots+(-1)^{n-1}\frac{x^n}{n}+\cdots$$

的收敛半径与收敛域.

解 因为

$$\rho = \lim_{n \to \infty} \left| \frac{a_{n+1}}{a_n} \right| = \lim_{n \to \infty} \frac{\dfrac{1}{n+1}}{\dfrac{1}{n}} = 1,$$

所以收敛半径 $R = \dfrac{1}{\rho} = 1$.

当 $x = 1$ 时,幂级数成为 $\sum\limits_{n=1}^{\infty} (-1)^{n-1} \dfrac{1}{n}$,级数收敛;当 $x = -1$ 时,幂级数成为 $\sum\limits_{n=1}^{\infty} \left(-\dfrac{1}{n} \right)$,级数发散.因此,收敛域为 $(-1, 1]$.

例2 求幂级数 $\sum\limits_{n=0}^{\infty} \dfrac{1}{n!} x^n$ 的收敛域.

解 因为

$$\rho = \lim_{n \to \infty} \left| \frac{a_{n+1}}{a_n} \right| = \lim_{n \to \infty} \frac{\dfrac{1}{(n+1)!}}{\dfrac{1}{n!}} = \lim_{n \to \infty} \frac{n!}{(n+1)!} = \lim_{n \to \infty} \frac{1}{n+1} = 0,$$

所以收敛半径 $R = +\infty$,从而收敛域为 $(-\infty, +\infty)$.

例3 求幂级数 $\sum\limits_{n=0}^{\infty} n! x^n$ 的收敛半径及收敛域.

解 因为

$$\rho = \lim_{n \to \infty} \left| \frac{a_{n+1}}{a_n} \right| = \lim_{n \to \infty} \frac{(n+1)!}{n!} = +\infty,$$

所以收敛半径 $R = 0$,即级数仅在 $x = 0$ 处收敛,即收敛域为 $\{x \mid x = 0\}$.

例4 求幂级数 $\sum\limits_{n=0}^{\infty} \dfrac{(2n)!}{(n!)^2} x^{2n}$ 的收敛半径.

解 因为级数缺少奇次幂的项,所以不能应用定理 2.可根据比值审敛法求收敛半径.幂级数的一般项记为

$$u_n(x) = \frac{(2n)!}{(n!)^2} x^{2n}.$$

因为 $\lim\limits_{n \to \infty} \left| \dfrac{u_{n+1}(x)}{u_n(x)} \right| = \lim\limits_{n \to \infty} \left| \dfrac{\dfrac{[2(n+1)]!}{[(n+1)!]^2} x^{2(n+1)}}{\dfrac{(2n)!}{(n!)^2} x^{2n}} \right| = \lim\limits_{n \to \infty} \dfrac{(2n+1)(2n+2)}{(n+1)^2} |x|^2 = 4|x|^2,$

所以当 $4|x|^2 < 1$,即 $|x| < \dfrac{1}{2}$ 时,级数收敛;当 $4|x|^2 > 1$,即 $|x| > \dfrac{1}{2}$ 时,级数发散.因此,收敛半径 $R = \dfrac{1}{2}$.

例5 求幂级数 $\sum\limits_{n=1}^{\infty} \dfrac{(x-1)^n}{2^n n}$ 的收敛域.

解 令 $t = x - 1$,上述级数变为 $\sum\limits_{n=1}^{\infty} \dfrac{t^n}{2^n n}$.因为

$$\rho = \lim_{n \to \infty} \left| \frac{a_{n+1}}{a_n} \right| = \lim_{n \to \infty} \frac{2^n n}{2^{n+1} (n+1)} = \frac{1}{2},$$

所以收敛半径 $R=2$，收敛区间为 $|t|<2$，从而 $|x-1|<2$，即 $x\in(-1,3)$.

当 $x=3$ 时，原级数成为 $\sum\limits_{n=1}^{\infty}\dfrac{1}{n}$，原级数发散；当 $x=-1$ 时，原级数成为 $\sum\limits_{n=1}^{\infty}(-1)^{n}\dfrac{1}{n}$，原级数收敛.因此,原级数的收敛域为 $[-1,3)$.

 **习题 7-3**

求下列幂级数的收敛域：

（1）$\sum\limits_{n=1}^{\infty}\dfrac{x^{n}}{n\cdot 2^{n}}$；

（2）$\sum\limits_{n=0}^{\infty}10^{n}\cdot x^{n}$；

（3）$\sum\limits_{n=1}^{\infty}\dfrac{3^{n}}{n}(x-1)^{n}$；

（4）$\sum\limits_{n=1}^{\infty}\dfrac{(-1)^{n}}{\ln(n+1)}x^{n}$；

（5）$\sum\limits_{n=1}^{\infty}\dfrac{(-1)^{n-1}}{3^{n}\cdot n^{2}}x^{n}$；

（6）$\sum\limits_{n=1}^{\infty}(-1)^{n}\dfrac{x^{2n+1}}{2n+1}$.

------- ◄| **本章小结** |► -------

一、考查要求

1.理解数项级数收敛、发散及收敛级数的和的概念,掌握级数的基本性质及级数收敛的必要条件,掌握几何级数、调和级数与 p -级数的敛散性.

2.熟练掌握正项级数的比较审敛法和比值审敛法,熟练掌握交错级数的莱布尼兹审敛法.

3.理解任意项级数绝对收敛与条件收敛的概念及绝对收敛与收敛的关系.

4.理解幂级数的收敛半径、收敛区间及收敛域的概念,熟练掌握幂级数的收敛半径、收敛区间及收敛域的求法.

二、历年真题

1.下列判断正确的是 ( )

A. $\displaystyle\sum_{n=1}^{\infty} \frac{1}{n}$ 收敛

B. $\displaystyle\sum_{n=1}^{\infty} \frac{1}{n^2+n}$ 收敛

C. $\displaystyle\sum_{n=1}^{\infty} \frac{(-1)^n}{n}$ 绝对收敛

D. $\displaystyle\sum_{n=1}^{\infty} n!$ 收敛

2.设有正项级数(1) $\displaystyle\sum_{n=1}^{\infty} u_n$ 与(2) $\displaystyle\sum_{n=1}^{\infty} u_n^2$,则下列说法正确的是 ( )

A. 若(1)发散,则(2)必发散

B. 若(2)收敛,则(1)必收敛

C. 若(1)发散,则(2)可能发散也可能收敛

D. (1)和(2)敛散性一致

3.下列级数收敛的是 ( )

A. $\displaystyle\sum_{n=1}^{\infty} \frac{2^n}{n^2}$

B. $\displaystyle\sum_{n=1}^{\infty} \sqrt{\frac{n}{n+1}}$

C. $\displaystyle\sum_{n=1}^{\infty} \frac{1+(-1)^n}{n}$

D. $\displaystyle\sum_{n=1}^{\infty} \frac{(-1)^n}{\sqrt{n}}$

4.设 α 为非零常数,则数项级数 $\displaystyle\sum_{n=1}^{\infty} \frac{n+\alpha}{n^2}$ ( )

A. 条件收敛   B. 绝对收敛   C. 发散   D. 敛散性与 α 有关

5.下列级数收敛的是 ( )

A. $\displaystyle\sum_{n=1}^{\infty} \frac{n}{n+1}$

B. $\displaystyle\sum_{n=1}^{\infty} \frac{2n+1}{n^2+n}$

C. $\displaystyle\sum_{n=1}^{\infty} \frac{1+(-1)^n}{\sqrt{n}}$

D. $\displaystyle\sum_{n=1}^{\infty} \frac{n^2}{2^n}$

6. 下列级数条件收敛的是 ( )

A. $\sum\limits_{n=1}^{\infty} (-1)^n \dfrac{n}{2n+1}$ B. $\sum\limits_{n=1}^{\infty} (-1)^n \left(\dfrac{3}{2}\right)^n$

C. $\sum\limits_{n=1}^{\infty} \dfrac{(-1)^n}{n^2}$ D. $\sum\limits_{n=1}^{\infty} \dfrac{(-1)^n}{\sqrt{n}}$

7. 幂级数 $\sum\limits_{n=1}^{\infty} \dfrac{(x-1)^n}{2^n}$ 的收敛区间为 _____.

8. 幂级数 $\sum\limits_{n=1}^{\infty} (2n-1)x^n$ 的收敛域为 _____.

9. 幂级数 $\sum\limits_{n=1}^{\infty} \dfrac{x^n}{n \cdot 2^n}$ 的收敛域为 _____.

10. 若幂级数 $\sum\limits_{n=1}^{\infty} \dfrac{a^n}{n^2}x^n (a>0)$ 的收敛半径为 $\dfrac{1}{2}$，则常数 $a=$ _____.

11. 幂级数 $\sum\limits_{n=0}^{\infty} \dfrac{x^n}{\sqrt{n+1}}$ 的收敛域为 _____.

12. 幂级数 $\sum\limits_{n=1}^{\infty} \dfrac{(-1)^n}{n\,3^n}(x-3)^n$ 的收敛域为 _____.

◀ **本章自测题** ▶

一、填空题

1. 无穷级数 $\displaystyle\sum_{n=1}^{\infty} \frac{1+(-1)^n}{n^3}$ _____.（请填写"收敛"或"发散"）

2. 若级数 $\displaystyle\sum_{n=1}^{\infty} \frac{(-1)^n}{n^p}(p>0)$ 条件收敛,则常数 p 的取值范围是 _____.（请填写区间）

3. 幂级数 $\displaystyle\sum_{n=1}^{\infty} \frac{(x+4)^n}{n \cdot 5^n}$ 的收敛域为 _____.

4. 设幂级数 $\displaystyle\sum_{n=0}^{\infty} a_n x^n$ 的收敛半径 $R=3$,则幂级数 $\displaystyle\sum_{n=0}^{\infty} n a_n (x-1)^{n-1}$ 的收敛区间为 _____.

5. 设幂级数 $\displaystyle\sum_{n=0}^{\infty} \frac{a_n x^n}{3^n}$ 的收敛半径为 27,则幂级数 $\displaystyle\sum_{n=0}^{\infty} a_n x^n$ 的收敛半径为 _____.

二、选择题

1. 已知 $\displaystyle\lim_{n\to\infty} u_n = 0$,则数项级数 $\displaystyle\sum_{n=1}^{\infty} u_n$ ( )

 A. 一定收敛   B. 一定收敛,和可能为零

 C. 一定发散   D. 可能收敛,可能发散

2. 下列命题正确的是   ( )

 A. 若 $\displaystyle\sum_{n=1}^{\infty} u_n$ 与 $\displaystyle\sum_{n=1}^{\infty} v_n$ 都发散,则 $\displaystyle\sum_{n=1}^{\infty} (u_n + v_n)$ 必定发散

 B. 若 $\displaystyle\sum_{n=1}^{\infty} u_n$ 收敛,$\displaystyle\sum_{n=1}^{\infty} v_n$ 发散,则 $\displaystyle\sum_{n=1}^{\infty} (u_n + v_n)$ 必定发散

 C. 若 $\displaystyle\sum_{n=1}^{\infty} (u_n + v_n)$ 发散,则 $\displaystyle\sum_{n=1}^{\infty} u_n$ 与 $\displaystyle\sum_{n=1}^{\infty} v_n$ 都发散

 D. 若 $\displaystyle\sum_{n=1}^{\infty} (u_n + v_n)$ 收敛,则 $\displaystyle\sum_{n=1}^{\infty} u_n$ 与 $\displaystyle\sum_{n=1}^{\infty} v_n$ 都收敛

3. 设数项级数 $\displaystyle\sum_{n=1}^{\infty} u_n$ 收敛,则必定收敛的级数有   ( )

 A. $\displaystyle\sum_{n=1}^{\infty} n u_n$ B. $\displaystyle\sum_{n=1}^{\infty} u_n^2$

 C. $\displaystyle\sum_{n=1}^{\infty} (u_{2n-1} - u_{2n})$ D. $\displaystyle\sum_{n=1}^{\infty} (u_n + u_{n+1})$

4. 下列级数发散的是　　　　　　　　　　　　　　　　　　　　（　　）

A. $\displaystyle\sum_{n=1}^{\infty} \frac{1}{2^n+n}$

B. $\displaystyle\sum_{n=1}^{\infty} (-1)^n \ln\left(\frac{\sqrt{n}+1}{\sqrt{n}}\right)$

C. $\displaystyle\sum_{n=1}^{\infty} \left(\frac{1}{n}-\sin\frac{1}{n}\right)$

D. $\displaystyle\sum_{n=1}^{\infty} \left(e^{\frac{1}{n}}-1\right)$

5. 下列级数绝对收敛的是　　　　　　　　　　　　　　　　　　（　　）

A. $\displaystyle\sum_{n=1}^{\infty} \frac{(-1)^n}{\sqrt{n}}$

B. $\displaystyle\sum_{n=1}^{\infty} \frac{1+2(-1)^n}{n}$

C. $\displaystyle\sum_{n=1}^{\infty} \frac{\sin n}{n^2}$

D. $\displaystyle\sum_{n=1}^{\infty} \frac{(-3)^n}{n^3}$

6. 幂级数 $\displaystyle\sum_{n=0}^{\infty} \frac{\ln(n+1)}{n+1}x^{n+1}$ 的收敛域是　　　　　　　　（　　）

A. $\{0\}$

B. $(-\infty,+\infty)$

C. $[-1,1)$

D. $(-1,1)$

三、综合题

1. 讨论下列级数的敛散性：

(1) $\displaystyle\sum_{n=1}^{\infty} \frac{1+n}{1+n^2}$；

(2) $\displaystyle\sum_{n=1}^{\infty} \sin\frac{\pi}{(n+1)^2}$；

(3) $\displaystyle\sum_{n=1}^{\infty} \frac{5^{n-1}}{n!}$；

(4) $\displaystyle\sum_{n=1}^{\infty} (-1)^n \frac{1}{n^{\frac{3}{2}}}$.

2. 求下列函数的收敛区间和收敛域：

(1) $\displaystyle\sum_{n=1}^{\infty} \frac{1}{n^2}\left(\frac{x}{2}\right)^n$；

(2) $\displaystyle\sum_{n=1}^{\infty} \frac{(x-3)^n}{\sqrt{n}}$.

第8章

多元函数微积分

多元函数的概念,二元函数的极限与连续的概念,多元函数的偏导数和全微分,多元复合函数的求导法则,隐函数的求导公式,全微分形式的不变性,二阶偏导数,多元函数的极值和条件极值,二重积分的概念与性质,二重积分的计算.

§8-1　多元函数的概念

一、多元函数的概念

在学习一元函数时,经常用到邻域和区间的概念,讨论多元函数时同样要用到类似的概念.现在我们将邻域和区间的概念加以推广,为学习多元微积分打好基础.

若点 $P_0(x_0,y_0)$ 是 xOy 面上的一个点,常数 $\delta>0$,我们把点集
$$\{(x,y)\mid\sqrt{(x-x_0)^2+(y-y_0)^2}<\delta\}$$
叫作点 $P_0(x_0,y_0)$ 的 δ 邻域,记为 $U(P_0,\delta)$.

在几何上,$U(P_0,\delta)$ 就是 xOy 平面上以点 $P_0(x_0,y_0)$ 为圆心、δ 为半径的圆的内部的点的全体(图8-1).

对于点 $P_0(x_0,y_0)$ 的 δ 邻域,当不包括点 $P_0(x_0,y_0)$ 时,也称它为空心邻域,记作 $\mathring{U}(P_0,\delta)$.如不需强调邻域的半径 δ,可记为 $\mathring{U}(P_0)$.

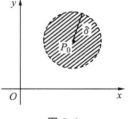

图 8-1

由 xOy 平面上的一条或几条曲线所围成的一部分平面或整个平面,称为 xOy 平面上的一个**平面区域**.围成平面区域的曲线称为**区域边界**.不包含边界的区域称为**开区域**,包含全部边界的区域称为**闭区域**.包含部分边界的区域称为**半开半闭区域**.若能找到以适当长为半径的圆,使区域内的所有点都在该圆内,这样的区域称为**有界区域**.否则,称为**无界区域**.

例如,$D=\{(x,y)\mid-\infty<x<+\infty,-\infty<y<+\infty\}$ 是无界区域,它表示整个 xOy 平面;$D=\{(x,y)\mid1<x^2+y^2<4\}$ 是有界开区域(图8-2,不包括边界);$D=\{(x,y)\mid x+y>0\}$ 是无界开区域(图8-3),它是以直线 $x+y=0$ 为边界的上半平面,但不包括边界直线 $x+y=0$.

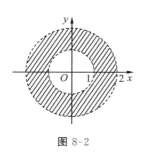　　　　　　　　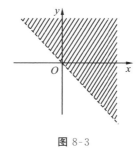

图 8-2　　　　　　　　　　　　　　　　图 8-3

1. 多元函数的定义

在实际问题中,常常会遇到一个变量依赖于多个其他变量的情形,如下面两个例子.

例 1　三角形的面积 S 与其底边长 a、高 h 有如下依赖关系:

$$S = \frac{1}{2}ah\,(a>0, h>0).$$

其中底边长 a、高 h 是独立取值的两个变量.在它们的变化范围内,当 a,h 取定值后,三角形的面积 S 有唯一确定的值与之对应.

例 2　一定质量的理想气体的压强 P、体积 V 和绝对温度 T 之间满足下列确定性关系:

$$P = k\frac{T}{V},$$

其中 k 为常数,T,V 为取值于集合 $\{(T,V)\mid T>T_0, V>0\}$ 的实数对.

这些例子有一些共同的特性,抽出其共性就可以得到以下二元函数的定义.

定义 1　设有三个变量 x,y,z,如果对于变量 x,y,在它们的变化范围 D 内的每一对确定的值 (x,y),按照某一对应法则 f,变量 z 都有确定的值与之对应,则称变量 z 为变量 x,y 在 D 上的**二元函数**,记作

$$z = f(x,y).$$

其中 x,y 称为**自变量**,z 称为 x,y 的函数(或**因变量**).自变量 x,y 的变化范围 D 称为函数的**定义域**.

当自变量 x,y 分别取 x_0,y_0 时,函数 z 的对应值为 z_0,记作 $z_0 = f(x_0,y_0)$,称为函数 $z = f(x,y)$ 当 $x = x_0, y = y_0$ 时的函数值.这时也称函数 $z = f(x,y)$ 在点 $P_0(x_0,y_0)$ 处是有定义的.所有函数值的集合叫作函数 $z = f(x,y)$ 的**值域**.

类似地,可以定义三元函数 $u = f(x,y,z)$ 及三元以上的函数.二元及二元以上的函数统称为**多元函数**.本章主要讨论二元函数.

2. 多元函数的定义域

同一元函数一样,二元函数的定义域也是函数概念的一个重要组成部分.对从实际问题中建立起来的函数,一般根据自变量所表示的实际意义确定函数的定义域,如例 1 中的 $a>0, h>0$.而对于由数学式子表示的函数 $z = f(x,y)$,它的定义域就是使该数学式子有意义的那些自变量取值的全体.求函数的定义域,就是求出使函数有意义的所有自变量的取值范围.

例 3　求函数 $z = \sqrt{9-x^2-y^2}$ 的定义域,并计算 $f(0,1)$ 和 $f(-1,1)$.

解　要使函数有意义,自变量 x,y 必须满足不等式 $x^2+y^2 \leqslant 9$,即函数的定义域为

$$D = \{(x, y) \mid x^2 + y^2 \leqslant 9\}.$$

几何上它表示在 xOy 平面上以原点为圆心、半径为 3 的圆的内部及其边界上点的全体(有界闭区域)(图 8-4).

$$f(0, 1) = \sqrt{9 - 0^2 - 1^2} = 2\sqrt{2},$$
$$f(-1, 1) = \sqrt{9 - (-1)^2 - 1^2} = \sqrt{7}.$$

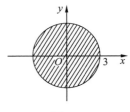

图 8-4

例 4 求函数 $z = \arcsin \dfrac{x^2 + y^2}{2} + \sqrt{x^2 + y^2 - 1}$ 的定义域.

解 要使函数有意义，x, y 应满足不等式组

$$\begin{cases} -1 \leqslant \dfrac{x^2 + y^2}{2} \leqslant 1, \\ x^2 + y^2 \geqslant 1, \end{cases}$$

即

$$1 \leqslant x^2 + y^2 \leqslant 2.$$

因此，函数的定义域为 $D = \{(x, y) \mid 1 \leqslant x^2 + y^2 \leqslant 2\}$. 在几何上，它表示 xOy 平面的圆环(有界闭区域)(图 8-5).

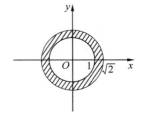

图 8-5

3. 二元函数的几何意义

我们知道，一元函数 $y = f(x)$ 是 xOy 平面上的一条曲线. 对于二元函数 $z = f(x, y)$，设其定义域为 D，$P_0(x_0, y_0)$ 为函数定义域内的一点，与 P_0 点对应的函数值记为 $z_0 = f(x_0, y_0)$，于是可在空间直角坐标系 $O\text{-}xyz$ 中作出点 $M_0(x_0, y_0, z_0)$. 当点 $P(x, y)$ 在定义域 D 内变动时，对应点 $M(x, y, z)$ 的轨迹就是函数 $z = f(x, y)$ 的几何图形，它通常是一张曲面，如图 8-6 所示. 这就是二元函数的几何意义. 而二元函数 $z = f(x, y)$ 的定义域 D 正是这张曲面在 xOy 平面上的投影.

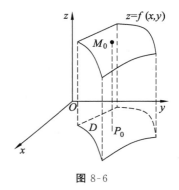

图 8-6

例 5 作二元函数 $z = \sqrt{1 - x^2 - y^2}$ 的图形.

解 函数 $z = \sqrt{1 - x^2 - y^2}$ 的定义域为 $D = \{(x, y) \mid x^2 + y^2 \leqslant 1\}$，即为单位圆的内部及其边界. 对表达式 $z = \sqrt{1 - x^2 - y^2}$ 两边平方，得 $z^2 = 1 - x^2 - y^2$，即

$$x^2 + y^2 + z^2 = 1.$$

在空间，它表示以 $(0, 0, 0)$ 为球心、1 为半径的球面. 又 $z \geqslant 0$，因此，函数 $z = \sqrt{1 - x^2 - y^2}$ 的图形是位于 xOy 平面上方的半球面(图 8-7).

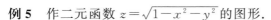

图 8-7

二、二元函数的极限

我们知道利用极限可以研究函数的变化趋势. 由于二元函数有两个自变量，所以二元函数的自变量的变化过程比一元函数的自变量的变化过程要复杂得多.

下面考虑当点 $P(x, y)$ 趋近于点 $P_0(x_0, y_0)$(记为 $P(x, y) \to P_0(x_0, y_0)$ 或 $x \to x_0$，$y \to y_0$)时，函数 $z = f(x, y)$ 的变化趋势.

定义 2　设函数 $z = f(x, y)$ 在点 $P_0(x_0, y_0)$ 的某一空心邻域内有定义,如果在此邻域内的动点 $P(x, y)$ 以任意方式趋近于点 $P_0(x_0, y_0)$ 时,对应的函数值 $f(x, y)$ 都趋近于一个确定的常数 A,那么**称这个常数 A 为函数 $z = f(x, y)$ 当 $(x, y) \to (x_0, y_0)$ 时的极限**,记为

$$\lim_{(x,y) \to (x_0, y_0)} f(x, y) = A, \lim_{\substack{x \to x_0 \\ y \to y_0}} f(x, y) = A \text{ 或 } \lim_{P \to P_0} f(x, y) = A.$$

说明　(1) 二元函数极限存在要求点 $P(x, y)$ 以任意方式趋近于点 $P_0(x_0, y_0)$ 时,$f(x, y)$ 都趋近于同一个确定的常数 A. 反之,如果当 $P(x, y)$ 沿一些不同的路径趋近于点 $P_0(x_0, y_0)$ 时,函数 $z = f(x, y)$ 趋近于不同的值,那么可以断定 $\lim_{\substack{x \to x_0 \\ y \to y_0}} f(x, y)$ 不存在.

(2) 可把一元函数极限的四则运算法则及一些求法推广到二元函数的极限运算.

例 6　求下列极限:

(1) $\lim_{(x,y) \to (1,2)} \dfrac{x^2 + y^2}{xy}$;

(2) $\lim_{\substack{x \to 0 \\ y \to 0}} (x^2 + y^2) \sin \dfrac{1}{x^2 + y^2}$.

解　(1) $\lim_{(x,y) \to (1,2)} \dfrac{x^2 + y^2}{xy} = \dfrac{\lim_{(x,y) \to (1,2)} (x^2 + y^2)}{\lim_{(x,y) \to (1,2)} xy} = \dfrac{\lim_{(x,y) \to (1,2)} x^2 + \lim_{(x,y) \to (1,2)} y^2}{\lim_{(x,y) \to (1,2)} x \cdot \lim_{(x,y) \to (1,2)} y}$

$$= \frac{1^2 + 2^2}{1 \times 2} = \frac{5}{2}.$$

(2) 令 $r = x^2 + y^2$,则当 $x \to 0, y \to 0$ 时,$r \to 0$. 故

$$\lim_{\substack{x \to 0 \\ y \to 0}} (x^2 + y^2) \sin \frac{1}{x^2 + y^2} = \lim_{r \to 0} r \sin \frac{1}{r} = 0.$$

例 7　讨论二元函数

$$f(x, y) = \begin{cases} \dfrac{xy}{x^2 + y^2}, & x^2 + y^2 \neq 0, \\ 0, & x^2 + y^2 = 0 \end{cases}$$

当 $P(x, y) \to O(0, 0)$ 时,极限是否存在.

解　当 $P(x, y)$ 沿直线 $y = kx$ 趋近于点 $(0, 0)$ 时,

$$f(x, y) = f(x, kx) = \frac{k}{1 + k^2} (x \neq 0),$$

所以

$$\lim_{(x,y) \to (0,0)} f(x, y) = \lim_{(x,y) \to (0,0)} \frac{k}{1 + k^2} = \frac{k}{1 + k^2}.$$

可见其极限值随直线斜率 k 的不同而不同,因此 $\lim_{(x,y) \to (0,0)} f(x, y)$ 不存在.

三、二元函数的连续性

仿照一元函数连续性的定义,下面给出二元函数连续性的定义.

定义 3　设函数 $z = f(x, y)$ 在点 $P_0(x_0, y_0)$ 的某一邻域内有定义,如果当邻域内的

任意一点 $P(x,y)$ 趋近于点 $P_0(x_0,y_0)$ 时,函数 $z=f(x,y)$ 的极限等于 $f(x,y)$ 在点 $P_0(x_0,y_0)$ 处的函数值 $f(x_0,y_0)$,即

$$\lim_{\substack{x \to x_0 \\ y \to y_0}} f(x,y) = f(x_0,y_0),$$

那么称函数 $f(x,y)$ **在点** $P_0(x_0,y_0)$ **处连续**.

如果函数 $z=f(x,y)$ 在区域 D 上的每一点处都连续,那么称**函数** $z=f(x,y)$ **在区域** D **上连续**.连续的二元函数 $z=f(x,y)$ 在几何上表示一张无缝隙的曲面.

如果函数 $z=f(x,y)$ 在点 $P_0(x_0,y_0)$ 处不连续,那么称该点为函数 $z=f(x,y)$ 的**间断点**.

与一元函数相类似,二元连续函数的和、差、积、商(分母不为零)仍为连续函数,二元连续函数的复合函数也是连续函数.

定义 4 由变量 x,y 的基本初等函数及常数经过有限次的四则运算或复合而构成的,且用一个数学式子表示的二元函数称为**二元初等函数**.

根据以上所述,可以得到以下结论:**多元初等函数在其定义区域内是连续的**.

设 (x_0,y_0) 是二元初等函数 $z=f(x,y)$ 的定义区域内的任一点,则有

$$\lim_{\substack{x \to x_0 \\ y \to y_0}} f(x,y) = f(x_0,y_0).$$

例如,$\displaystyle\lim_{\substack{x \to 0 \\ y \to \frac{1}{2}}} \arccos \sqrt{x^2+y^2} = \arccos \sqrt{0^2 + \left(\frac{1}{2}\right)^2} = \frac{\pi}{3}.$

与闭区间上的一元连续函数的性质类似,在有界闭区域上的二元连续函数也有以下两个重要性质:

性质 1(最值性质) 如果函数 $f(x,y)$ 在有界闭区域 D 上连续,那么 $f(x,y)$ 在 D 上一定存在最大值和最小值.

性质 2(介值性质) 如果函数 $f(x,y)$ 在有界闭区域 D 上连续,那么 $f(x,y)$ 在 D 上一定可取得介于函数最大值 M 与最小值 m 之间的任何值.即如果 μ 是 M 与 m 之间的任一常数($m<\mu<M$),那么在 D 上至少存在一点 $(\xi,\eta) \in D$,使得 $f(\xi,\eta)=\mu$.

二元函数的极限与连续的理论可以类似地推广到二元以上的函数.

习题 8-1

1. 确定并画出下列函数的定义域:

(1) $z = \ln(x^2-y-1)$;

(2) $z = \sqrt{x+y} + \sqrt{2-x}$;

(3) $z = \sqrt{1-x^2} + \sqrt{y^2-1}$;

(4) $z = \arcsin \dfrac{x}{y}$.

2. 设函数 $f(x,y) = x^3 - 2xy + 3y^2$,求:

(1) $f(-2,3)$;

(2) $f\left(\dfrac{1}{y}, \dfrac{2}{x}\right)$.

3. 求极限(若不存在,说明理由):

(1) $\displaystyle\lim_{\substack{x \to 1 \\ y \to 0}} \dfrac{1-xy}{x^2+y^2}$;

(2) $\displaystyle\lim_{\substack{x \to 0 \\ y \to 0}} \dfrac{x+y}{x-y}$.

------ ◀ **§8-2 偏导数与全微分** ▶ ------

一、偏导数的概念及求法

1. 偏导数的定义

在研究一元函数时,我们是从研究函数的变化率引入了导数的概念.对于多元函数,同样需要讨论它的变化率.由于多元函数的自变量不止一个,多元函数与自变量的关系要比一元函数复杂得多.为此,首先考虑多元函数关于其中一个自变量的变化率问题,于是引入偏导数的概念.

定义 1 设函数 $z = f(x, y)$ 在点 (x_0, y_0) 的某一邻域内有定义,当 y 固定在 y_0,而 x 在 x_0 处有增量 Δx 时,相应的函数有增量

$$f(x_0 + \Delta x, y_0) - f(x_0, y_0).$$

如果极限

$$\lim_{\Delta x \to 0} \frac{f(x_0 + \Delta x, y_0) - f(x_0, y_0)}{\Delta x}$$

存在,那么称此极限值为函数 $z = f(x, y)$ 在点 (x_0, y_0) 处对 x **的偏导数**.记为

$$\left.\frac{\partial z}{\partial x}\right|_{(x_0, y_0)}, \left.\frac{\partial f}{\partial x}\right|_{(x_0, y_0)}, z'_x(x_0, y_0) \text{ 或 } f'_x(x_0, y_0).$$

即

$$\left.\frac{\partial z}{\partial x}\right|_{(x_0, y_0)} = \lim_{\Delta x \to 0} \frac{f(x_0 + \Delta x, y_0) - f(x_0, y_0)}{\Delta x}.$$

类似地,函数 $z = f(x, y)$ 在点 (x_0, y_0) 处**对 y 的偏导数**定义为

$$\left.\frac{\partial z}{\partial y}\right|_{(x_0, y_0)} = \lim_{\Delta y \to 0} \frac{f(x_0, y_0 + \Delta y) - f(x_0, y_0)}{\Delta y}.$$

如果函数 $z = f(x, y)$ 在区域 D 内每一点 (x, y) 处对 x(或 y)的偏导数都存在,那么这些偏导数构成的 x, y 的二元函数,称为函数 $z = f(x, y)$ **对自变量 x(或 y)的偏导函数**.记为

$$\frac{\partial z}{\partial x}, \frac{\partial f}{\partial x}, z'_x, f'_x \left(\text{或} \frac{\partial z}{\partial y}, \frac{\partial f}{\partial y}, z'_y, f'_y \right).$$

且有

$$\frac{\partial z}{\partial x} = \lim_{\Delta x \to 0} \frac{f(x + \Delta x, y) - f(x, y)}{\Delta x},$$

$$\frac{\partial z}{\partial y} = \lim_{\Delta y \to 0} \frac{f(x, y + \Delta y) - f(x, y)}{\Delta y}.$$

由此可知,$\left.\dfrac{\partial z}{\partial x}\right|_{(x_0, y_0)}$ 就是偏导函数 $\dfrac{\partial z}{\partial x}$ 在点 (x_0, y_0) 处的函数值.同理,$\left.\dfrac{\partial z}{\partial y}\right|_{(x_0, y_0)}$ 就是偏导函数 $\dfrac{\partial z}{\partial y}$ 在点 (x_0, y_0) 处的函数值.

二元以上的多元函数的偏导数可类似地定义.

2. 二元函数偏导数的几何意义

由空间解析几何可知,曲面 $z=f(x,y)$ 被平面 $y=y_0$ 截得的空间曲线为
$$\begin{cases} z=f(x,y), \\ y=y_0, \end{cases}$$

而二元函数 $z=f(x,y)$ 在点 (x_0,y_0) 处对 x 的偏导数 $f'_x(x_0,y_0)$ 就是一元函数 $z=f(x,y_0)$ 在点 x_0 处的导数,由一元函数导数的几何意义知,二元函数 $z=f(x,y)$ 在点 (x_0,y_0) 处对 x 的偏导数,就是平面 $y=y_0$ 上的一条曲线 $\begin{cases} z=f(x,y), \\ y=y_0 \end{cases}$ 在点 $M_0(x_0,y_0,f(x_0,y_0))$ 处的切线 M_0T_x 对 x 轴的斜率.同样,$f'_y(x_0,y_0)$ 表示曲线 $\begin{cases} z=f(x,y), \\ x=x_0 \end{cases}$ 在点 $M_0(x_0,y_0,f(x_0,y_0))$ 处的切线 M_0T_y 对 y 轴的斜率(图8-8).

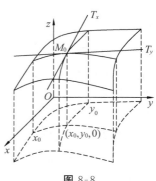

图 8-8

3. 偏导数的求法

由偏导数的定义可知,函数 $z=f(x,y)$ 在点 (x_0,y_0) 处对 x 的偏导数 $f'_x(x_0,y_0)$ 就是一元函数 $z=f(x,y_0)$ 在点 $x=x_0$ 处的导数.因此,求函数 $z=f(x,y)$ 对 x 的偏导数时,将 y 看成常数,把它当作以 x 为自变量的一元函数 $f(x,y)$ 来求导.同样,求 $z=f(x,y)$ 对 y 的偏导数时,只需将 x 看成常数.因此,求二元函数的偏导数实质上就归结为求一元函数的导数,一元函数导数的基本公式和运算法则仍然适用于求二元函数的偏导数.

例1 设 $z=2x^2y^5+y^2+2x$,求 $\dfrac{\partial z}{\partial x}$,$\dfrac{\partial z}{\partial y}$,$\dfrac{\partial z}{\partial x}\Big|_{(2,1)}$ 及 $\dfrac{\partial z}{\partial y}\Big|_{(2,1)}$.

解 要求 $\dfrac{\partial z}{\partial x}$,把 y 看成常数,函数看成是以 x 为自变量的一元函数,然后对 x 求导数,得
$$\frac{\partial z}{\partial x}=2\cdot 2xy^5+2=4xy^5+2.$$

同理可得
$$\frac{\partial z}{\partial y}=2x^2\cdot 5y^4+2y=10x^2y^4+2y.$$

所以
$$\frac{\partial z}{\partial x}\Big|_{(2,1)}=4\times 2\times 1^5+2=10,$$
$$\frac{\partial z}{\partial y}\Big|_{(2,1)}=10\times 2^2\times 1^4+2\times 1=42.$$

例2 求下列函数的偏导数:

(1) $z=\ln(x^2+y^2)$;　　　　　　　　　(2) $z=x^y$.

解 (1) 利用一元复合函数的求导法则,有
$$\frac{\partial z}{\partial x}=\frac{1}{x^2+y^2}\cdot\frac{\partial}{\partial x}(x^2+y^2)=\frac{2x}{x^2+y^2},$$

$$\frac{\partial z}{\partial y} = \frac{1}{x^2 + y^2} \cdot \frac{\partial}{\partial y}(x^2 + y^2) = \frac{2y}{x^2 + y^2}.$$

（2）$\dfrac{\partial z}{\partial x} = yx^{y-1}, \dfrac{\partial z}{\partial y} = x^y \ln x.$

4．高阶偏导数

设函数 $z = f(x, y)$ 在区域 D 内有偏导数

$$\frac{\partial z}{\partial x} = f'_x(x, y), \frac{\partial z}{\partial y} = f'_y(x, y),$$

则在 D 内，$f'_x(x, y), f'_y(x, y)$ 都是 x, y 的函数.如果它们的偏导数仍存在,那么将其称为函数 $z = f(x, y)$ 的**二阶偏导数**.按照变量求导次序的不同,共有下列四个二阶偏导数：

$$\frac{\partial}{\partial x}\left(\frac{\partial z}{\partial x}\right) = \frac{\partial^2 z}{\partial x^2} = f''_{xx}(x, y) = z''_{xx}(x, y),$$

$$\frac{\partial}{\partial y}\left(\frac{\partial z}{\partial x}\right) = \frac{\partial^2 z}{\partial x \partial y} = f''_{xy}(x, y) = z''_{xy}(x, y),$$

$$\frac{\partial}{\partial x}\left(\frac{\partial z}{\partial y}\right) = \frac{\partial^2 z}{\partial y \partial x} = f''_{yx}(x, y) = z''_{yx}(x, y),$$

$$\frac{\partial}{\partial y}\left(\frac{\partial z}{\partial y}\right) = \frac{\partial^2 z}{\partial y^2} = f''_{yy}(x, y) = z''_{yy}(x, y).$$

其中第二、三两个二阶偏导数称为**混合二阶偏导数**.

类似地,可以定义三阶、四阶以至 n 阶偏导数.一个多元函数的 $n-1$ 阶偏导数的偏导数称为原来函数的 n **阶偏导数**.二阶及二阶以上的偏导数统称为**高阶偏导数**.

例 3　设 $z = x^3 + y^3 - 2xy^2$,求它的所有二阶偏导数.

解　因为

$$\frac{\partial z}{\partial x} = 3x^2 - 2y^2, \frac{\partial z}{\partial y} = 3y^2 - 4xy,$$

所以

$$\frac{\partial^2 z}{\partial x^2} = \frac{\partial}{\partial x}\left(\frac{\partial z}{\partial x}\right) = \frac{\partial}{\partial x}(3x^2 - 2y^2) = 6x,$$

$$\frac{\partial^2 z}{\partial x \partial y} = \frac{\partial}{\partial y}\left(\frac{\partial z}{\partial x}\right) = \frac{\partial}{\partial y}(3x^2 - 2y^2) = -4y,$$

$$\frac{\partial^2 z}{\partial y \partial x} = \frac{\partial}{\partial x}\left(\frac{\partial z}{\partial y}\right) = \frac{\partial}{\partial x}(3y^2 - 4xy) = -4y,$$

$$\frac{\partial^2 z}{\partial y^2} = \frac{\partial}{\partial y}\left(\frac{\partial z}{\partial y}\right) = \frac{\partial}{\partial y}(3y^2 - 4xy) = 6y - 4x.$$

注意　本例中两个二阶混合偏导数相等,这个结果并不是偶然的.事实上,我们有下面的定理.

定理 1　如果函数 $z = f(x, y)$ 的两个混合偏导数 $\dfrac{\partial^2 z}{\partial x \partial y}, \dfrac{\partial^2 z}{\partial y \partial x}$ 在区域 D 内都连续,那么它们在 D 内必相等,即

$$\frac{\partial^2 z}{\partial x \partial y} = \frac{\partial^2 z}{\partial y \partial x}.$$

例 4 设函数 $f(x,y) = e^{xy} + \sin(x+y)$，求 $f''_{xx}\left(\frac{\pi}{2}, 0\right), f''_{xy}\left(\frac{\pi}{2}, 0\right)$.

解 因为 $f'_x(x,y) = y e^{xy} + \cos(x+y), f''_{xx}(x,y) = y^2 e^{xy} - \sin(x+y),$

$$f''_{xy}(x,y) = e^{xy} + xy e^{xy} - \sin(x+y),$$

所以

$$f''_{xx}\left(\frac{\pi}{2}, 0\right) = -1, f''_{xy}\left(\frac{\pi}{2}, 0\right) = 0.$$

二、全增量和全微分的概念

1. 二元函数的全增量

定义 2 设二元函数 $z = f(x,y)$ 在点 (x,y) 的某邻域内有定义，当自变量 x,y 在该邻域内分别有增量 $\Delta x, \Delta y$ 时，相应的函数 z 的增量为

$$\Delta z = f(x+\Delta x, y+\Delta y) - f(x,y).$$

称 Δz 为二元函数 $z = f(x,y)$ 在点 (x,y) 处的**全增量**.若将 y 固定，当自变量 x 在该邻域内有增量 Δx 时，相应的函数 z 的增量为

$$\Delta_x z = f(x+\Delta x, y) - f(x,y).$$

称 $\Delta_x z$ 为二元函数 $z = f(x,y)$ 在点 (x,y) 处**对 x 的偏增量**.同样也可定义函数在点 (x, y) 处**对 y 的偏增量**

$$\Delta_y z = f(x, y+\Delta y) - f(x,y).$$

2. 全微分的概念

一般来说，计算全增量 Δz 往往比较复杂，类似于一元函数，我们希望能从 Δz 中分离出自变量的增量 $\Delta x, \Delta y$ 的线性函数作为 Δz 的近似值.

下面给出二元函数的全微分定义.

定义 3 设二元函数 $z = f(x,y)$ 在点 (x,y) 的某邻域内有定义，如果 $z = f(x,y)$ 在点 (x,y) 的全增量

$$\Delta z = f(x+\Delta x, y+\Delta y) - f(x,y)$$

可以表示为

$$\Delta z = A\Delta x + B\Delta y + o(\rho),$$

其中 A, B 与 $\Delta x, \Delta y$ 无关，$\rho = \sqrt{(\Delta x)^2 + (\Delta y)^2}$，$o(\rho)$ 是当 $\rho \to 0$ 时比 ρ 更高阶的无穷小，那么称二元函数 $z = f(x,y)$ **在点 (x,y) 处可微**，并称 $A\Delta x + B\Delta y$ 为函数 $z = f(x,y)$ 在点 (x,y) 处的**全微分**，记作 dz，即

$$dz = A\Delta x + B\Delta y.$$

当 $|\Delta x|, |\Delta y|$ 充分小时，可用全微分 dz 作为函数 $z = f(x,y)$ 的全增量 Δz 的近似值.

如果函数 $z = f(x,y)$ 在区域 D 上的每一个点都可微，那么称该函数在区域 D 上可微.

3. 可微与偏导数存在的关系

在一元函数中，可微与可导是等价的，且 $dy = f'(x)dx$，那么二元函数 $z = f(x,y)$ 在

点 (x,y) 处可微与偏导数存在之间有什么关系呢？全微分定义中的 A,B 如何确定？它是否与函数 $f(x,y)$ 有关系呢？

定理 2(可微的第一必要条件)　若函数 $z=f(x,y)$ 在点 (x,y) 处可微,即 $\Delta z=A\Delta x+B\Delta y+o(\rho)$,则在该点 $f(x,y)$ 的两个偏导数存在,并且
$$A=f'_x(x,y),B=f'_y(x,y).$$

证明　因为 $z=f(x,y)$ 在点 (x,y) 处可微,则
$$\Delta z=A\Delta x+B\Delta y+o(\rho),$$
上式对任意的 $\Delta x,\Delta y$ 都成立.当 $\Delta y=0$ 时,$\rho=|\Delta x|$,则
$$\Delta z=f(x+\Delta x,y)-f(x,y)=A\Delta x+o(|\Delta x|).$$
上式两边同除以 Δx,再令 $\Delta x\to 0$,取极限,得
$$f'_x(x,y)=\lim_{\Delta x\to 0}\frac{\Delta z}{\Delta x}=\lim_{\Delta x\to 0}\frac{f(x+\Delta x,y)-f(x,y)}{\Delta x}$$
$$=\lim_{\Delta x\to 0}\frac{A\Delta x+o(|\Delta x|)}{\Delta x}=A.$$

同理可证
$$f'_y(x,y)=B.$$

根据上面定理,如果函数 $z=f(x,y)$ 在点 (x,y) 处可微,则在该点的全微分为
$$\mathrm{d}z=f'_x(x,y)\Delta x+f'_y(x,y)\Delta y$$
或
$$\mathrm{d}z=\frac{\partial z}{\partial x}\Delta x+\frac{\partial z}{\partial y}\Delta y.$$

若记 $\Delta x=\mathrm{d}x,\Delta y=\mathrm{d}y$,则全微分又可写成
$$\mathrm{d}z=f'_x(x,y)\mathrm{d}x+f'_y(x,y)\mathrm{d}y$$
或
$$\mathrm{d}z=\frac{\partial z}{\partial x}\mathrm{d}x+\frac{\partial z}{\partial y}\mathrm{d}y.$$

其中 $\mathrm{d}x,\mathrm{d}y$ 分别是自变量 x,y 的微分.这就是全微分的计算公式.

上面定理指出,二元函数在一点可微,则在该点偏导数一定存在.反过来,若二元函数在一点偏导数存在,则在该点是否一定可微呢？下面来讨论可微与连续的关系.

定理 3(可微的第二必要条件)　若二元函数 $z=f(x,y)$ 在点 (x,y) 处可微,则函数 $z=f(x,y)$ 在点 (x,y) 处一定连续.(证明从略)

定理 4(可微的充分条件)　若二元函数 $z=f(x,y)$ 的两个偏导数 $f'_x(x,y),f'_y(x,y)$ 在点 (x,y) 处存在且连续,则函数 $z=f(x,y)$ 在点 (x,y) 处一定可微.(证明从略)

上述三个定理说明:

但函数的偏导数存在,函数不一定可微.

例如,函数

$$f(x,y)=\begin{cases}\dfrac{xy}{x^2+y^2}, & x^2+y^2\neq 0,\\[2mm] 0, & x^2+y^2=0\end{cases}$$

在点$(0,0)$处不连续,故由定理 3 可知,函数 $f(x,y)$在点$(0,0)$处是不可微的.但这个函数在点$(0,0)$的两个偏导数是存在的,且

$$f_x'(0,0)=0, f_y'(0,0)=0.$$

函数 $f(x,y)$在点$(0,0)$处偏导数存在,但不可微.

例 5 求函数 $z=xy$ 在点$(2,3)$处关于 $\Delta x=0.1, \Delta y=0.2$ 的全增量与全微分.

解 $\Delta z=(x+\Delta x)(y+\Delta y)-xy=y\Delta x+x\Delta y+\Delta x\Delta y,$

$$dz=\frac{\partial z}{\partial x}dx+\frac{\partial z}{\partial y}dy=ydx+xdy=y\Delta x+x\Delta y.$$

将 $x=2, y=3, \Delta x=0.1, \Delta y=0.2$ 代入 $\Delta z, dz$ 的表达式,得 $\Delta z=0.72, dz=0.7.$

例 6 求函数 $z=x^2y+y^2$ 的全微分 dz.

解 $\dfrac{\partial z}{\partial x}=2xy, \dfrac{\partial z}{\partial y}=x^2+2y,$

$$dz=\frac{\partial z}{\partial x}dx+\frac{\partial z}{\partial y}dy=2xydx+(x^2+2y)dy.$$

例 7 求函数 $z=e^{xy}$ 的全微分 dz.

解 $dz=\dfrac{\partial z}{\partial x}dx+\dfrac{\partial z}{\partial y}dy=ye^{xy}dx+xe^{xy}dy.$

 **习题 8-2**

1. 求下列函数的偏导数:

(1) $z=x^3y^3$;

(2) $z=e^{xy}$;

(3) $z=\dfrac{xy}{x^2+y^2}$;

(4) $z=x^y$;

(5) $z=e^{\sin x}\cos y$;

(6) $z=\ln\tan\dfrac{x}{y}$.

2. 设函数 $f(x,y)=\arctan\dfrac{x+y}{1-xy}$,求$\left.\dfrac{\partial f(x,y)}{\partial y}\right|_{\substack{x=0\\y=0}}$.

3. 求下列函数的所有二阶导数:

(1) $z=x\ln(x+y)$;

(2) $z=x^2e^y$;

(3) $z=\sin(x^2+y^2)$;

(4) $z=3x^2y^2+x^3+y^3$.

4. 求下列函数的全微分:

(1) $z=\dfrac{y}{x}$;

(2) $z=\sqrt{x}\cos y$;

(3) $z=\arctan(xy)$;

(4) $z=\ln\sqrt{1+x^2+y^2}$.

5. 求函数 $z=x\sin(x+y)$ 在点$\left(\dfrac{\pi}{3},\dfrac{\pi}{6}\right)$处的全微分.

§8-3　多元复合函数 与隐函数的偏导数

一、多元复合函数的求导法则

在本节中,我们将一元函数微分学中复合函数的求导法则推广到多元复合函数的情形.

定理 1　如果函数 $u=\varphi(x,y),v=\psi(x,y)$ 在点 (x,y) 处具有对 x 及对 y 的偏导数,函数 $z=f(u,v)$ 在对应点 (u,v) 处具有连续偏导数,则复合函数 $z=f[\varphi(x,y),\psi(x,y)]$ 在 (x,y) 处的两个偏导数都存在,且

$$\frac{\partial z}{\partial x}=\frac{\partial z}{\partial u}\cdot\frac{\partial u}{\partial x}+\frac{\partial z}{\partial v}\cdot\frac{\partial v}{\partial x},\ \frac{\partial z}{\partial y}=\frac{\partial z}{\partial u}\cdot\frac{\partial u}{\partial y}+\frac{\partial z}{\partial v}\cdot\frac{\partial v}{\partial y}.$$

该公式称为多元复合函数求导的链式法则.其函数结构图为

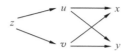

定理 1 的链式法则也适用于以下特殊情形.

情形 1　若 $z=f(u,v),u=\varphi(x),v=\psi(x)$,则复合函数 $z=f[\varphi(x),\psi(x)]$ 有链式法则

$$\frac{\mathrm{d}z}{\mathrm{d}x}=\frac{\partial z}{\partial u}\cdot\frac{\mathrm{d}u}{\mathrm{d}x}+\frac{\partial z}{\partial v}\cdot\frac{\mathrm{d}v}{\mathrm{d}x},$$

其中 $\dfrac{\mathrm{d}z}{\mathrm{d}x}$ 称为全导数,函数结构图为

情形 2　若 $z=f(u),u=\varphi(x,y)$,则复合函数 $z=f[\varphi(x,y)]$ 有链式法则

$$\frac{\partial z}{\partial x}=\frac{\mathrm{d}z}{\mathrm{d}u}\cdot\frac{\partial u}{\partial x},\ \frac{\partial z}{\partial y}=\frac{\mathrm{d}z}{\mathrm{d}u}\cdot\frac{\partial u}{\partial y},$$

函数结构图为

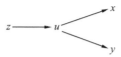

情形 3　若 $z=f(x,v),v=\psi(x,y)$,则复合函数 $z=f[x,\psi(x,y)]$ 有链式法则

$$\frac{\partial z}{\partial x}=\frac{\partial f}{\partial x}+\frac{\partial f}{\partial v}\cdot\frac{\partial v}{\partial x},\ \frac{\partial z}{\partial y}=\frac{\partial f}{\partial v}\cdot\frac{\partial v}{\partial y},$$

函数结构图为

注意 将等式右端记为 $\dfrac{\partial f}{\partial x}$ 而不用 $\dfrac{\partial z}{\partial x}$，是防止和等式左端的 $\dfrac{\partial z}{\partial x}$ 混淆.

例 1 设 $z = u^v$, $u = x^2 + y^2$, $v = xy$, 求 $\dfrac{\partial z}{\partial x}$.

解 $\dfrac{\partial z}{\partial u} = vu^{v-1}$, $\dfrac{\partial z}{\partial v} = u^v \ln u$, $\dfrac{\partial u}{\partial x} = 2x$, $\dfrac{\partial v}{\partial x} = y$,

$$
\begin{aligned}
\frac{\partial z}{\partial x} &= \frac{\partial z}{\partial u} \cdot \frac{\partial u}{\partial x} + \frac{\partial z}{\partial v} \cdot \frac{\partial v}{\partial x} \\
&= vu^{v-1} \cdot 2x + u^v \ln u \cdot y \\
&= 2x^2 y (x^2 + y^2)^{xy-1} + y (x^2 + y^2)^{xy} \ln(x^2 + y^2).
\end{aligned}
$$

例 2 设 $z = uv$, $u = e^t$, $v = \cos 2t$, 求全导数 $\dfrac{dz}{dt}$.

解 $\dfrac{dz}{dt} = \dfrac{\partial z}{\partial u} \cdot \dfrac{du}{dt} + \dfrac{\partial z}{\partial v} \cdot \dfrac{dv}{dt} = v \cdot e^t + u \cdot (-2\sin 2t) = e^t (\cos 2t - 2\sin 2t)$.

例 3 设函数 $z = f(x^2 - y^2, e^{xy})$，其中 f 是可偏导函数，求 $\dfrac{\partial z}{\partial x}$, $\dfrac{\partial z}{\partial y}$.

解 设 $u = x^2 - y^2$, $v = e^{xy}$, 则 $z = f(u, v)$.

$$\frac{\partial u}{\partial x} = 2x, \quad \frac{\partial u}{\partial y} = -2y, \quad \frac{\partial v}{\partial x} = y e^{xy}, \quad \frac{\partial v}{\partial y} = x e^{xy}.$$

为了简便起见，我们引入记号

$$f_1' = \frac{\partial z}{\partial u} = f_u'(u, v), \quad f_2' = \frac{\partial z}{\partial v} = f_v'(u, v).$$

这里下标 1 表示对第一个变量 u 求偏导数，下标 2 表示对第二个变量 v 求偏导数，同理有 $f_{11}'' = f_{uu}''(u, v)$, $f_{12}'' = f_{uv}''(u, v)$ 等.

所以

$$\frac{\partial z}{\partial x} = \frac{\partial z}{\partial u} \cdot \frac{\partial u}{\partial x} + \frac{\partial z}{\partial v} \cdot \frac{\partial v}{\partial x} = 2x f_1' + y e^{xy} f_2',$$

$$\frac{\partial z}{\partial y} = \frac{\partial z}{\partial u} \cdot \frac{\partial u}{\partial y} + \frac{\partial z}{\partial v} \cdot \frac{\partial v}{\partial y} = -2y f_1' + x e^{xy} f_2'.$$

例 4 设函数 $z = f(x^2 + y^2)$，其中 f 是可偏导函数，求证：$y \dfrac{\partial z}{\partial x} - x \dfrac{\partial z}{\partial y} = 0$.

证明 设 $u = x^2 + y^2$, 则 $z = f(u)$, 于是

$$\frac{\partial z}{\partial x} = \frac{dz}{du} \cdot \frac{\partial u}{\partial x} = 2x f', \quad \frac{\partial z}{\partial y} = \frac{dz}{du} \cdot \frac{\partial u}{\partial y} = 2y f'.$$

因此

$$y \frac{\partial z}{\partial x} - x \frac{\partial z}{\partial y} = y \cdot 2x f' - x \cdot 2y f' = 0.$$

等式成立.

例 5　设函数 $z = f(xy, x^2 - y^2)$，其中 f 具有二阶连续偏导数，求 $\dfrac{\partial^2 z}{\partial x \partial y}$.

解　令 $u = xy, v = x^2 - y^2$，则 $z = f(u, v)$.

$$\frac{\partial z}{\partial x} = \frac{\partial z}{\partial u} \cdot \frac{\partial u}{\partial x} + \frac{\partial z}{\partial v} \cdot \frac{\partial v}{\partial x} = yf_1' + 2xf_2'.$$

求 $\dfrac{\partial f_1'}{\partial y}, \dfrac{\partial f_2'}{\partial y}$ 时，应注意 f_1' 和 f_2' 仍是复合函数，故有

$$\frac{\partial f_1'}{\partial y} = \frac{\partial f_1'}{\partial u} \cdot \frac{\partial u}{\partial y} + \frac{\partial f_1'}{\partial v} \cdot \frac{\partial v}{\partial y} = xf_{11}'' - 2yf_{12}'',$$

$$\frac{\partial f_2'}{\partial y} = \frac{\partial f_2'}{\partial u} \cdot \frac{\partial u}{\partial y} + \frac{\partial f_2'}{\partial v} \cdot \frac{\partial v}{\partial y} = xf_{21}'' - 2yf_{22}''.$$

所以

$$\frac{\partial^2 z}{\partial x \partial y} = \frac{\partial}{\partial y}\left(\frac{\partial z}{\partial x}\right) = \frac{\partial}{\partial y}(yf_1' + 2xf_2') = f_1' + y \cdot \frac{\partial f_1'}{\partial y} + 2x \cdot \frac{\partial f_2'}{\partial y}$$

$$= f_1' + y(xf_{11}'' - 2yf_{12}'') + 2x(xf_{21}'' - 2yf_{22}'').$$

由于 f 具有二阶连续偏导数，由 §8-2 定理 1，$f_{12}'' = f_{21}''$，因而

$$\frac{\partial^2 z}{\partial x \partial y} = f_1' + xyf_{11}'' + 2(x^2 - y^2)f_{12}'' - 4xyf_{22}''.$$

二、隐函数的求导法则

定理 2　设函数 $F(x, y)$ 在点 (x_0, y_0) 的某个邻域内有连续的偏导数且 $F(x_0, y_0) = 0, F_y'(x_0, y_0) \neq 0$，则方程 $F(x, y) = 0$ 在点 (x_0, y_0) 的该邻域内唯一确定一个连续且具有连续导数的函数 $y = f(x)$，它满足 $y_0 = f(x_0)$，并且有

$$\frac{\mathrm{d}y}{\mathrm{d}x} = -\frac{F_x'}{F_y'}.$$

这就是隐函数的求导法则.

上述定理证明从略，仅证明公式成立.

将 $y = f(x)$ 代入方程 $F(x, y) = 0$，得到恒等式

$$F(x, f(x)) = 0.$$

上式左端可以看作 x 的复合函数，等式两端对 x 求导，得

$$\frac{\partial F}{\partial x} + \frac{\partial F}{\partial y} \cdot \frac{\mathrm{d}y}{\mathrm{d}x} \equiv 0.$$

由于 F_y' 连续且 $F_y'(x_0, y_0) \neq 0$，所以存在 (x_0, y_0) 的某个邻域，在这个邻域内，有 $F_y' \neq 0$，故有 $\dfrac{\mathrm{d}y}{\mathrm{d}x} = -\dfrac{F_x'}{F_y'}$ 成立.

类似地，将定理 2 的结论推广到三元函数：

定理 3　设函数 $F(x, y, z)$ 在点 (x_0, y_0, z_0) 的某个邻域内有连续的偏导数 $F_x'(x_0, y_0, z_0)$ 和 $F_y'(x_0, y_0, z_0)$，且

$$F(x_0, y_0, z_0) = 0, F_z'(x_0, y_0, z_0) \neq 0,$$

则方程 $F(x, y, z) = 0$ 在点 (x_0, y_0, z_0) 的该邻域内唯一确定一个连续且具有连续偏导数的函数 $z = f(x, y)$，它满足 $z_0 = f(x_0, y_0)$，并且有

$$\frac{\partial z}{\partial x}=-\frac{F'_x}{F'_z},\frac{\partial z}{\partial y}=-\frac{F'_y}{F'_z}.$$

例 6 求由方程 $x\sin y+y\mathrm{e}^x=0$ 所确定的隐函数 $y=f(x)$ 的导数.

解 设 $F(x,y)=x\sin y+y\mathrm{e}^x$，则

$$F'_x=\sin y+y\mathrm{e}^x,F'_y=x\cos y+\mathrm{e}^x,$$

代入公式 $\dfrac{\mathrm{d}y}{\mathrm{d}x}=-\dfrac{F'_x}{F'_y}$，得

$$\frac{\mathrm{d}y}{\mathrm{d}x}=-\frac{\sin y+y\mathrm{e}^x}{x\cos y+\mathrm{e}^x}.$$

注意 计算 F'_x,F'_y 要把 x,y 看成两个独立的变量.

例 7 求由方程 $\mathrm{e}^z-z=xy^3$ 所确定的隐函数 $z=f(x,y)$ 关于 x,y 的偏导数.

解 设 $F(x,y,z)=\mathrm{e}^z-z-xy^3$，则

$$F'_x=-y^3,F'_y=-3xy^2,F'_z=\mathrm{e}^z-1,$$

所以

$$\frac{\partial z}{\partial x}=-\frac{F'_x}{F'_z}=\frac{y^3}{\mathrm{e}^z-1},\frac{\partial z}{\partial y}=-\frac{F'_y}{F'_z}=\frac{3xy^2}{\mathrm{e}^z-1}.$$

例 8 设 $z=z(x,y)$ 是由方程 $z+\ln z-xy=0$ 所确定的二元隐函数，求 $\dfrac{\partial^2 z}{\partial x^2}$.

解 设 $F(x,y,z)=z+\ln z-xy$，则

$$F'_x=-y,F'_z=1+\frac{1}{z},$$

$$\frac{\partial z}{\partial x}=-\frac{F'_x}{F'_z}=-\frac{-y}{1+\frac{1}{z}}=\frac{yz}{z+1}.$$

$$\frac{\partial^2 z}{\partial x^2}=\frac{\partial}{\partial x}\left(\frac{yz}{z+1}\right)=\frac{(z+1)\frac{\partial(yz)}{\partial x}-yz\frac{\partial(z+1)}{\partial x}}{(z+1)^2}=\frac{y(z+1)\frac{\partial z}{\partial x}-yz\frac{\partial z}{\partial x}}{(z+1)^2}$$

$$=\frac{y}{(z+1)^2}\cdot\frac{\partial z}{\partial x}=\frac{y^2 z}{(z+1)^3}.$$

习题 8-3

1. 求下列函数的偏导数或全导数：

(1) 设 $u=\arcsin(x-y),x=3t,y=4t^3$，求 $\dfrac{\mathrm{d}u}{\mathrm{d}t}$；

(2) 设 $z=u^2\ln v,u=\dfrac{y}{x},v=x^2+y^2$，求 $\dfrac{\partial z}{\partial x},\dfrac{\partial z}{\partial y}$；

(3) 设 $z=f(x^2-y^2,\mathrm{e}^{xy})$，求 $\dfrac{\partial z}{\partial x},\dfrac{\partial z}{\partial y}$；

（4）设 $z = f\left(xy + \dfrac{y}{x}\right)$，求 $\dfrac{\partial z}{\partial x}, \dfrac{\partial z}{\partial y}$.

2. 设 $z = f(\sin x, x^2 - y^2)$，其中函数 f 具有二阶连续偏导数，求 z 的所有二阶偏导数.

3. 设 $z = f\left[\dfrac{x}{y}, \varphi(x)\right]$，其中函数 f 具有二阶连续偏导数，函数 φ 具有连续导数，求 $\dfrac{\partial^2 z}{\partial x \partial y}$.

4. 求下列由方程所确定的隐函数的导数或偏导数：

（1）设 $xy - \ln y = 2$，求 $\dfrac{\mathrm{d}y}{\mathrm{d}x}$；

（2）设 $x^2 - 4x + y^2 + z^2 = 0$，求 $\dfrac{\partial z}{\partial x}, \dfrac{\partial z}{\partial y}$；

（3）设 $z^x = y^z$，求 $\dfrac{\partial z}{\partial x}, \dfrac{\partial z}{\partial y}$.

5. 设 $z = z(x, y)$ 是由方程 $\mathrm{e}^z - xyz = 0$ 所确定的隐函数，求 $\dfrac{\partial^2 z}{\partial x^2}, \dfrac{\partial^2 z}{\partial y^2}$.

6. 设 $z = z(x, y)$ 是由方程 $xyz = \mathrm{e}^{xz}$ 所确定的隐函数，求全微分 $\mathrm{d}z$.

7. 设 $z = \arctan(2x - y)$，证明：$\dfrac{\partial^2 z}{\partial x^2} + 2\dfrac{\partial^2 z}{\partial x \partial y} = 0$.

---

§8-4　多元函数的极值和最值

一、多元函数的极值

多元函数的极值在许多实际问题中有着广泛的应用. 现以二元函数为例，介绍多元函数的极值概念和求法，进而解决实际问题中的最大值和最小值问题.

定义 1　设函数 $z = f(x, y)$ 在点 (x_0, y_0) 的某个邻域内有定义，如果对于该邻域内任一异于 (x_0, y_0) 的点 (x, y)，都有 $f(x, y) < f(x_0, y_0)$（或 $f(x, y) > f(x_0, y_0)$），则称函数 $f(x, y)$ 在点 (x_0, y_0) 处有**极大值**（或**极小值**），点 (x_0, y_0) 称为函数 $f(x, y)$ 的**极大值点**（或**极小值点**）. 函数的极大值与极小值统称为**极值**，极大值点和极小值点统称为**极值点**.

例如，函数 $f(x, y) = 1 - x^2 - y^2$ 在原点 $(0, 0)$ 处取得极大值 1. 因为对于点 $(0, 0)$，存在点 $(0, 0)$ 的某个邻域，对于该邻域内异于 $(0, 0)$ 的点 (x, y)，都有 $f(x, y) < f(0, 0) = 1$.

对于可导一元函数的极值，可以用一阶、二阶导数来确定. 对于偏导数存在的二元函数的极值，也可以用偏导数来确定.

定理 1（极值存在的必要条件）　设函数 $z = f(x, y)$ 在点 (x_0, y_0) 处的两个偏导数都存在，且在该点处取得极值，则必有

$$f'_x(x_0, y_0) = 0, \quad f'_y(x_0, y_0) = 0.$$

通常将满足上述条件的点 (x_0, y_0) 称为驻点.

证明　由于函数 $f(x, y)$ 在点 (x_0, y_0) 处取得极值，若将变量 y 固定在 y_0，则一元函

数 $z=f(x,y_0)$ 在点 x_0 处也必取得极值.根据一元可微函数极值存在的必要条件,得

$$f'_x(x_0,y_0)=0.$$

同理

$$f'_y(x_0,y_0)=0.$$

由以上定理知,对于偏导数存在的函数,它的极值点一定是驻点.但是,驻点却未必是极值点.例如,函数 $z=xy$ 在点 $(0,0)$ 处的两个偏导数同时为零,即 $z'_x(0,0)=0,z'_y(0,0)=0$,但是因为在点 $(0,0)$ 的任何一个邻域内,总有一些点的函数值比 0 大,而另一些点的函数值比 0 小,所以容易看出驻点 $(0,0)$ 不是函数的极值点.那么,在什么条件下,驻点才是极值点呢?

下面的定理回答了这个问题.

定理 2(极值存在的充分条件) 设函数 $z=f(x,y)$ 在点 (x_0,y_0) 的某个邻域内连续且有一阶及二阶偏导数,(x_0,y_0) 是函数的驻点,即 $f'_x(x_0,y_0)=0,f'_y(x_0,y_0)=0$.若记 $A=f''_{xx}(x_0,y_0),B=f''_{xy}(x_0,y_0),C=f''_{yy}(x_0,y_0),\Delta=B^2-AC$,则

(1) 当 $\Delta<0$ 时,点 (x_0,y_0) 是极值点,且

① 当 $A<0$ 时,(x_0,y_0) 是极大值点,$f(x_0,y_0)$ 为极大值;

② 当 $A>0$ 时,(x_0,y_0) 是极小值点,$f(x_0,y_0)$ 为极小值.

(2) 当 $\Delta>0$ 时,(x_0,y_0) 不是极值点.

(3) 当 $\Delta=0$ 时,$f(x_0,y_0)$ 可能是极值,也可能不是极值.此时用该方法无法判定.

(证明从略)

综合以上两个定理,把具有二阶连续偏导数的函数 $z=f(x,y)$ 的极值求法概括如下:

(1) 求方程组 $\begin{cases} f'_x(x,y)=0, \\ f'_y(x,y)=0 \end{cases}$ 的一切实数解,得所有驻点.

(2) 求出二阶偏导数 $f''_{xx}(x,y),f''_{xy}(x,y),f''_{yy}(x,y)$,并对每一驻点,分别求出二阶偏导数的值 A,B,C.

(3) 对每一驻点 (x_0,y_0),判断 Δ 的符号,当 $\Delta\neq0$ 时,可按上述定理的结论判定 $f(x_0,y_0)$ 是否为极值,是极大值还是极小值.当 $\Delta=0$ 时,要用其他方法来求极值.

例 1 求函数 $f(x,y)=x^3-y^3+3x^2+3y^2-9x$ 的极值.

解 解方程组

$$\begin{cases} f'_x(x,y)=3x^2+6x-9=0, \\ f'_y(x,y)=-3y^2+6y=0 \end{cases}$$

求得驻点为 $(1,0),(1,2),(-3,0),(-3,2)$.再求出二阶偏导数:

$$A=f''_{xx}(x,y)=6x+6,B=f''_{xy}(x,y)=0,C=f''_{yy}(x,y)=-6y+6.$$

在点 $(1,0)$ 处,$\Delta=0^2-12\times6=-72<0$ 且 $A=12>0$,故函数在 $(1,0)$ 处有极小值 $f(1,0)=-5$;

在点 $(1,2)$ 处,$\Delta=0^2-12\times(-6)=72>0$,所以 $(1,2)$ 不是极值点.

在点 $(-3,0)$ 处,$\Delta=0^2-(-12)\times6=72>0$,所以 $(-3,0)$ 不是极值点.

在点 $(-3,2)$ 处,$\Delta=0^2-(-12)\times(-6)=-72<0$,且 $A<0$,故函数在 $(-3,2)$ 处有极大值 $f(-3,2)=31$.

注意　某些函数的不可导点也可能成为极值点,如函数 $z=\sqrt{x^2+y^2}$,点 $(0,0)$ 是它的极值点,但在点 $(0,0)$ 处,$z=\sqrt{x^2+y^2}$ 的偏导数不存在.

二、多元函数的最大值与最小值

求函数的最大值和最小值是实践中常常遇到的问题.我们已经知道,在有界闭区域上连续的函数,在该区域上一定有最大值或最小值.而取得最大值或最小值的点既可能是区域内部的点,也可能是区域边界上的点.现在假设函数在有界闭区域上连续,在该区域内偏导数存在,如果函数在区域内部取得最大值或最小值,那么这个最大值或最小值必定是函数的极值.由此可得到求函数最大值和最小值的一般方法:先求出函数在有界闭区域内的所有驻点处的函数值及函数在该区域边界上的最大值和最小值,然后比较这些函数值的大小,其中最大者就是最大值,最小者就是最小值.

在通常遇到的实际问题中,根据问题的性质,往往可以判定函数的最大值或最小值一定在区域内部取得.此时,如果函数在区域内有唯一的驻点,那么就可以断定该驻点处的函数值就是函数在该区域上的最大值或最小值.

例 2　要做一个容积为 $8\ \text{m}^3$ 的长方体箱子,问箱子各边长为多大时,所用材料最省?

解　设箱子的长、宽分别为 x,y,则高为 $\dfrac{8}{xy}$.箱子所用材料的表面积为

$$S(x,y)=2\left(xy+x\cdot\frac{8}{xy}+y\cdot\frac{8}{xy}\right)=2\left(xy+\frac{8}{y}+\frac{8}{x}\right).$$

其中定义域 $D=\{(x,y)\,|\,x>0,y>0\}$.

当面积 $S(x,y)$ 最小时,所用材料最省.为此,求函数 $S(x,y)$ 的驻点.令

$$\begin{cases}\dfrac{\partial S}{\partial x}=2\left(y-\dfrac{8}{x^2}\right)=0,\\[2mm]\dfrac{\partial S}{\partial y}=2\left(x-\dfrac{8}{y^2}\right)=0,\end{cases}$$

解这个方程组,得唯一驻点 $(2,2)$.

根据实际问题可以断定,$S(x,y)$ 一定存在最小值且在区域 D 内取得.而在区域 D 内只有唯一驻点 $(2,2)$,则该点就是其最小值点,即当 $x=y=z=2$ 时,所用的材料最省.

三、条件极值

前面讨论的函数极值问题,除了将自变量限制在其定义域内,并没有其他的限制条件,所以也称为**无条件极值**.但在有些实际问题中,常常会遇到对函数的自变量还有约束条件的情况.例如,在条件 $x+y-1=0$ 下,求函数

$$z=f(x,y)=\sqrt{1-x^2-y^2}$$

的极大值.这里函数 $z=f(x,y)$ 的自变量 x,y 除了要在函数 $f(x,y)$ 的定义域内,即满足 $x^2+y^2\leqslant1$,还要满足约束条件 $x+y-1=0$.这种对自变量有约束条件的极值称为**条件极值**.

某些条件极值也可以化为无条件极值,然后按无条件极值的求法加以解决.如上,可先把约束条件 $x+y-1=0$ 化为 $y=1-x$,然后将其代入函数

$$z=f(x,y)=\sqrt{1-x^2-y^2},$$

那么问题就转化为求函数 $z=\sqrt{1-x^2-(1-x)^2}$ 的无条件极值问题.但是有些条件极值问题在转化为无条件极值问题时常会遇到烦琐的运算,甚至无法转化.为此,下面介绍直接求条件极值的一般方法,该方法称为**拉格朗日乘数法**.

拉格朗日乘数法　设 $f(x,y),\varphi(x,y)$ 在区域 D 内有二阶连续偏导数,求函数 $u=f(x,y)$ 在约束条件 $\varphi(x,y)=0$ 下的可能极值点.按以下方法进行:

(1) 构造辅助函数

$$F(x,y,\lambda)=f(x,y)+\lambda\varphi(x,y),$$

其中 λ 是待定系数,称为拉格朗日乘数.

(2) 分别求 $F(x,y,\lambda)$ 对 x,y,λ 的偏导数,由极值存在的必要条件,建立方程组

$$\begin{cases} F'_x(x,y,\lambda)=f'_x(x,y)+\lambda\varphi'_x(x,y)=0,\\ F'_y(x,y,\lambda)=f'_y(x,y)+\lambda\varphi'_y(x,y)=0,\\ F'_\lambda(x,y,\lambda)=\varphi(x,y)=0. \end{cases}$$

(3) 解上面的方程组求得 x,y,则 (x,y) 就是可能的极值点.对于如何判断所求得的可能极值点是否为极值点,限于篇幅这里不再详述.但是在实际问题中,通常可根据问题本身的性质来判断.

此外,拉格朗日乘数法对于多于两个变量的函数,或约束条件多于一个的情形也有类似的结果.例如,求函数 $u=f(x,y,z)$ 在条件

$$\varphi(x,y,z)=0,\psi(x,y,z)=0$$

下的极值.

构造辅助函数

$$F(x,y,z,\lambda_1,\lambda_2)=f(x,y,z)+\lambda_1\varphi(x,y,z)+\lambda_2\psi(x,y,z),$$

求函数 $F(x,y,z,\lambda_1,\lambda_2)$ 的一阶偏导数,并令其为零,联立方程组,求解方程组得出的点 (x,y,z) 就是可能的极值点.

例3　设周长为 6 m 的矩形,绕它的一边旋转构成圆柱体,问矩形的边长各为多少时,圆柱体的体积最大?

解　设矩形的边长分别为 x,y,且绕长为 y 的边旋转,得到的圆柱体的体积为

$$V=\pi x^2 y(x>0,y>0),$$

其中 x,y 满足约束条件

$$2x+2y=6.$$

现在的问题就是求函数 $V=f(x,y)=\pi x^2 y$ 在约束条件 $x+y-3=0$ 下的最大值.

构造辅助函数

$$F(x,y,\lambda)=\pi x^2 y+\lambda(x+y-3),$$

求 $F(x,y,\lambda)$ 的偏导数.由极值存在的必要条件,建立方程组

$$\begin{cases} F'_x(x,y,\lambda)=2\pi xy+\lambda=0,\\ F'_y(x,y,\lambda)=\pi x^2+\lambda=0,\\ F'_\lambda(x,y,\lambda)=x+y-3=0. \end{cases}$$

由方程组中的前两个方程消去 λ，得 $x=2y$，代入第三个方程，得
$$x=2, y=1.$$

根据实际问题，可知最大值一定存在，且只求得唯一的可能极值点，所以函数的最大值必在点 $(2,1)$ 处取得. 故当 $x=2, y=1$，绕长为 y 的边旋转时所得圆柱体的体积最大，$V_{\max}=4\pi \ \text{m}^3$.

习题 8-4

1. 求下列函数的极值：

(1) $z=y^3-x^2-6x-12y$；

(2) $f(x,y)=\mathrm{e}^{2x}(x+y^2+2y)$.

2. 求函数 $z=x^2+y^2+1$ 在条件 $x+y-3=0$ 下的极值.

§8-5 二重积分

前面我们将一元函数的微分学推广到多元函数的微分学，同样也可将一元函数的积分学推广到多元函数的积分学，而二重积分是多元函数积分学的重要组成部分. 类似于定积分的讨论，我们仍从实例引入二重积分.

一、二重积分的概念

1. 两个实例

(1) 曲顶柱体的体积.

若有一个柱体，它的底是 xOy 平面上的闭区域 D，它的侧面是以 D 的边界曲线为准线，且母线平行于 z 轴的柱面，它的顶是曲面 $z=f(x,y)$. 设 $z=f(x,y)$ 为 D 上的连续函数，且 $f(x,y) \geqslant 0$，称这个柱体为曲顶柱体(图 8-9). 下面我们来求上述曲顶柱体的体积 V.

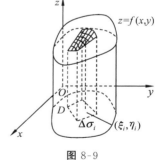

图 8-9

这里我们用类似于求曲边梯形面积的方法来求曲顶柱体的体积. 步骤如下：

① 分割：将区域 D 任意分割成 n 个小块 $\Delta\sigma_1, \Delta\sigma_2, \cdots, \Delta\sigma_n$，且 $\Delta\sigma_i$ 也表示第 i 个小块的面积，这样就将曲顶柱体相应地分割成 n 个小曲顶柱体，它们的体积记为 $\Delta V_i(i=1,2,\cdots,n)$，则
$$V=\sum_{i=1}^n \Delta V_i.$$

② 求和：记 d_i 为 $\Delta\sigma_i$ 的直径，则当 d_i 很小时，在 $\Delta\sigma_i$ 中任取一点 (ξ_i,η_i)，以 $f(\xi_i,\eta_i)$ 为高、底为 $\Delta\sigma_i$ 的平顶柱体的体积为 $f(\xi_i,\eta_i)\Delta\sigma_i$，可以将其看作是以 $\Delta\sigma_i$ 为底的小曲顶柱体体积的近似值，即 $\Delta V_i \approx f(\xi_i,\eta_i)\Delta\sigma_i$. 因此，曲顶柱体体积的近似值可以取为
$$V \approx \sum_{i=1}^n f(\xi_i,\eta_i)\Delta\sigma_i.$$

③ 取极限:若记 $\lambda = \max\{d_1, d_2, \cdots, d_n\}$,则

$$V = \lim_{\lambda \to 0} \sum_{i=1}^{n} f(\xi_i, \eta_i) \Delta \sigma_i.$$

(2) 平面薄片的质量.

已知一平面薄片,在 xOy 平面上占有区域 D,其质量分布的面密度函数 $\mu = \mu(x, y)$ 为 D 上的连续函数,试求薄片的质量 M (图 8-10).

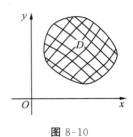

图 8-10

由于薄片质量分布不均匀,故我们采用以均匀代替不均匀的方法,分三步解决这个问题.

① 分割:将区域 D 任意分割成 n 个小块 $\Delta \sigma_1, \Delta \sigma_2, \cdots, \Delta \sigma_n$,用 $\Delta \sigma_i (i = 1, 2, \cdots, n)$ 既表示第 i 个小块,也表示第 i 个小块的面积.

② 求和:记 d_i 为 $\Delta \sigma_i$ 的直径 (d_i 表示 $\Delta \sigma_i$ 中任意两点间距离的最大值).当 d_i 很小时,可以认为在 $\Delta \sigma_i$ 上质量分布是均匀的,并用任意点 $(\xi_i, \eta_i) \in \Delta \sigma_i$ 处的密度 $\mu(\xi_i, \eta_i)$ 作为 $\Delta \sigma_i$ 的面密度.记 Δm_i 为第 i 个小块的质量,则

$$\Delta m_i = \mu(\xi_i, \eta_i) \Delta \sigma_i.$$

因此,薄片的质量可以表示为

$$m \approx \sum_{i=1}^{n} \mu(\xi_i, \eta_i) \Delta \sigma_i.$$

③ 取极限:若记 $\lambda = \max\{d_1, d_2, \cdots, d_n\}$,则

$$m = \lim_{\lambda \to 0} \sum_{i=1}^{n} \mu(\xi_i, \eta_i) \Delta \sigma_i.$$

以上两例,解决的具体问题虽然不同,但解决问题的方法完全相同,且最后都归结为求同一结构的和式的极限.还有许多实际问题也与此两例类似,我们把其数量关系上的共性加以抽象概括,就得到二重积分的概念.

2. 二重积分的概念

定义 1 设 $z = f(x, y)$ 是定义在有界闭区域 D 上的有界函数.将区域 D 任意分割成 n 个小块 $\Delta \sigma_i (i = 1, 2, \cdots, n)$,$\Delta \sigma_i$ 也表示第 i 个小块的面积.任取一点 $(\xi_i, \eta_i) \in \Delta \sigma_i$,作和式

$$\sum_{i=1}^{n} f(\xi_i, \eta_i) \Delta \sigma_i,$$

记 d_i 为 $\Delta \sigma_i$ 的直径,$\lambda = \max\{d_1, d_2, \cdots, d_n\}$.若

$$\lim_{\lambda \to 0} \sum_{i=1}^{n} f(\xi_i, \eta_i) \Delta \sigma_i$$

存在,则称此极限为函数 $z = f(x, y)$ 在区域 D 上的二重积分,记作 $\iint\limits_{D} f(x, y) \mathrm{d}\sigma$,即

$$\iint\limits_{D} f(x, y) \mathrm{d}\sigma = \lim_{\lambda \to 0} \sum_{i=1}^{n} f(\xi_i, \eta_i) \Delta \sigma_i.$$

其中 $f(x, y)$ 称为**被积函数**,D 称为**积分区域**,$f(x, y) \mathrm{d}\sigma$ 称为**被积表达式**,$\mathrm{d}\sigma$ 称为**面积元素**,x 和 y 称为**积分变量**.

关于二重积分的几点说明：

（1）$\iint\limits_{D} f(x,y)\mathrm{d}\sigma$ 与区域 D 及函数 $z=f(x,y)$ 有关，与 D 的分割点 (ξ_i,η_i) 的取法无关.

（2）若函数 $f(x,y)$ 在有界闭区域 D 上的二重积分存在，则称 $f(x,y)$ 在区域 D 上可积.

（3）上述两个实例的结果都可用二重积分表示，即

$$V=\iint\limits_{D} f(x,y)\mathrm{d}\sigma,$$

$$m=\iint\limits_{D} \mu(x,y)\mathrm{d}\sigma.$$

3．二重积分的几何意义

（1）若在区域 D 上，$f(x,y)\geqslant 0$，则二重积分 $\iint\limits_{D} f(x,y)\mathrm{d}\sigma$ 表示以区域 D 为底、曲面 $z=f(x,y)$ 为曲顶的曲顶柱体的体积，即 $\iint\limits_{D} f(x,y)\mathrm{d}\sigma=V$.

（2）若在区域 D 上，$f(x,y)\leqslant 0$，则上述曲顶柱体在 xOy 面的下方，二重积分 $\iint\limits_{D} f(x,y)\mathrm{d}\sigma$ 的值是负的，它的绝对值为该曲顶柱体的体积，即

$$\iint\limits_{D} f(x,y)\mathrm{d}\sigma=-V.$$

特别地，若在区域 D 上，$f(x,y)=1$，且 D 的面积为 σ，则

$$\iint\limits_{D}\mathrm{d}\sigma=\sigma.$$

这时，二重积分 $\iint\limits_{D}\mathrm{d}\sigma$ 可以理解为以 $z=1$ 平面为顶、D 为底的平顶柱体的体积，该体积在数值上与区域 D 的面积相等.

4．二重积分的基本性质

二重积分具有与定积分类似的性质.设 $f(x,y),g(x,y)$ 在有界闭区域 D 上均可积，则有如下性质：

性质 1（线性性质）

$$\iint\limits_{D}[af(x,y)\pm bg(x,y)]\mathrm{d}\sigma=a\iint\limits_{D} f(x,y)\mathrm{d}\sigma\pm b\iint\limits_{D} g(x,y)\mathrm{d}\sigma\,(a,b\ \text{均为常数}).$$

性质 2（区域可加性）　如果区域 D 被连续曲线分割为 D_1 与 D_2 两部分，那么

$$\iint\limits_{D} f(x,y)\mathrm{d}\sigma=\iint\limits_{D_1} f(x,y)\mathrm{d}\sigma+\iint\limits_{D_2} f(x,y)\mathrm{d}\sigma.$$

性质 3（单调性）　如果在区域 D 上有 $f(x,y)\leqslant g(x,y)$，那么

$$\iint\limits_{D} f(x,y)\mathrm{d}\sigma\leqslant\iint\limits_{D} g(x,y)\mathrm{d}\sigma.$$

性质 4（二重积分介值定理）　设 M 和 m 分别为函数 $f(x,y)$ 在有界闭区域 D 上的最大值和最小值，则

$$m\sigma\leqslant\iint\limits_{D} f(x,y)\mathrm{d}\sigma\leqslant M\sigma.$$

其中 σ 表示区域 D 的面积.

性质 5(二重积分中值定理)　设 $f(x,y)$ 在有界闭区域 D 上连续,σ 是区域 D 的面积,则在 D 上至少存在一点 (ξ,η),使得

$$\iint\limits_{D} f(x,y)\mathrm{d}\sigma = f(\xi,\eta)\sigma.$$

上式右端是以 $f(\xi,\eta)$ 为高、D 为底的平顶柱体的代数体积.

这些性质可用二重积分的定义或几何意义证明或解析.

§8-6　二重积分的计算与应用

由二重积分的定义来计算二重积分,十分复杂.通常是把二重积分化为二次积分(累次积分),即通过计算两次定积分来求二重积分.

一、二重积分的计算

1. 直角坐标系下二重积分的计算

由二重积分的定义知道,当 $f(x,y)$ 在区域 D 上可积时,其积分值与区域 D 的分割方法无关,因此可以采取特殊的分割方法来计算二重积分,以简化计算.在直角坐标系中,用分别平行于 x 轴和 y 轴的直线将区域 D 分成许多小矩形,这时面积元素 $\mathrm{d}\sigma = \mathrm{d}x\,\mathrm{d}y$,二重积分也可记为

$$\iint\limits_{D} f(x,y)\mathrm{d}\sigma = \iint\limits_{D} f(x,y)\mathrm{d}x\,\mathrm{d}y.$$

下面根据二重积分的几何意义,通过计算以曲面 $z=f(x,y)$(在 D 内不妨设 $f(x,y)>0$)为顶、xOy 平面上闭区域 D 为底的曲顶柱体的体积来说明二重积分的计算方法.

(1) 若区域 D 可以表示为

$$D=\{(x,y)\mid \varphi_1(x)\leqslant y\leqslant \varphi_2(x),a\leqslant x\leqslant b\},$$

其中 $\varphi_1(x),\varphi_2(x)$ 在 $[a,b]$ 上连续,则称 D 为 X 型区域(图 8-11).

如图 8-12,过点 $(x,0,0)$$(a\leqslant x\leqslant b)$ 作垂直于 x 轴的平面与曲顶柱体相截,其截面为以区间 $[\varphi_1(x),\varphi_2(x)]$ 为底、曲线 $z=f(x,y)$ 为曲边的曲边梯形(图 8-12 中的阴影部分),记其面积为 $S(x)$.由定积分的几何意义可知

$$S(x)=\int_{\varphi_1(x)}^{\varphi_2(x)} f(x,y)\mathrm{d}y.$$

其中 $f(x,y)$ 中的 x 在关于 y 的积分过程中被看作常数.

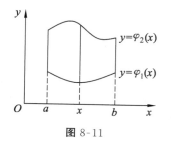

图 8-11

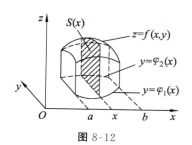

图 8-12

再由截面面积为已知的立体体积的求法,便得到该曲顶柱体的体积为

$$V = \int_a^b S(x)\,dx = \int_a^b \left[\int_{\varphi_1(x)}^{\varphi_2(x)} f(x,y)\,dy \right] dx.$$

于是

$$\iint\limits_D f(x,y)\,dx\,dy = \int_a^b \left[\int_{\varphi_1(x)}^{\varphi_2(x)} f(x,y)\,dy \right] dx.$$

常记为

$$\iint\limits_D f(x,y)\,dx\,dy = \int_a^b dx \int_{\varphi_1(x)}^{\varphi_2(x)} f(x,y)\,dy.$$

称上式为先对 y 后对 x 的二次积分或累次积分.

(2) 若区域 D 可以表示为

$$D = \{(x,y) \mid \psi_1(y) \leqslant x \leqslant \psi_2(y), c \leqslant y \leqslant d\},$$

其中 $\psi_1(y), \psi_2(y)$ 在 $[c,d]$ 上连续,则称 D 为 Y 型区域(图 8-13).类似地,得

$$\iint\limits_D f(x,y)\,dx\,dy = \int_c^d \left[\int_{\psi_1(y)}^{\psi_2(y)} f(x,y)\,dx \right] dy.$$

或记为

$$\iint\limits_D f(x,y)\,dx\,dy = \int_c^d dy \int_{\psi_1(y)}^{\psi_2(y)} f(x,y)\,dx.$$

由上述分析可知,为了计算二重积分 $\iint\limits_D f(x,y)\,dx\,dy$,应

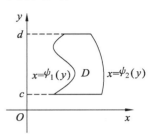

图 8-13

该先将积分区域 D 用不等式

$$\varphi_1(x) \leqslant y \leqslant \varphi_2(x), a \leqslant x \leqslant b$$

或

$$\psi_1(y) \leqslant x \leqslant \psi_2(y), c \leqslant y \leqslant d$$

表示出来.

为了便于计算,将二重积分化为二次积分可以采用下列步骤(以积分区域 D 为 X 型区域为例,如图 8-12 所示):

第一步　画出积分区域 D 的图形,求出相应交点.

第二步　在区间 $[a,b]$ 上任意取定一个 x 值,积分区域上以这个 x 值为横坐标的点在一段直线上,这段直线平行于 y 轴,该线段上的点的纵坐标从 $\varphi_1(x)$ 变到 $\varphi_2(x)$,这就是先把 x 看作常量而对 y 积分时的积分下限和积分上限.因为 x 值在 $[a,b]$ 上任意取定,故把 x 看作变量对 x 积分时,积分区间就是 $[a,b]$.

第三步　确定 $D = \{(x,y) \mid \varphi_1(x) \leqslant y \leqslant \varphi_2(x), a \leqslant x \leqslant b\}$.

例 1　计算 $\iint\limits_D \dfrac{x^2}{1+y^2}\,dx\,dy$,其中 $D = \{(x,y) \mid 1 \leqslant x \leqslant 2, 0 \leqslant y \leqslant 1\}$.

解　积分区域 D 是矩形区域,故有

$$\iint\limits_D \frac{x^2}{1+y^2}\,dx\,dy = \int_1^2 x^2\,dx \int_0^1 \frac{1}{1+y^2}\,dy = \left[\frac{x^3}{3} \right]_1^2 \cdot [\arctan y]_0^1 = \frac{7}{3} \times \frac{\pi}{4} = \frac{7\pi}{12}.$$

例 2　计算 $\iint\limits_D xy\,dx\,dy$,其中 D 由 $y=x, x=1, y=0$ 围成.

解法 1　把区域 D 看作 X 型区域(图 8-14).

在区间 $[0,1]$ 上任意取定一个 x 值,积分区域上以这个 x 值为横坐标的点在一段直线上,这段直线平行于 y 轴,该线段上的点的纵坐标从 $y=0$ 变到 $y=x$,则

$$D=\{(x,y)\,|\,0\leqslant x\leqslant 1,0\leqslant y\leqslant x\}.$$

因此

$$\iint\limits_{D} xy\,\mathrm{d}x\mathrm{d}y=\int_0^1\mathrm{d}x\int_0^x xy\,\mathrm{d}y=\int_0^1\frac{1}{2}x^3\,\mathrm{d}x=\frac{1}{8}.$$

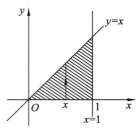

图 8-14

解法 2 把区域 D 看作 Y 型区域(图 8-15).

在区间 $[0,1]$ 上任意取定一个 y 值,积分区域上以这个 y 值为纵坐标的点在一段直线上,这段直线平行于 x 轴,该线段上的点的横坐标从 $x=y$ 变到 $x=1$,则

$$D=\{(x,y)\,|\,0\leqslant y\leqslant 1,y\leqslant x\leqslant 1\}.$$

因此

$$\iint\limits_{D} xy\,\mathrm{d}x\mathrm{d}y=\int_0^1\mathrm{d}y\int_y^1 xy\,\mathrm{d}x=\int_0^1\frac{1}{2}y(1-y^2)\,\mathrm{d}y=\frac{1}{8}.$$

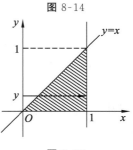

图 8-15

例 3 计算 $\iint\limits_{D} y\,\mathrm{d}x\mathrm{d}y$,其中 D 是由抛物线 $y^2=x$ 和直线 $y=x-2$ 所围成的闭区域.

解法 1 把区域 D 看作 Y 型区域(图 8-16).在区间 $[-1,2]$ 上任意取定一个 y 值,积分区域上以这个 y 值为纵坐标的点在一段直线上,这段直线平行于 x 轴,该线段上的点的横坐标从 $x=y^2$ 变到 $x=y+2$,则

$$D=\{(x,y)\,|\,-1\leqslant y\leqslant 2,y^2\leqslant x\leqslant y+2\},$$

$$\iint\limits_{D} y\,\mathrm{d}x\mathrm{d}y=\int_{-1}^2\mathrm{d}y\int_{y^2}^{y+2} y\,\mathrm{d}x=\int_{-1}^2 y(y+2-y^2)\,\mathrm{d}y=\frac{9}{4}.$$

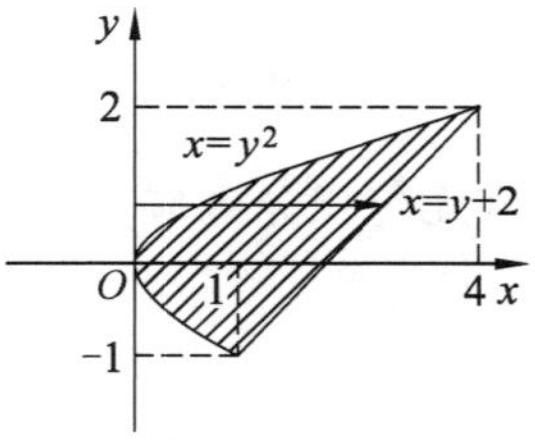

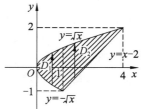

图 8-16

解法 2 把区域 D 看作 X 型区域,如图 8-17.由于在区间 $[0,1]$ 和 $[1,4]$ 上,$\varphi_1(x)$ 表达式不同,所以要用平行于 y 轴的直线 $x=1$ 将区域 D 分为 D_1 和 D_2 两部分,其中

$$D_1=\{(x,y)\,|\,0\leqslant x\leqslant 1,-\sqrt{x}\leqslant y\leqslant\sqrt{x}\},$$

$$D_2=\{(x,y)\,|\,1\leqslant x\leqslant 4,x-2\leqslant y\leqslant\sqrt{x}\},$$

$$\iint\limits_{D} y\,\mathrm{d}x\mathrm{d}y=\iint\limits_{D_1} y\,\mathrm{d}x\mathrm{d}y+\iint\limits_{D_2} y\,\mathrm{d}x\mathrm{d}y=\int_0^1\mathrm{d}x\int_{-\sqrt{x}}^{\sqrt{x}} y\,\mathrm{d}y+\int_1^4\mathrm{d}x\int_{x-2}^{\sqrt{x}} y\,\mathrm{d}y.$$

图 8-17

这里用 Y 型区域计算较简单,用 X 型区域计算较复杂.

例 4 计算 $\iint\limits_{D} xy\cos(xy^2)\,\mathrm{d}x\mathrm{d}y$,其中 D 是矩形区域:$0\leqslant x\leqslant\dfrac{\pi}{2}$,$0\leqslant y\leqslant 2$.

解 如果先对 x 积分,需要利用分部积分法;如果先对 y 积分,则不必利用分部积分法,计算会简单些.因此,选择先对 y 积分.

$$\iint\limits_{D} xy\cos(xy^2)\,\mathrm{d}x\mathrm{d}y=\int_0^{\frac{\pi}{2}}\mathrm{d}x\int_0^2 xy\cos(xy^2)\,\mathrm{d}y=\frac{1}{2}\int_0^{\frac{\pi}{2}}\left[\sin(xy^2)\,\Big|_{y=0}^{y=2}\right]\mathrm{d}x$$

$$=\frac{1}{2}\int_0^{\frac{\pi}{2}}\sin 4x\,\mathrm{d}x=-\frac{1}{8}\cos 4x\,\Big|_0^{\frac{\pi}{2}}=0.$$

由例 3、例 4 可以发现,将二重积分化为二次积分时,不同的积分次序将会导致计算的难易差异.因此,计算时应注意选择积分次序.另外还发现,选择积分次序要考虑被积函数和积分区域两个因素.

例 5　计算 $\int_0^2 \mathrm{d}x \int_x^2 \mathrm{e}^{-y^2} \mathrm{d}y$.

解　由于 $\int_x^2 \mathrm{e}^{-y^2} \mathrm{d}y$ 不能用初等函数表示出来,所以我们考虑用交换积分次序的方法来计算这个二重积分.$D = \{(x,y) \mid 0 \leqslant x \leqslant 2, x \leqslant y \leqslant 2\}$ 为 X 型积分区域,如图 8-18 所示.将 D 变为 Y 型积分区域如下:

$$D = \{(x,y) \mid 0 \leqslant y \leqslant 2, 0 \leqslant x \leqslant y\}.$$

于是　　$\int_0^2 \mathrm{d}x \int_x^2 \mathrm{e}^{-y^2} \mathrm{d}y = \int_0^2 \mathrm{d}y \int_0^y \mathrm{e}^{-y^2} \mathrm{d}x = \int_0^2 y \mathrm{e}^{-y^2} \mathrm{d}y$

$$= -\frac{1}{2} \mathrm{e}^{-y^2} \Big|_0^2 = \frac{1}{2}(1 - \mathrm{e}^{-4}).$$

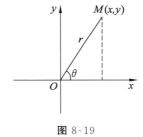

图 8-18

2. 在极坐标系下计算二重积分

在二重积分的计算中,当积分区域为圆域、环域、扇域等,或被积函数为 $f(x^2 + y^2)$,$f\left(\dfrac{x}{y}\right)$ 等形式时,采用极坐标表示比较简单.在解析几何中,平面上任意一点 M 的极坐标 (r, θ) 与它的直角坐标 (x, y) 的变换公式为(图 8-19)

$$\begin{cases} x = r\cos\theta, \\ y = r\sin\theta \end{cases} (0 \leqslant \theta \leqslant 2\pi, 0 \leqslant r \leqslant +\infty).$$

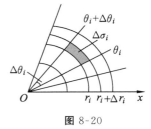

图 8-19

在极坐标系下,我们用两组曲线 $r = $ 常数及 $\theta = $ 常数,即一组同心圆与一组过原点的射线,将区域 D 任意分成 n 个小区域(图 8-20).若第 i 个小区域 $\Delta\sigma_i$ 由 $r = r_i, r = r_i + \Delta r_i, \theta = \theta_i, \theta = \theta_i + \Delta\theta_i$ 所围成,则由扇形的面积公式可得

$$\Delta\sigma_i = \frac{1}{2}(r_i + \Delta r_i)^2 \Delta\theta_i - \frac{1}{2}r_i^2 \Delta\theta_i$$

$$= \left(r_i + \frac{1}{2}\Delta r_i\right)\Delta r_i \Delta\theta_i \approx r_i \Delta r_i \Delta\theta_i.$$

因此,面积微元 $\mathrm{d}\sigma = r\mathrm{d}r\mathrm{d}\theta$,称之为极坐标系中的面积微元.

由直角坐标与极坐标的关系 $x = r\cos\theta, y = r\sin\theta$,得

$$\iint\limits_D f(x,y)\mathrm{d}x\mathrm{d}y = \iint\limits_D f(r\cos\theta, r\sin\theta)r\mathrm{d}r\mathrm{d}\theta.$$

上式右端 D 的边界曲线要用极坐标方程表示.

极坐标下的二重积分同样化为二次积分计算,通常是选择先对 r 积分,后对 θ 积分的次序.

下面分极点在积分区域 D 内、D 外、D 的边界上三种情况讨论.

(1) 若极点 O 在积分区域 D 内,D 的边界是连续封闭曲线 $r = r(\theta)$(图 8-21),则

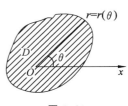

图 8-21

$$D=\{(r,\theta)\,|\,0\leqslant\theta\leqslant2\pi,0\leqslant r\leqslant r(\theta)\},$$

$$\iint\limits_{D}f(r\cos\theta,r\sin\theta)r\mathrm{d}r\mathrm{d}\theta=\int_{0}^{2\pi}\mathrm{d}\theta\int_{0}^{r(\theta)}f(r\cos\theta,r\sin\theta)r\mathrm{d}r.$$

（2）若极点 O 在积分区域 D 外，区域 D 是由两条射线 $\theta=\alpha$，$\theta=\beta$ 以及两条连续曲线 $r=r_1(\theta)$，$r=r_2(\theta)$ 围成(图 8-22)，则

$$D=\{(r,\theta)\,|\,\alpha\leqslant\theta\leqslant\beta,r_1(\theta)\leqslant r\leqslant r_2(\theta)\},$$

$$\iint\limits_{D}f(r\cos\theta,r\sin\theta)r\mathrm{d}r\mathrm{d}\theta=\int_{\alpha}^{\beta}\mathrm{d}\theta\int_{r_1(\theta)}^{r_2(\theta)}f(r\cos\theta,r\sin\theta)r\mathrm{d}r.$$

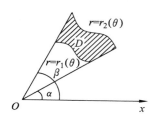 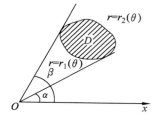

图 8-22

（3）若极点 O 在积分区域 D 的边界曲线 $r=r(\theta)$ 上(图 8-23)，则

$$D=\{(r,\theta)\,|\,\alpha\leqslant\theta\leqslant\beta,0\leqslant r\leqslant r(\theta)\},$$

$$\iint\limits_{D}f(r\cos\theta,r\sin\theta)r\mathrm{d}r\mathrm{d}\theta=\int_{\alpha}^{\beta}\mathrm{d}\theta\int_{0}^{r(\theta)}f(r\cos\theta,r\sin\theta)r\mathrm{d}r.$$

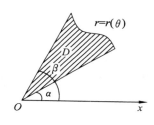 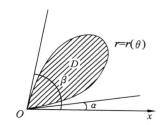

图 8-23

例6　计算 $\iint\limits_{D}\mathrm{e}^{-x^2-y^2}\mathrm{d}x\mathrm{d}y$，其中 D 为圆域：$x^2+y^2\leqslant4$.

解　画出 D 的图形(图 8-24)，极点在区域 D 的内部，区域 D 可以表示为

$$D=\{(r,\theta)\,|\,0\leqslant\theta\leqslant2\pi,0\leqslant r\leqslant2\}.$$

于是

$$\iint\limits_{D}\mathrm{e}^{-x^2-y^2}\mathrm{d}x\mathrm{d}y=\int_{0}^{2\pi}\mathrm{d}\theta\int_{0}^{2}\mathrm{e}^{-r^2}r\mathrm{d}r$$

$$=\int_{0}^{2\pi}\left(-\frac{1}{2}\mathrm{e}^{-r^2}\Big|_{0}^{2}\right)\mathrm{d}\theta$$

$$=-\frac{1}{2}(\mathrm{e}^{-4}-1)\int_{0}^{2\pi}\mathrm{d}\theta$$

$$=-\frac{1}{2}(\mathrm{e}^{-4}-1)\cdot\theta\Big|_{0}^{2\pi}=\pi(1-\mathrm{e}^{-4}).$$

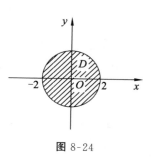

图 8-24

例 7 计算 $\iint\limits_{D} \sin\sqrt{x^2+y^2}\,\mathrm{d}x\,\mathrm{d}y$，其中 D 为圆环：$1 \leqslant x^2 + y^2 \leqslant 4$.

解 画出 D 的图形（图 8-25），极点在区域 D 之外，区域 D 可以表示为

$$D = \{(r,\theta) \mid 0 \leqslant \theta \leqslant 2\pi, 1 \leqslant r \leqslant 2\}.$$

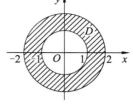

图 8-25

于是

$$\iint\limits_{D} \sin\sqrt{x^2+y^2}\,\mathrm{d}x\,\mathrm{d}y = \int_0^{2\pi}\mathrm{d}\theta\int_1^2 \sin r \cdot r\,\mathrm{d}r$$

$$= \int_0^{2\pi}(\sin r - r\cos r)\big|_1^2\,\mathrm{d}\theta$$

$$= 2\pi(\sin 2 - \sin 1 - 2\cos 2 + \cos 1).$$

例 8 计算 $\iint\limits_{D}\sqrt{x^2+y^2}\,\mathrm{d}x\,\mathrm{d}y$，其中区域 D 为 $\{(x,y) \mid 0 \leqslant y \leqslant x, x^2+y^2 \leqslant 2x\}$.

解 画出 D 的图形（图 8-26），极点在区域 D 的边界上，区域 D 可以表示为

$$D = \left\{(r,\theta) \;\middle|\; 0 \leqslant \theta \leqslant \frac{\pi}{4}, 0 \leqslant r \leqslant 2\cos\theta\right\}.$$

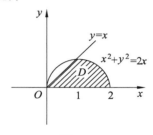

图 8-26

于是

$$\iint\limits_{D}\sqrt{x^2+y^2}\,\mathrm{d}x\,\mathrm{d}y = \int_0^{\frac{\pi}{4}}\mathrm{d}\theta\int_0^{2\cos\theta} r^2\,\mathrm{d}r$$

$$= \frac{8}{3}\int_0^{\frac{\pi}{4}}\cos^3\theta\,\mathrm{d}\theta = \frac{8}{3}\int_0^{\frac{\pi}{4}}(1-\sin^2\theta)\mathrm{d}(\sin\theta)$$

$$= \frac{8}{3}\left(\sin\theta - \frac{1}{3}\sin^3\theta\right)\Big|_0^{\frac{\pi}{4}} = \frac{10\sqrt{2}}{9}.$$

习题 8-6

1. 求下列二次积分：

(1) $\displaystyle\int_0^1\mathrm{d}x\int_0^2(x-y)\mathrm{d}y$；

(2) $\displaystyle\int_0^1\mathrm{d}x\int_x^1 x\,\mathrm{e}^{xy}\,\mathrm{d}y$；

(3) $\displaystyle\int_1^2\mathrm{d}x\int_x^{2x}\mathrm{e}^y\,\mathrm{d}y$；

(4) $\displaystyle\int_1^{\mathrm{e}}\mathrm{d}x\int_0^{\ln x} x\,\mathrm{d}y$.

2. 画出积分区域，并计算下列二重积分：

(1) $\iint\limits_{D}(3x+2y)\mathrm{d}\sigma$，其中积分区域 D 是由 x 轴、y 轴及直线 $x+y=2$ 所围成的区域；

(2) $\iint\limits_{D}xy^2\,\mathrm{d}\sigma$，其中积分区域 D 是由圆周 $x^2+y^2=4$ 与 y 轴围成的右半区域；

(3) $\iint\limits_{D}\dfrac{x^2}{y^2}\mathrm{d}\sigma$，其中积分区域 D 是由三条曲线 $x=2$，$y=x$ 及 $y=\dfrac{1}{x}$ 所围成的区域.

3. 变换下列二次积分的积分次序：

(1) $\displaystyle\int_1^{\mathrm{e}}\mathrm{d}x\int_0^{\ln x}f(x,y)\mathrm{d}y$；

(2) $\displaystyle\int_1^2\mathrm{d}x\int_{2-x}^{\sqrt{2x-x^2}}f(x,y)\mathrm{d}y$.

4. 利用极坐标计算下列二重积分:

(1) $\iint\limits_{D} (6-3x-2y)\mathrm{d}\sigma$,其中积分区域 $D=\{(x,y) \mid x^2+y^2 \leqslant 9\}$;

(2) $\iint\limits_{D} \ln(1+x^2+y^2)\mathrm{d}\sigma$,其中积分区域 $D=\{(x,y) \mid x^2+y^2 \leqslant 1, x \geqslant 0, y \geqslant 0\}$;

(3) $\iint\limits_{D} \sqrt{x^2+y^2}\,\mathrm{d}\sigma$,其中积分区域 $D=\{(x,y) \mid x^2+y^2 \leqslant 2y, x \geqslant 0\}$.

5. 求由直线 $y=x+2$ 与抛物线 $y=x^2$ 所围成的图形的面积.

本章小结

一、考查要求

1. 了解多元函数的概念,了解二元函数的极限与连续的概念,理解多元函数偏导数和全微分的概念,了解全微分形式的不变性,会求二元、三元函数的偏导数与全微分,会求二元函数的二阶偏导数.

2. 熟练掌握多元复合函数的求导法则,会求多元复合函数的一阶、二阶偏导数,熟练掌握由一个方程确定的隐函数的求导公式,会求一元、二元隐函数的一阶、二阶偏导数.

3. 理解多元函数极值和条件极值的概念,掌握二元函数极值存在的必要条件,了解二元函数极值存在的充分条件,会求二元函数的极值,会用拉格朗日乘数法求条件极值,会求简单多元函数的最大值和最小值,并会求解一些简单的应用问题.

4. 了解二重积分的概念与性质,熟练掌握利用直角坐标与极坐标计算二重积分的方法,会交换二次积分的积分次序,会利用对称性简化二重积分的计算.

二、历年真题

1. 设 $u = \arctan \dfrac{x}{y}$,$v = \ln \sqrt{x^2 + y^2}$,则下列等式成立的是 (　　)

A. $\dfrac{\partial u}{\partial x} = \dfrac{\partial v}{\partial y}$　　　　B. $\dfrac{\partial u}{\partial x} = \dfrac{\partial v}{\partial x}$　　　　C. $\dfrac{\partial u}{\partial y} = \dfrac{\partial v}{\partial x}$　　　　D. $\dfrac{\partial u}{\partial y} = \dfrac{\partial v}{\partial y}$

2. 设 $z = f(x, y)$ 为由方程 $z^3 - 3yz + 3x = 8$ 所确定的函数,则 $\dfrac{\partial z}{\partial y}\Big|_{\substack{x=0 \\ y=0}} =$ (　　)

A. $-\dfrac{1}{2}$　　　　　B. $\dfrac{1}{2}$　　　　　C. -2　　　　　D. 2

3. 函数 $z = \ln \dfrac{y}{x}$ 在点 $(2, 2)$ 处的全微分 $\mathrm{d}z$ 为 (　　)

A. $-\dfrac{1}{2}\mathrm{d}x + \dfrac{1}{2}\mathrm{d}y$　　B. $\dfrac{1}{2}\mathrm{d}x + \dfrac{1}{2}\mathrm{d}y$　　C. $\dfrac{1}{2}\mathrm{d}x - \dfrac{1}{2}\mathrm{d}y$　　D. $-\dfrac{1}{2}\mathrm{d}x - \dfrac{1}{2}\mathrm{d}y$

4. $z = \ln(2x) + \dfrac{3}{y}$ 在点 $(1, 1)$ 处的全微分为 (　　)

A. $\mathrm{d}x - 3\mathrm{d}y$　　　　B. $\mathrm{d}x + 3\mathrm{d}y$　　　　C. $\dfrac{1}{2}\mathrm{d}x + 3\mathrm{d}y$　　　　D. $\dfrac{1}{2}\mathrm{d}x - 3\mathrm{d}y$

5. 设区域 D 是 xOy 平面上以点 $A(1,1)$,$B(-1,1)$,$C(-1,-1)$ 为顶点的三角形区域,区域 D_1 是 D 在第一象限的部分,则 $\displaystyle\iint\limits_{D}(xy + \cos x \sin y)\mathrm{d}x\mathrm{d}y =$ (　　)

A. $2\displaystyle\iint\limits_{D_1} \cos x \sin y \,\mathrm{d}x\mathrm{d}y$　　　　　　　　B. $2\displaystyle\iint\limits_{D_1} xy \,\mathrm{d}x\mathrm{d}y$

C. $4\displaystyle\iint\limits_{D_1}(xy + \cos x \sin y)\mathrm{d}x\mathrm{d}y$　　　　D. 0

6. 二次积分 $\int_0^1 \mathrm{d}y \int_1^{y+1} f(x,y)\mathrm{d}x$ 交换积分次序后为 （　　）

A. $\int_0^1 \mathrm{d}x \int_1^{x+1} f(x,y)\mathrm{d}y$
B. $\int_1^2 \mathrm{d}x \int_0^{x-1} f(x,y)\mathrm{d}y$

C. $\int_1^2 \mathrm{d}x \int_1^{x-1} f(x,y)\mathrm{d}y$
D. $\int_1^2 \mathrm{d}x \int_{x-1}^1 f(x,y)\mathrm{d}y$

7. 如果二重积分 $\iint_D f(x,y)\mathrm{d}x\mathrm{d}y$ 可化为二次积分 $\int_0^1 \mathrm{d}y \int_{y+1}^2 f(x,y)\mathrm{d}x$, 那么积分域 D 可表示为 （　　）

A. $\{(x,y)\,|\,0 \leqslant x \leqslant 1, x-1 \leqslant y \leqslant 1\}$
B. $\{(x,y)\,|\,1 \leqslant x \leqslant 2, x-1 \leqslant y \leqslant 1\}$

C. $\{(x,y)\,|\,0 \leqslant x \leqslant 1, x-1 \leqslant y \leqslant 0\}$
D. $\{(x,y)\,|\,1 \leqslant x \leqslant 2, 0 \leqslant y \leqslant x-1\}$

8. 二次积分 $\int_0^1 \mathrm{d}y \int_y^1 f(x,y)\mathrm{d}x$ 在极坐标系下可化为 （　　）

A. $\int_0^{\frac{\pi}{4}} \mathrm{d}\theta \int_0^{\sec\theta} f(r\cos\theta, r\sin\theta)\mathrm{d}r$
B. $\int_0^{\frac{\pi}{4}} \mathrm{d}\theta \int_0^{\sec\theta} f(r\cos\theta, r\sin\theta)r\mathrm{d}r$

C. $\int_{\frac{\pi}{4}}^{\frac{\pi}{2}} \mathrm{d}\theta \int_0^{\sec\theta} f(r\cos\theta, r\sin\theta)\mathrm{d}r$
D. $\int_{\frac{\pi}{4}}^{\frac{\pi}{2}} \mathrm{d}\theta \int_0^{\sec\theta} f(r\cos\theta, r\sin\theta)r\mathrm{d}r$

9. 设函数 $z = z(x,y)$ 由方程 $xz^2 + yz = 1$ 所确定, 则 $\dfrac{\partial z}{\partial x} = $ _____.

10. 函数 $z = x^y$ 的全微分 $\mathrm{d}z = \dfrac{\partial z}{\partial x}\mathrm{d}x + \dfrac{\partial z}{\partial y}\mathrm{d}y = $ _____.

11. 设函数 $z = \ln\sqrt{x^2 + 4y}$, 则 $\mathrm{d}z\,|_{\substack{x=1 \\ y=0}} = $ _____.

12. 交换积分次序: $\int_0^1 \mathrm{d}y \int_{\mathrm{e}^y}^{\mathrm{e}} f(x,y)\mathrm{d}x = $ _____.

13. 交换积分次序: $\int_{-1}^0 \mathrm{d}x \int_{x+1}^{\sqrt{1-x^2}} f(x,y)\mathrm{d}y = $ _____.

14. 交换积分次序: $\int_0^1 \mathrm{d}y \int_0^{2y} f(x,y)\mathrm{d}x + \int_1^3 \mathrm{d}y \int_0^{3-y} f(x,y)\mathrm{d}x = $ _____.

15. 已知 $z = \ln(x + \sqrt{x^2 + y^2})$, 求 $\dfrac{\partial z}{\partial x}, \dfrac{\partial^2 z}{\partial y \partial x}$.

16. 设 $z = f(x-y, xy)$, 且 $f(x,y)$ 具有二阶连续偏导数, 求 $\dfrac{\partial z}{\partial x}, \dfrac{\partial^2 z}{\partial x \partial y}$.

17. 设函数 $z = f\left(x+y, \dfrac{y}{x}\right)$, 其中 $f(x,y)$ 具有二阶连续偏导数, 求 $\dfrac{\partial^2 z}{\partial x \partial y}$.

18. 设函数 $z = y^2 f(xy, \mathrm{e}^x)$, 其中 $f(x,y)$ 具有二阶连续偏导数, 求 $\dfrac{\partial^2 z}{\partial x \partial y}$.

19. 设函数 $z = xf\left(\dfrac{y}{x}, y\right)$, 其中 $f(x,y)$ 具有二阶连续偏导数, 求 $\dfrac{\partial^2 z}{\partial x \partial y}$.

20. 设函数 $z = f(x, xy) + \varphi(x^2 + y^2)$, 其中 $f(x,y)$ 具有二阶连续偏导数, 函数 $\varphi(x,y)$ 具有二阶连续导数, 求 $\dfrac{\partial^2 z}{\partial x \partial y}$.

21. 求 $z = \tan\dfrac{x}{y}$ 的全微分.

22. 计算二重积分 $\iint\limits_{D} x \, \mathrm{d}x\mathrm{d}y$，其中 D 是由曲线 $x=\sqrt{1-y^2}$，直线 $y=x$ 及 x 轴所围成的闭区域.

23. 计算二重积分 $\iint\limits_{D} y \, \mathrm{d}x\mathrm{d}y$，其中 D 是由曲线 $y=\sqrt{x-1}$，直线 $y=\dfrac{1}{2}x$ 及 x 轴所围成的平面闭区域.

24. 计算二重积分 $\iint\limits_{D} x^2 \, \mathrm{d}x\mathrm{d}y$，其中 D 是由曲线 $y=\dfrac{1}{x}$，直线 $y=x$，$x=2$ 及 $y=0$ 所围成的平面区域.

25. 计算二重积分 $\iint\limits_{D} \sin y^2 \, \mathrm{d}x\mathrm{d}y$，其中 D 是由直线 $x=1$，$x=3$，$y=2$ 及 $y=x-1$ 所围的区域.

26. 计算二重积分 $\iint\limits_{D} \dfrac{\sin y}{y} \, \mathrm{d}x\mathrm{d}y$，其中 D 由曲线 $y=x$，$y^2=x$ 所围成.

27. 求二重积分 $\iint\limits_{D} (1-\sqrt{x^2+y^2}) \, \mathrm{d}x\mathrm{d}y$，其中 D 为第一象限内圆 $x^2+y^2=2x$ 及 $y=0$ 所围成的平面区域.

28. 计算 $\displaystyle\int_0^{\frac{\sqrt{2}}{2}} \mathrm{d}x \int_0^x \sqrt{x^2+y^2} \, \mathrm{d}y + \int_{\frac{\sqrt{2}}{2}}^1 \mathrm{d}x \int_0^{\sqrt{1-x^2}} \sqrt{x^2+y^2} \, \mathrm{d}y$.

29. 设 $f(x)$ 为连续函数，且 $f(2)=1$，$F(u)=\displaystyle\int_1^u \mathrm{d}y \int_y^u f(x) \, \mathrm{d}x \, (u>1)$.

(1) 交换 $F(u)$ 的积分次序；

(2) 求 $F'(2)$.

30. 设 $b>a>0$，证明：$\displaystyle\int_a^b \mathrm{d}y \int_y^b f(x) \mathrm{e}^{2x+y} \, \mathrm{d}x = \int_a^b (\mathrm{e}^{3x}-\mathrm{e}^{2x+a}) f(x) \, \mathrm{d}x$.

—————— ◁ **本章自测题** ▷ ——————

一、选择题

1. $\lim\limits_{\substack{x\to 0 \\ y\to 0}} \dfrac{x}{x-y}=$ (   )

A. 0   B. 1   C. ∞ D. 不存在

2. 点 $(0,0)$ 是函数 $z=xy+1$ 的   (   )

A. 极大值点   B. 极小值点   C. 驻点而非极值点   D. 非驻点

3. 设 $A=\displaystyle\iint\limits_{D}\mathrm{e}^{x^2+y^2}\mathrm{d}\sigma$，$B=\displaystyle\iint\limits_{D}\mathrm{e}^{\sqrt{x^2+y^2}}\mathrm{d}\sigma$，$D=\left\{(x,y)\,\middle|\,\dfrac{1}{4}\leqslant x^2+y^2\leqslant\dfrac{1}{2}\right\}$，则 A 与 B 的

大小关系是   (   )

A. $A>B$ B. $A=B$ C. $A<B$ D. 无法确定

二、填空题

1. 函数 $z=\dfrac{1}{\ln(1-x^2-y^2)}$ 的定义域是_____.

2. 设 $y^2z-xz^2-x^2y+1=0$，则 $\dfrac{\partial z}{\partial y}=$_____.

3. 设 $z=\sqrt{\dfrac{x}{y}}$，则 $\mathrm{d}z=$_____.

4. 交换积分次序：$\displaystyle\int_1^2\mathrm{d}x\int_x^{3x}f(x,y)\mathrm{d}y=$_____.

三、综合题

1. 求对角线长为 $10\sqrt{3}$ 且体积最大的长方体的体积.

2. 求由方程 $3xy^2+2x^2yz^2+\ln(yz)=0$ 所确定的函数 $z=f(x,y)$ 的全微分 $\mathrm{d}z$.

3. 求函数 $f(x,y)=x^2+y^2$ 在约束条件 $xy-4=0$ 下的极值.

4. 计算二重积分 $\displaystyle\iint\limits_{D}|\sin(x-y)|\mathrm{d}\sigma$，其中 D 是由直线 $x=0$，$x=\pi$，$y=0$，$y=\pi$ 所围成

的正方形区域.

5. 求以 $D=\{(x,y)\,|-2\leqslant x\leqslant 2,-2\leqslant y\leqslant 2\}$ 为底，母线平行于 z 轴，以圆柱面 $z^2+y^2=4$ 为上下顶面所围成的柱体的体积.

附录一

专题练习

◀ 练习题一 ▶

1. 若 $\lim\limits_{x \to \infty}\left(\dfrac{x+a}{x-a}\right)^{x}=4$，则 $a=$ _____．

2. 若函数 $f(x)=\begin{cases}x^{2}, & x\geqslant 0, \\ a, & x<0\end{cases}$ 在 $x=0$ 处连续，则 $a=$ _____．

3. 若函数 $f(x)=1-\cos 3x\,(x\to 0)$ 与 mx^{n} 是等价无穷小，则 $m=$ _____，$n=$ _____．

4. 若 $\sqrt{1+\sqrt{x+\sqrt{x}}}-1\,(x\to 0)$ 与 mx^{n} 是等价无穷小，则 $m=$ _____，$n=$ _____．

5. 函数 $f(x)=\dfrac{\sqrt{3-x}}{(x-1)(x-4)(x-2)}$ 的间断点为 _____．

6. 若 $\lim\limits_{x \to 1}\dfrac{x^{2}+ax+b}{x^{2}-3x+2}=2$，则 $a=$ _____，$b=$ _____．

7. 下列极限正确的是 （　　）

A. $\lim\limits_{x \to \infty}x\sin\dfrac{1}{x}=0$

B. $\lim\limits_{x \to 1}\dfrac{x^{2}-x}{x^{2}-3x+2}=\infty$

C. $\lim\limits_{x \to 1}\dfrac{\ln(1+2x)}{x-1}=\infty$

D. $\lim\limits_{x \to \infty}\dfrac{x^{2}-x}{x^{2}-3x+2}=\infty$

8. 若 $\lim\limits_{x \to a}|f(x)|=|A|$，则 （　　）

A. $\lim\limits_{x \to a}f(x)=A$

B. $\lim\limits_{x \to a}f(x)=-A$

C. $\lim\limits_{x \to a}\sqrt{|f(x)|}=\sqrt{|A|}$

D. 以上都不正确

9. 下列极限不正确的是 （　　）

A. $\lim\limits_{x \to +\infty}\dfrac{\sqrt{x}}{x+100}\sin(2x+1)=0$

B. $\lim\limits_{x \to 0}\left(\dfrac{2-x}{3-x}\right)^{\frac{1}{x}}=0$

C. $\lim\limits_{x \to 1}x^{\frac{1}{1-x}}=\mathrm{e}^{-1}$

D. $\lim\limits_{x \to 0}\dfrac{\sin 2x}{\tan 3x}=\dfrac{2}{3}$

10. 计算下列极限：

(1) $\lim\limits_{x \to +\infty}\left(\sqrt{4x^{2}-2x+1}-2x\right)$；

(2) $\lim\limits_{x \to +\infty}\dfrac{x^{2\,020}}{x^{2\,021}+100!}\cos^{2}(2\,021x)$；

（3）$\lim\limits_{x\to 0}(1+2x^2)^{\frac{1}{1-\cos x}}$；

（4）$\lim\limits_{x\to 1}\left(\dfrac{1}{x-1}+\dfrac{1}{x^2-3x+2}\right)$；

（5）$\lim\limits_{x\to 0}\dfrac{\ln^2(1-2x)}{\tan x\sin 2x}$；

（6）$\lim\limits_{x\to 2}\dfrac{\sqrt{2x}-2}{\sqrt[3]{4x}-2}$；

（7）$\lim\limits_{x\to \pi}\dfrac{\sin x}{\pi-x}$；

（8）$\lim\limits_{x\to \frac{\pi}{2}}\dfrac{\sin\left(\dfrac{2}{\pi}x-1\right)}{\dfrac{\pi}{2}-x}$；

（9）$\lim\limits_{x\to 0}\dfrac{\ln(1+x^2+2x^4)}{\sin^2 x}$；

（10）$\lim\limits_{x\to 0}\dfrac{\ln(2+x)-\ln 2}{2^{3x}-1}$；

（11）$\lim\limits_{x\to 0}\dfrac{\sqrt[3]{(1+2x^2)}-1}{3^{x^2}-1}$.

11. 分析函数 $f(x)=\dfrac{x}{\sin x}$ 的间断点，并指明其类型.

12. 分析函数 $f(x)=\lim\limits_{n\to \infty}\dfrac{1-x^{2n}}{1+x^{2n}}$ 的间断点，并指明其类型.

13. 分析函数 $f(x)=\dfrac{\sqrt{2-x}}{(x-1)(x-3)x}\tan x$ 的间断点，并指明其类型.

14. 分析函数 $f(x)=\dfrac{\sin(x-1)}{|x-1|}$ 的间断点，并指明其类型.

15. 证明：方程 $x^4-3x^2-x=1$ 至少有一个正根、一个负根.

16. 证明：方程 $\ln(x+1)=3$ 至少有一个正根.

17. 求 $\lim\limits_{n\to \infty}\left(\dfrac{1}{\sqrt{n^2+1}}+\dfrac{1}{\sqrt{n^2+2}}+\cdots+\dfrac{1}{\sqrt{n^2+n}}\right)$.

18. 求 $\lim\limits_{n\to \infty}\left(\dfrac{1^2}{n^3+1}+\dfrac{2^2}{n^3+2}+\cdots+\dfrac{n^2}{n^3+n}\right)$.

测试题一

1. $y=\sqrt{\lg\dfrac{4x-x^2}{3}+\dfrac{1}{\lg(2x-3)}}$ 的定义域是_____.

2. $f(x)=\begin{cases}\sqrt{4-x^2}, & |x|\leqslant 2,\\ \sin x, & 2<x<3\end{cases}$ 的定义域是_____,$f\left(\dfrac{\pi}{2}\right)=$_____.

3. $\lim\limits_{x\to 0}\dfrac{\sin x}{x}=$_____,$\lim\limits_{x\to \frac{\pi}{2}}\dfrac{\sin x}{x}=$_____,$\lim\limits_{x\to\infty}\dfrac{\sin x}{x}=$_____,

$\lim\limits_{x\to 0}x\sin\dfrac{1}{x}=$_____,$\lim\limits_{x\to\infty}x\sin\dfrac{1}{x}=$_____.

4. $f(x)=\dfrac{\sqrt{x-1}}{x^2-2x-3}$ 的连续区间是_____,间断点是_____.

5. $\lim\limits_{x\to 1}\left(\dfrac{1}{x-1}-\dfrac{2}{x^2-1}\right)=$_____.

6. 若 $f(x-a)=x(x-a)$,则 $f(x)=$ (   )

A. $x(x-a)$ B. $x(x+a)$

C. $(x+a)(x-a)$ D. $(x-a)^2$

7. 设 $f(x)=\ln x,g(x)=x+2$,则 $f[g(x)]$ 的定义域是 (   )

A. $(-2,+\infty)$ B. $[-2,+\infty)$ C. $(-\infty,2)$ D. $(-\infty,2]$

8. 设 $f(x)=\dfrac{x}{x-1}$,则当 $x\neq 0$ 且 $x\neq 1$ 时,$f\left[\dfrac{1}{f(x)}\right]=$ (   )

A. $\dfrac{x-1}{x}$ B. $\dfrac{x}{x-1}$ C. $1-x$ D. x

9. 当 $x\to 0$ 时,与 $3x^2+x^4$ 为同阶无穷小量的是 (   )

A. x B. x^2 C. x^3 D. x^4

10. 当 $x\to 1$ 时,下列变量不是无穷小量的是 (   )

A. x^2-1 B. $x(x-2)+1$

C. $3x^2-2x-1$ D. $4x^2-2x+1$

11. 设 $\lim\limits_{n\to\infty}\left(1+\dfrac{2}{n}\right)^{kn}=e^{-3}$,则 $k=$ (   )

A. $\dfrac{3}{2}$ B. $\dfrac{2}{3}$ C. $-\dfrac{3}{2}$ D. $-\dfrac{2}{3}$

12. 函数 $y=f(x)$ 在点 $x=a$ 处连续是 $f(x)$ 在点 $x=a$ 处有极限的 (   )

A. 充要条件   B. 充分非必要条件

C. 必要非充分条件   D. 无关条件

13. 函数 $f(x)=\dfrac{x-3}{x^2-3x+2}$ 的间断点是 (   )

A. $x=1,x=2$ B. $x=3$ C. $x=1,2,3$ D. 无间断点

14. 当 $x \to 0$ 时，$\sqrt{1+x} - \sqrt{1-x}$ 的等价无穷小量是 　　　　　　(　)

A. x 　　　　B. $2x$ 　　　　C. x^2 　　　　D. $2x^2$

15. $\lim\limits_{n \to \infty} \dfrac{3\sqrt{n} - 9n^2}{3n - \sqrt[4]{81n^8 + 1}} = $ 　　　　　　　(　)

A. 3 　　　　B. 1 　　　　C. ∞ 　　　　D. $\dfrac{1}{9}$

16. 函数 $f(x) = \begin{cases} \dfrac{1}{\ln(x-1)}, & x > 1, x \neq 2, \\ 0, & x = 1, \\ 1, & x = 2 \end{cases}$ 的连续区间是 　　　　(　)

A. $[1, +\infty)$ 　　　　　　　　　　B. $(1, +\infty)$

C. $[1, 2) \bigcup (2, +\infty)$ 　　　　　　D. $(1, 2) \bigcup (2, +\infty)$

17. 分析 $y = \dfrac{\sqrt{x+3}}{(x+4)(x-1)}$ 的间断点并分类.

18. 已知 $\lim\limits_{x \to \infty} \left(\dfrac{x^2+1}{x+1} - ax - b \right) = 0$，求 a, b 的值.

19. 求 $\lim\limits_{x \to +\infty} \left[\sqrt{(x+p)(x+q)} - x \right]$.

20. 求 $\lim\limits_{x \to -8} \dfrac{\sqrt{1-x} - 3}{2 + \sqrt[3]{x}}$.

21. 求 $\lim\limits_{x \to 4} \dfrac{\sqrt{2x+1} - 3}{\sqrt{x-2} - \sqrt{2}}$.

22. 求 $\lim\limits_{x \to 0} \dfrac{\ln(1+3x)}{\tan 2x}$.

23. 已知函数 $f(x) = \begin{cases} a + x + x^2, & x \leqslant 0, \\ \dfrac{\sin 3x}{x}, & x > 0, \end{cases}$ 求 a 的值，使 $f(x)$ 在 $x = 0$ 处连续.

24. 已知函数 $f(x) = \begin{cases} 3x + a, & x \leqslant 0, \\ x^2 + 1, & 0 < x < 1, \\ \dfrac{b}{x}, & x \geqslant 1, \end{cases}$ 若 $f(x)$ 在 $(-\infty, +\infty)$ 内连续，求 a, b 的值.

25. 求下列函数的间断点并判别间断点的类型：

(1) $f(x) = \dfrac{2^{\frac{1}{x}} - 1}{2^{\frac{1}{x}} + 1}$；

(2) $f(x) = \lim\limits_{n \to \infty} \dfrac{1 - x^{2n}}{1 + x^{2n}} x$；

(3) $f(x) = \begin{cases} \dfrac{x(2x + \pi)}{2\cos x}, & x \leqslant 0, \\ \sin \dfrac{1}{x^2 - 1}, & x > 0. \end{cases}$

26. 设函数 $f(x)$ 在 $[a,b]$ 上连续,且 $f(a)<a$,$f(b)>b$.试证:在 $[a,b]$ 上至少存在一个 ξ,使 $f(\xi)=\xi$.

27. 设函数 $f(x)$ 在 $[0,1]$ 上连续,且 $0 \leqslant f(x) \leqslant 1$.证明:在 $[0,1]$ 上至少存在一个 ξ,使 $f(\xi)=\xi$.

28. 证明: $x^5-3x-2=0$ 在 $(1,2)$ 内至少有一个实根.

29. 设函数 $f(x)$ 在 $(-\infty,+\infty)$ 上连续,且 $f[f(x)]=x$.证明:存在一个 ξ,使得 $f(\xi)=\xi$.

练习题二

1. 已知 $y = x^x$,则 $\mathrm{d}y = $ _____.

2. 已知 $f'(2) = 2$,则 $\lim\limits_{h \to 0} \dfrac{f(2-3h) - f(2+3h)}{h} = $ _____.

3. 设 $x^2 y + xy^2 + 2y^3 = 1$ 确定 $y = y(x)$,则 $y' = $ _____.

4. 若 $f(x) = f(0) + x + \alpha(x)$,且 $\lim\limits_{x \to 0} \dfrac{\alpha(x)}{x} = 0$,则 $f'(0) = $ _____.

5. 若 $y = f(x)$ 由 $\ln(x+y) = \mathrm{e}^{xy}$ 确定,则 $y'|_{x=0} = $ _____.

6. 已知 $f(-x) = -f(x)$,且 $f'(-x_0) = k$,则 $f'(x_0) = $ _____.

7. 已知 $\dfrac{\mathrm{d}}{\mathrm{d}x}\left[f\left(\dfrac{1}{x^2} \right) \right] = \dfrac{1}{x}$,则 $f'\left(\dfrac{1}{2} \right) = $ _____.

8. 若函数 f 为可导函数,且 $y = \sin\{f[\sin f(x)]\}$,则 $\dfrac{\mathrm{d}y}{\mathrm{d}x} = $ _____.

9. 函数 $y = f(x)$ 由方程 $\mathrm{e}^{2x+y} - \cos(xy) = \mathrm{e} - 1$ 所确定,则曲线 $y = f(x)$ 在点 $(0,1)$ 处的切线方程为 _____.

10. 设函数 $f(x) = \begin{cases} x^3 \sin \dfrac{1}{x}, & x > 0, \\ ax + b, & x \leqslant 0 \end{cases}$ 在 $x = 0$ 处可导,则 ( )

    A. $a = 1, b = 0$ B. $a = 0, b$ 为任意实数

    C. $a = 0, b = 0$ D. $a = 1, b$ 为任意实数

11. 设函数 $y = f(x)$ 在 $x = a$ 处可导,则函数 $y = f(x)$ 的绝对值在 $x = a$ 处不可导的充分条件是 ( )

    A. $f(a) = 0, f'(a) = 0$ B. $f(a) = 0, f'(a) \neq 0$

    C. $f(a) > 0, f'(a) > 0$ D. $f(a) < 0, f'(a) < 0$

12. 已知 $y = \ln(x + \sqrt{1+x^2})$,则下列式子正确的是 ( )

    A. $\mathrm{d}y = \dfrac{1}{x + \sqrt{1+x^2}}$ B. $\mathrm{d}y = \dfrac{1}{\sqrt{1+x^2}} \mathrm{d}x$

    C. $y' = \sqrt{1+x^2}\, \mathrm{d}x$ D. $y' = \dfrac{1}{x + \sqrt{1+x^2}}$

13. 设 $y = f(x)$ 可导,则 $f(x - 2h) - f(x) = $ ( )

    A. $f'(x)h + o(h)$ B. $-2f'(x)h + o(h)$

    C. $-f'(x)h + o(h)$ D. $2f'(x)h + o(h)$

14. 若直线 L 与 x 轴平行,且与曲线 $y = x - \mathrm{e}^x$ 相切,则切点的坐标为 ( )

    A. $(1,1)$ B. $(-1,1)$ C. $(0,-1)$ D. $(0,1)$

15. 设函数 $f(x) = \mathrm{e}^{\sqrt[3]{x}} \sin(3x)$,则下列判断正确的是 ( )

    A. $f'(0) = 3$ B. $f'(0) = \dfrac{1}{3}$ C. $f'(0) = 1$ D. $f'(0)$ 不存在

16. 设 $y = \arctan \dfrac{x+1}{x-1}$，求 y'.

17. 设 $y = e^{\sin(x^2+1)}$，求 dy.

18. 设 $y = x^{\sin x}$，求 y'.

19. 设 $y = y(x)$ 由 $x^y = y^x$ 确定，求 dy.

20. 设 $y = \dfrac{x-1}{x+1}$，求 $y''(0)$.

21. 设 $f(x)$ 为已知二阶可导函数，求 $y = f(x^2)$ 的二阶导数.

22. 设 $f(\ln x + 1) = e^x + 3x$，求 $\dfrac{df(x)}{dx}$.

23. 设 $\begin{cases} x = e^t \sin t, \\ y = e^t \cos t, \end{cases}$ 求 $\dfrac{dy}{dx}$.

24. 设曲线 $x = x(t)$，$y = y(t)$ 由方程组 $\begin{cases} x = t\, e^t, \\ e^t + e^y = 2e \end{cases}$ 确定，求该曲线在 $t = 0$ 时的斜率 k.

25. 设 $y = \dfrac{x^2}{1-x}$，求 $y^{(n)}$.

26. 设 $y = x^3 \ln x$，求 $y^{(n)}$.

27. 设函数 $f(x) = \begin{cases} \dfrac{x}{1 + e^{\frac{1}{x}}}, & x \neq 0, \\ 0, & x = 0, \end{cases}$ 求 $f'(x)$.

28. 设函数 $f(x) = \begin{cases} (x-2)\arctan \dfrac{1}{x-2}, & x \neq 2, \\ 0, & x = 2, \end{cases}$ 求 $f'(x)$.

29. 设 $y = |(x-1)^2 (x+1)^3|$，求 y'.

30. 设 $y = 2^{|x^2-2x-3|}$，求 y'.

31. 设函数 $f(x) = \begin{cases} x^2 \sin \dfrac{1}{x}, & x > 0, \\ x^2, & x \leqslant 0. \end{cases}$ （1）求 $f'(x)$；（2）$f'(x)$ 在 $x = 0$ 处是否连续？

32. 若方程 $\ln y + \dfrac{x}{y} = 0$ 确定 $y = y(x)$，求 $\dfrac{dy}{dx}$.

33. 设函数 $f(x) = \begin{cases} 2 - x^2, & |x| \leqslant 2, \\ 2, & |x| > 2, \end{cases}$ 求 $f'(x)$.

34. 证明：曲线 $x^{\frac{2}{3}} + y^{\frac{2}{3}} = a^{\frac{2}{3}}$（$a > 0$）的切线介于坐标轴之间的长度为一常数.

35. 已知 $\arctan \dfrac{y}{x} = \ln \sqrt{x^2 + y^2}$，求 $\dfrac{dy}{dx}$.

◀ 测试题二 ▶

1. 已知函数 $f(x) = a_0 x^n + a_1 x^{n-1} + \cdots + a_{n-1} x + a_n$，则 $[f(0)]' = $ _____，
$f^{(n)}(0) = $ _____.

2. 已知 $y = x^3 + 3^x + 3^3 + x^x$，则 $y' = $ _____.

3. $y = \cos x$ 在点 $x = \dfrac{\pi}{2}$ 处的切线方程为 _____.

4. $\dfrac{\mathrm{d}(\ln x)}{\mathrm{d}(\sqrt{x})} = $ _____.

5. 设 $y = f(x)$，若 $f'(x_0)$ 存在，且 $f'(x_0) = a$，则 $\lim\limits_{\Delta x \to 0} \dfrac{f(x_0 + 2\Delta x) - f(x_0)}{\Delta x} = $

(   )

A. a B. $2a$ C. $-a$ D. $\dfrac{a}{2}$

6. 下列函数在点 $x = 0$ 处连续且可导的是   (   )

A. $f(x) = \sqrt[3]{x}$ B. $f(x) = \dfrac{1}{x-1}$

C. $f(x) = \begin{cases} 2x-1, & x \geqslant 0, \\ x^2-1, & x < 0 \end{cases}$ D. $f(x) = \begin{cases} 2x-3, & x \geqslant 0, \\ x^2-1, & x < 0 \end{cases}$

7. 设 $y = \arctan \dfrac{1}{x}$，求 y'.

8. 设 $y = \left(\arcsin \dfrac{x}{2}\right)^2$，求 y'.

9. 设 $y = (1+x^2)^{\arctan x}$，求 y'.

10. 设 $y = 2^{\frac{1}{\cos x}}$，求 $\mathrm{d}y$.

11. 设 $f(x) = \begin{cases} -x^2, & x < 0, \\ x\arctan x, & x \geqslant 0, \end{cases}$ 求 $f'(x)$.

12. 设 $f(x) = \dfrac{1}{1+2x}$，求 $f^{(n)}(0)$.

13. 设 $y = \arctan \dfrac{1}{x} + x\ln\sqrt{x}$，求 y''.

14. 设 $y = \ln(1+2x)$，求 $y'''(0)$.

15. 设 $f(x) = \left(1+\dfrac{1}{x}\right)^x$，求 $f'\left(\dfrac{1}{2}\right)$.

16. 设 $y = \dfrac{x}{2}[\sin(\ln x) - \cos(\ln x)]$，求 $y''(1)$.

17. 设 $y = \dfrac{\arccos x}{x} - \ln \dfrac{1+\sqrt{1-x^2}}{x}$，求 y'.

◀ 练习题三 ▶

1. 若 $y=f(x)$ 在 x_0 处可导,且 $f(x_0)$ 为其极大值,则曲线 $=f(x)$ 在点 $(x_0,f(x_0))$ 处的切线方程是_____.

2. 函数 $y=x\mathrm{e}^{-x}$ 的极值点为_____,拐点为_____.

3. $y=1+\dfrac{2x}{(x-1)^2}$ 的水平渐近线为_____,垂直渐近线为_____.

4. 函数 $y=x^3-3x^2+x+9$ 的凹区间为_____.

5. 设 $y=f(x)$ 二阶可导,且 $f'(x)<0$,$f''(x)<0$,$\Delta y=f(x+\Delta x)-f(x)$,$\Delta x>0$,$\mathrm{d}y=f'(x)\Delta x$,则 Δy _____ $\mathrm{d}y$(填">"、"="或"<").

6. 曲线 $y=6x-24x^2+x^4$ 的凸区间为   (   )

A. $(-2,2)$ B. $(-\infty,0)$ C. $(0,+\infty)$ D. $(-\infty,+\infty)$

7. 若函数 $y=\sin x$ 在区间 $[0,\pi]$ 上满足罗尔定理的条件,则 $\xi=$ (   )

A. 0 B. $\dfrac{\pi}{4}$ C. $\dfrac{\pi}{2}$ D. π

8. 设 $f(0)=0$,且极限 $\lim\limits_{x\to 0}\dfrac{f(x)}{x}$ 存在,则 $\lim\limits_{x\to 0}\dfrac{f(x)}{x}=$ (   )

A. $f'(x)$ B. $f'(0)$ C. $f(0)$ D. $\dfrac{1}{2}f'(0)$

9. 求下列极限:

(1) $\lim\limits_{x\to +\infty}\dfrac{\ln\left(1+\dfrac{1}{x}\right)}{\operatorname{arccot} x}$;

(2) $\lim\limits_{x\to 0^+}x^{\sin x}$;

(3) $\lim\limits_{x\to 1}\dfrac{x-x^x}{1-x+\ln x}$;

(4) $\lim\limits_{x\to 1}\left(\dfrac{x}{1-x}+\dfrac{1}{\ln x}\right)$;

(5) $\lim\limits_{x\to 0}\dfrac{x(\mathrm{e}^x+1)-2(\mathrm{e}^x-1)}{x\sin^2 x}$;

(6) $\lim\limits_{x\to 0}\dfrac{\left(1-\cos\dfrac{x}{2}\right)x}{\tan x-\sin x}$.

10. 证明下列不等式:

(1) 当 $x>0$ 时,$\dfrac{x}{1+x}<\ln(1+x)<x$;

(2) 当 $b>a>0$ 时,$3a^2(b-a)<b^3-a^3<3b^2(b-a)$;

(3) 当 $x>0$ 时,$1+x\ln(x+\sqrt{1+x^2})>\sqrt{1+x^2}$;

(4) 当 $x>1$ 时,$2\sqrt{x}>3-\dfrac{1}{x}$;

(5) 当 $-\dfrac{\pi}{2}<x<\dfrac{\pi}{2}$ 时,$\cos x\leqslant 1-\dfrac{1}{\pi}x^2$;

(6) 设 $0\leqslant x\leqslant 1$,$p>1$,证明不等式 $\dfrac{1}{2^{p-1}}\leqslant x^p+(1-x)^p\leqslant 1$.

11. 分析函数 $y=\dfrac{e^x}{x}$ 的单调性、凹凸性、极值、拐点及渐近线.

12. 分析函数 $y=x^3(1-x)$ 的单调性、凹凸性、极值、拐点及渐近线.

13. 在直角坐标系的第一象限内作 $4x^2+y^2=1$ 的切线,使其与两坐标轴所构成的三角形的面积最小,求切点的坐标.

14. 设 $f(x)=\begin{cases} \dfrac{g(x)-e^{-x}}{x}, & x\neq 0, \\ 0, & x=0, \end{cases}$ 其中 $g(x)$ 具有二阶连续导数,且 $g(0)=1$, $g'(0)=-1$.(1) 求 $f'(x)$;(2) 讨论 $f'(x)$ 的连续性.

15. 已知 $f(x)=\begin{cases} \dfrac{g(x)-\cos x}{x}, & x\neq 0, \\ a, & x=0, \end{cases}$ 其中 $g(x)$ 具有二阶连续导数,且 $g(0)=1$.

(1) 确定 a 的值,使 $f(x)$ 在 $x=0$ 处连续;(2) 求 $f'(x)$.

◀ 测试题三 ▶

1. 已知 $x = \dfrac{\pi}{3}$ 是 $f(x) = a\sin x + \dfrac{1}{3}\sin 3x$ 的极值点,则 $a = $ _____.

2. $y = x^3 - 3x^2 + 5$ 的拐点是 _____.

3. 曲线 $y = \dfrac{x^3}{x^3 - 1}$ 的渐近线是 _____ , $y = 2\ln\dfrac{2x-1}{2x} + 1$ 的水平渐近线是 _____.

4. 设函数 $f(x) = (x-1)(x-2)(x-3)$,则方程 $f'(x) = 0$　　　　　( )

　A. 有一个实根　　　　　　　　　　　B. 有两个实根

　C. 有三个实根　　　　　　　　　　　D. 无实根

5. 函数 $y = (x-1)^2$ 在 $(-\infty, +\infty)$ 上的极小值为　　　　　( )

　A. 0　　　　　　　B. 1　　　　　　　C. 2　　　　　　　D. 不存在

6. 函数 $y = e^{-x^2}$　　　　　　　　　　　　　　　　　　　( )

　A. 没有拐点　　　　　　　　　　　　B. 有一个拐点

　C. 有两个拐点　　　　　　　　　　　D. 有三个拐点

7. 函数 $y = \dfrac{4x-1}{(x-2)^2}$　　　　　　　　　　　　　　　( )

　A. 只有水平渐近线　　　　　　　　　B. 只有垂直渐近线

　C. 没有渐近线　　　　　　　　　　　D. 有水平和垂直渐近线

8. 函数 $y = |x-1| + 2$ 的极小值为　　　　　　　　　　　　　( )

　A. 0　　　　　　　B. 1　　　　　　　C. 2　　　　　　　D. 3

9. 在区间 $[-1, 1]$ 上,下列函数不满足罗尔定理的是　　　　　( )

　A. $f(x) = e^{\frac{x^2}{2}} - 1$　　　　　　　　B. $f(x) = \ln(1 + x^2)$

　C. $f(x) = \sqrt[3]{x}$　　　　　　　　　　D. $f(x) = \dfrac{1}{1 + x^2}$

10. $f'(x_0) = 0, f''(x_0) > 0$ 是函数 $f(x)$ 在点 $x = x_0$ 处有极值的一个　( )

　A. 必要非充分条件　　　　　　　　　B. 充要条件

　C. 充分非必要条件　　　　　　　　　D. 无关条件

11. 下列式子对一切 $x > 1$ 均成立的是　　　　　　　　　　　( )

　A. $e^x < (e+1)x$　　　　　　　　　B. $e^x < (e-1)x$

　C. $e^x > ex$　　　　　　　　　　　D. $e^x < ex$

12. 求 $\lim\limits_{x \to 0}\left(\dfrac{1}{x} - \dfrac{1}{\sin x}\right)$.

13. 求 $\lim\limits_{x \to 0}\left[\dfrac{(1+x)^{\frac{1}{x}}}{e}\right]^{\frac{1}{x}}$.

14. 求 $\lim\limits_{x \to +\infty}\dfrac{\ln(x\ln x)}{x^a}$ $(a > 0)$.

15. 分析 $y=\ln(x^2+1)$ 的单调性、凹凸性、极值、拐点.

16. 讨论函数 $f(x)=e^{|x|}$ 在点 $x=0$ 处是否可导,有没有极值,如有,求出其极值.

17. 求函数 $f(x)=\sqrt[3]{2x^2(x-6)}$ 在区间 $[-2,4]$ 上的最大值与最小值.

18. 试证:若 $m>1,n>1,a>0$,则 $x^m(a-x)^n\leqslant\dfrac{m^m n^n}{(m+n)^{m+n}}a^{m+n}$.

19. 设 $x>0$,证明:$\dfrac{2}{2x+1}<\ln\left(1+\dfrac{1}{x}\right)<\dfrac{1}{\sqrt{x^2+x}}$.

◀ 练习题四 ▶

1. $\int \mathrm{d}(\cos 2x) = $ _____.

2. 已知 $f(\cos x) = \sin^2 x$，则 $\int f(x-1)\,\mathrm{d}x = $ _____.

3. $\dfrac{\mathrm{d}}{\mathrm{d}x}\left[\displaystyle\int \tan^3 x \ln\left(1+\dfrac{1}{x}\right)\mathrm{d}x\right] = $ _____.

4. 已知 $\displaystyle\int f(x)\,\mathrm{d}x = \sqrt{1+x^2} + C$，则 $\lim\limits_{h \to 0} \dfrac{f(h)-f(-h)}{h} = $ _____.

5. 已知 $\displaystyle\int x f(x^2)\,\mathrm{d}x = x\mathrm{e}^x$，则 $f(x) = $ _____.

6. 下列积分正确的是 　　　　　　　　　　　　　　　　(　　)

A. $\displaystyle\int x^a\,\mathrm{d}x = \dfrac{1}{a+1}x^{a+1} + C$（$a$ 为常数）

B. $\displaystyle\int x \sin x^2\,\mathrm{d}x = -\cos^2 x^2 + C$

C. $\displaystyle\int \dfrac{1}{3+2x}\,\mathrm{d}x = \dfrac{1}{2}\ln|3+2x| + C$

D. $\displaystyle\int \ln x\,\mathrm{d}x = \dfrac{1}{x} + C$

7. 计算下列不定积分：

(1) $\displaystyle\int \sqrt[3]{1-3x}\,\mathrm{d}x$；

(2) $\displaystyle\int \dfrac{1}{\sqrt{x}\,(1+x)}\,\mathrm{d}x$；

(3) $\displaystyle\int \sin(\ln x)\,\mathrm{d}x$；

(4) $\displaystyle\int \dfrac{\arctan x}{1+x^2}\,\mathrm{d}x$；

(5) $\displaystyle\int \mathrm{e}^{2x}\sin^2 x\,\mathrm{d}x$；

(6) $\displaystyle\int \tan^3 x\,\mathrm{d}x$；

(7) $\displaystyle\int \dfrac{x}{\cos^2 x}\,\mathrm{d}x$；

(8) $\displaystyle\int \dfrac{1}{\sqrt{1+\mathrm{e}^{2x}}}\,\mathrm{d}x$；

(9) $\displaystyle\int \dfrac{1}{\sqrt{x(1-x)}}\,\mathrm{d}x$；

(10) $\displaystyle\int \dfrac{1}{\sin x \cos^4 x}\,\mathrm{d}x$；

(11) $\displaystyle\int \dfrac{\cos x}{\sqrt{2+\cos 2x}}\,\mathrm{d}x$；

(12) $\displaystyle\int \dfrac{1}{\sqrt{x}\,(1+\sqrt[4]{x})^3}\,\mathrm{d}x$；

(13) $\displaystyle\int \dfrac{x^2}{1+x}\,\mathrm{d}x$；

(14) $\displaystyle\int \dfrac{x^4-x^2+1}{x+2}\,\mathrm{d}x$；

(15) $\displaystyle\int \dfrac{x+2}{x^2\sqrt{1-x^2}}\,\mathrm{d}x$；

(16) $\displaystyle\int \dfrac{1}{\cos^4 x}\,\mathrm{d}x$；

(17) $\displaystyle\int x\ln(4+x^2)\,\mathrm{d}x$；

(18) $\displaystyle\int \dfrac{\arctan x}{x^2(1+x^2)}\,\mathrm{d}x$；

(19) $\displaystyle\int \frac{\ln x}{x\sqrt{1+\ln x}}\mathrm{d}x$;

(20) $\displaystyle\int \frac{x^2}{\sqrt{a^2-x^2}}\mathrm{d}x$;

(21) $\displaystyle\int \sqrt{x}\ln^2 x\,\mathrm{d}x$;

(22) $\displaystyle\int \arctan\sqrt{x}\,\mathrm{d}x$;

(23) $\displaystyle\int (\arcsin x)^2\,\mathrm{d}x$;

(24) $\displaystyle\int x\sin\sqrt{x}\,\mathrm{d}x$.

◀ 测试题四 ▶

1. 若 $f(x)$ 的一个原函数为 $\dfrac{1}{x}$，则 $f'(x)=$ _____.

2. $\displaystyle\int \mathrm{d}(\cos x)=$ _____.

3. $\displaystyle\int (x^3\mathrm{e}^x)'\mathrm{d}x=$ _____.

4. 已知 $\displaystyle\int f(x)\mathrm{d}x=\dfrac{x^2}{1-x^2}+C$，则 $\displaystyle\int \sin x f(\cos x)\mathrm{d}x=$ _____.

5. 求 $\displaystyle\int (x+1)\ln x\,\mathrm{d}x$.

6. 求 $\displaystyle\int \dfrac{\ln x}{\sqrt{x}}\mathrm{d}x$.

7. 求 $\displaystyle\int \dfrac{\mathrm{d}x}{x^2\sqrt{4-x^2}}$.

8. 求 $\displaystyle\int \dfrac{\sin 2x}{\cos^2 x}\mathrm{d}x$.

9. 求 $\displaystyle\int \dfrac{1+\sin^2 x}{1+\cos 2x}\mathrm{d}x$.

10. 求 $\displaystyle\int (x\ln x)^{\frac{3}{2}}(\ln x+1)\mathrm{d}x$.

11. 求 $\displaystyle\int \dfrac{\sqrt{x^2+4}}{x^2}\mathrm{d}x$.

12. 求 $\displaystyle\int \dfrac{\cos x}{2\sin x-\cos x}\mathrm{d}x$.

13. 已知 $f(x)$ 的一个原函数为 $\dfrac{\sin x}{x}$，证明：
$$\int x^3 f'(x)\mathrm{d}x=x^2\cos x-4x\sin x-6\cos x+C.$$

14. 已知函数 $f(x)$ 有二阶连续导数，证明：
$$\int x f''(2x-1)\mathrm{d}x=\dfrac{x}{2}f'(2x-1)-\dfrac{1}{4}f(2x-1)+C.$$

15. 求 $\displaystyle\int \ln(x+\sqrt{x^2+1})\mathrm{d}x$.

练习题五

1. 设 $\displaystyle\int_0^x f(t)\mathrm{d}t = \ln(x^2+1)$，则 $f(2)=$ _____.

2. $\displaystyle\int_{-1}^1 x^5 \sin(x^4)\mathrm{d}x =$ _____.

3. $\displaystyle\frac{\mathrm{d}}{\mathrm{d}x}\int_{x^2}^1 \sin t^2\,\mathrm{d}t =$ _____.

4. $\displaystyle\int_e^{+\infty}\frac{\mathrm{d}x}{x(\ln x)^2} =$ _____.

5. $\displaystyle\int_0^1 e^{x+e^x}\mathrm{d}x =$ _____.

6. 设 $f(x)$ 为区间 $[a,b]$ 上的连续函数，则曲线 $y=f(x)$ 与直线 $x=a$，$x=b$，$y=0$ 所围成的封闭图形的面积为 （　　）

A. $\displaystyle\int_a^b f(x)\mathrm{d}x$　　　　B. $\displaystyle\int_a^b |f(x)|\mathrm{d}x$　　　C. $\left|\displaystyle\int_a^b f(x)\mathrm{d}x\right|$　　　D. 不能确定

7. 下列命题正确的是 （　　）

A. $\displaystyle\int_1^2 \frac{1}{x^3}\mathrm{d}x = 0$　　　　　　　　B. $\displaystyle\int_{-\infty}^{+\infty} x^2 \sin x\,\mathrm{d}x = 0$

C. $\displaystyle\int_{-1}^1 \sin x^5\,\mathrm{d}x = 0$　　　　　　D. $\displaystyle\int_{-\infty}^{+\infty} x^3\,\mathrm{d}x = 0$

8. $\displaystyle\frac{\mathrm{d}}{\mathrm{d}x}\int_a^b \arcsin x\,\mathrm{d}x =$ （　　）

A. $\arcsin b - \arcsin a$　　　　　　　B. $\dfrac{1}{\sqrt{1-x^2}}$

C. $\arcsin x$　　　　　　　　　　　D. 0

9. 下列判断正确的是 （　　）

A. $\displaystyle\int_0^1 e^x\,\mathrm{d}x \leqslant \int_0^1 e^{x^2}\,\mathrm{d}x$　　　　　　B. $\displaystyle\int_0^1 e^x\,\mathrm{d}x \geqslant \int_0^1 e^{x^2}\,\mathrm{d}x$

C. $\displaystyle\int_0^1 e^x\,\mathrm{d}x = \int_0^1 e^{x^2}\,\mathrm{d}x$　　　　　　D. 以上都不对

10. $\displaystyle\int_2^{+\infty}\frac{1}{(x+1)^p}\mathrm{d}x$ 收敛时 p 满足的条件是 （　　）

A. $p\geqslant 1$　　　　B. $p\leqslant 1$　　　　C. $p>1$　　　　D. $p<-1$

11. 求下列极限：

(1) $\displaystyle\lim_{x\to 0}\frac{\displaystyle\int_0^x \cos t^2\,\mathrm{d}t}{x}$;

(2) $\displaystyle\lim_{x\to 0^+}\frac{\displaystyle\int_0^{\sin x}\sqrt{\tan t}\,\mathrm{d}t}{\displaystyle\int_0^{\tan x}\sqrt{\sin t}\,\mathrm{d}t}$;

(3) $\displaystyle\lim_{x\to 0}\frac{\displaystyle\int_0^x t\,e^t \sin t\,\mathrm{d}t}{x^3 e^x}$;

(4) $\displaystyle\lim_{x\to +\infty}\frac{\displaystyle\int_0^x |\sin t|\,\mathrm{d}t}{x^2}$.

12. 计算下列定积分：

(1) $\displaystyle\int_0^{\ln 2} \sqrt{\mathrm{e}^x - 1}\,\mathrm{d}x$ ；

(2) $\displaystyle\int_0^{\pi} \mathrm{e}^x \sin^2 x\,\mathrm{d}x$ ；

(3) $\displaystyle\int_{-1}^{1} \dfrac{x}{x^2 + x + 1}\,\mathrm{d}x$ ；

(4) $\displaystyle\int_1^9 x\sqrt[3]{1-x}\,\mathrm{d}x$ ；

(5) $\displaystyle\int_0^1 x^{15}\sqrt{1 + 3x^8}\,\mathrm{d}x$ ；

(6) $\displaystyle\int_0^1 \dfrac{\ln(1+x)}{(2-x)^2}\,\mathrm{d}x$ ；

(7) $f(x) = \begin{cases} 1-x, & 0 \leqslant x \leqslant 1, \\ 0, & 1 < x < 2, \\ (2-x)^3, & 2 \leqslant x \leqslant 3, \end{cases}$ 求 $\displaystyle\int_0^3 f(x)\,\mathrm{d}x$.

(8) $\displaystyle\int_1^{\sqrt{3}} \dfrac{\mathrm{d}x}{(4-x^2)^{\frac{3}{2}}}$ ；

(9) $\displaystyle\int_{-1}^1 \left(\dfrac{x^3}{1+x^4} + x\sqrt{1-x^4} + \sqrt{1-x^2} \right)\mathrm{d}x$ ；

(10) $\displaystyle\int_{-\pi}^{\pi} \sin^4 \dfrac{x}{2}\,\mathrm{d}x$ ；

(11) $\displaystyle\int_1^{+\infty} \dfrac{\mathrm{d}x}{x(x^2+1)}$ ；

(12) $\displaystyle\int_1^{+\infty} \dfrac{\mathrm{d}x}{x\sqrt{x-1}}$ ；

(13) $\displaystyle\int_0^2 |x(x-1)|\,\mathrm{d}x$ ；

(14) $\displaystyle\int_{\frac{1}{e}}^{e} |\ln x|\,\mathrm{d}x$ ；

(15) $f(x) = \begin{cases} \mathrm{e}^{-x}, & x \geqslant 0, \\ 1+x^2, & x < 0, \end{cases}$ 求 $\displaystyle\int_{\frac{1}{2}}^2 f(x-1)\,\mathrm{d}x$.

13. 设 $f(x) = \begin{cases} \dfrac{\displaystyle\int_0^x \left[(t-1)\displaystyle\int_0^{t^2} \varphi(u)\,\mathrm{d}u \right]\mathrm{d}t}{\sin^2 x}, & x \neq 0, \\ 0, & x = 0, \end{cases}$ 其中 $\varphi(u)$ 为连续函数,试讨论

函数 $f(x)$ 在 $x = 0$ 处的连续性与可导性.

14. 求 $y = \displaystyle\int_0^x (t-1)(t-2)^2\,\mathrm{d}t$ 的极值与拐点.

15. 设 $f(x)$ 是连续的偶函数,且 $f(x) > 0$, $F(x) = \displaystyle\int_{-a}^a |x-t| f(t)\,\mathrm{d}t$, $-a \leqslant x \leqslant a$.

(1) 证明: $F'(x)$ 是单调递增函数；

(2) 当 x 为何值时, $F(x)$ 取最小值?

16. 求 $f(x) = \displaystyle\int_e^x \dfrac{\ln t}{t^2 - 2t + 1}\,\mathrm{d}t$ 在 $[\mathrm{e}, \mathrm{e}^2]$ 上的最大值.

17. 已知抛物线 $y^2 = 8x$,求:

(1) 抛物线在点 $(2, 4)$ 处的法线方程；

(2) 抛物线 $y \geqslant 0$ 的部分及其在 $(2,4)$ 处的法线和 x 轴所围成的图形绕 y 轴旋转所成旋转体的体积.

18. 求由 $y = |\ln x|$, $y = 0$, $x = 0.1$, $x = 10$ 所围图形的面积.

19. 求由 $y = x$, $y = x + \sin^2 x$ ($0 \leqslant x \leqslant \pi$) 所围图形的面积.

20. 设有曲线 $y = \sqrt{x-1}$,过原点作其切线,求由此曲线、切线及 x 轴围成的平面图形绕 x 轴旋转一周所得的旋转体的体积.

---------- ◀ 测试题五 ▶ ----------

1. 若 $f(x)=\begin{cases}\sqrt{x}, & x\geqslant 0, \\ x, & x<0,\end{cases}$ 则 $\int_0^1 f(x)\mathrm{d}x=$ _____ , $\int_{-1}^1 f(x)\mathrm{d}x=$ _____ .

2. $\int_0^{+\infty}\dfrac{1}{1+x^2}\mathrm{d}x=$ _____ , $\lim\limits_{n\to+\infty}\int_0^1 x^n\mathrm{d}x=$ _____ .

3. 若 $y=\int_0^x(t-1)(t-2)\mathrm{d}t$, 则 $y'(0)=$ 　　　　　　　　　　（　　）

A. -2 　　　　　　　B. -1 　　　　　　　C. 1 　　　　　　　D. 2

4. 已知 $f(x)=x^2-\int_0^a f(x)\mathrm{d}x$, 且 a 是不等于 -1 的常数, 求证: $\int_0^a f(x)\mathrm{d}x=\dfrac{a^3}{3(a+1)}$.

5. 已知 $\int_0^x f(t)\mathrm{d}t=\dfrac{x^4}{2}$, 求 $\int_0^4\dfrac{1}{\sqrt{x}}f(\sqrt{x})\mathrm{d}x$.

6. 求 $\lim\limits_{x\to 0}\dfrac{\displaystyle\int_0^x\sin t^2\mathrm{d}t}{x^3}$.

7. 求 $\int_0^{\frac{1}{2}}\dfrac{1+x}{\sqrt{1-x^2}}\mathrm{d}x$.

8. 求 $f(x)=\int_0^x\dfrac{t+2}{t^2+2t+2}\mathrm{d}t$ 在 $[0,1]$ 上的最大值和最小值.

9. 求 $\lim\limits_{x\to 0}\dfrac{\displaystyle\int_0^x(\sqrt{1+t^2}-\sqrt{1-t^2})\mathrm{d}t}{x^3}$.

10. 设 $f(2x+1)=x\mathrm{e}^x$, 求 $\int_3^5 f(t)\mathrm{d}t$.

11. 设 $\int_a^{2\ln 2}\dfrac{1}{\sqrt{\mathrm{e}^t-1}}\mathrm{d}t=\dfrac{\pi}{6}$, 求 a .

12. 设曲线 $y=\sqrt{2x}$, 求:

(1) 过曲线上点 $(2,2)$ 的切线方程;

(2) 此切线与曲线 $y=\sqrt{2x}$ 及直线 $y=0$ 所围成的平面图形的面积.

13. 曲线 $xy=a(a>0)$ 与直线 $x=a,x=2a$ 及 $y=0$ 围成一个平面图形, 求:

(1) 此图形绕 x 轴旋转所成的旋转体的体积;

(2) 此图形绕 y 轴旋转所成的旋转体的体积.

14. 求曲线 $y=x^3-3x+2$ 和它的右极值点处的切线所围区域的面积.

15. 设 $f(x)$ 在 $[0,1]$ 上连续, 且 $f(x)<1$, 又 $F(x)=(2x-1)-\int_0^x f(t)\mathrm{d}t$. 证明: $F(x)$ 在 $(0,1)$ 内只有一个零点.

16. 证明：$\displaystyle\int_0^1 \frac{\mathrm{d}x}{\arccos x} = \int_0^{\frac{\pi}{2}} \frac{\sin x}{x}\mathrm{d}x$.

17. 设连续函数 $f(x)$ 在 $[a,b]$ 上单调增加，又 $G(x) = \dfrac{1}{x-a}\displaystyle\int_a^x f(t)\mathrm{d}t$，$x\in(a,b)$. 试证：$G'(x)$ 在 (a,b) 内非负.

18. 在曲线 $y = \ln x$ 上 $(\mathrm{e},1)$ 点处作切线 l，求：

(1) 由曲线切线、曲线本身及 x 轴所围图形的面积；

(2) 上述所围图形绕 x 轴旋转所得旋转体的体积.

19. 设 $f(x) = \begin{cases} \dfrac{2}{x^2}(1-\cos x), & x < 0, \\[2mm] 1, & x = 0, \\[2mm] \dfrac{\displaystyle\int_0^x \cos t^2\mathrm{d}t}{x}, & x > 0, \end{cases}$　讨论 $f(x)$ 在 $x = 0$ 处的连续性和可导性.

20. 设 $f(x)$ 在 $[0,1]$ 上可导，且 $f(1) - 2\displaystyle\int_0^{\frac{1}{2}} xf(x)\mathrm{d}x = 0$，证明在 $(0,1)$ 内至少存在一个 ξ，使 $f'(\xi) = -\dfrac{f(\xi)}{\xi}$.

练习题六

1. 下列方程是线性微分方程的是 　　　　　　　　　　　　（　　）

A. $(y')^2 = y \sin x$ 　　　　　　　　　　B. $y' = y^2 + x^2$

C. $y' = y \sin x + \cos x^2$ 　　　　　　　D. $y' = 4y^2$

2. 方程 $y^4 + y' + (y'')^2 = x^4 + 1$ 是_____阶微分方程.

3. 方程 $y'' + y = 0$ 的通解是_____.

4. 方程 $y'' - 2y' - 3y = x e^{3x}$ 的特解可设为_____.

5. 求解下列常微分方程：

(1) $x y \mathrm{d}x + (x+1) \mathrm{d}y = 0$; 　　　　　(2) $x(1+y) + y'(y - xy) = 0$;

(3) $y' = \dfrac{y}{x} + \dfrac{x}{y}$; 　　　　　　　　(4) $y' + 2xy = x e^{-x^2}$;

(5) $y' - 2y = e^x - x, y(0) = \dfrac{5}{4}$; 　　　　(6) $y'' - 6y' + 9y = e^{3x}$.

6. 求一曲线方程, 此曲线在任一点处的切线斜率等于 $2x + y$, 并且曲线通过原点.

7. 设曲线上任一点 $M(x, y)$ 处的切线与直线 OM 垂直, 求这个曲线的方程.

8. 设 $f(x) = x + \displaystyle\int_0^x (x - t) f(t) \mathrm{d}t$, $f(x)$ 为连续函数, 求 $f(x)$.

9. 设 $f(x)$ 处处可导, 且 $f'(0) = 1$, 并对任意实数 x 和 y, 有 $f(x+y) = e^x f(y) + e^y f(x)$, 求 $f(x)$.

10. 已知一条凸曲线过点 $A(0, 1)$, $B(1, 0)$, $P(x, y)$ 为该曲线上的任一点. 已知该曲线弧与 AP 之间的面积为 x^3, 求该曲线的方程.

测试题六

1. 微分方程 $(xy')^3 + x^2 y^4 - y = 0$ 的阶数为_____.

2. 微分方程 $y'' - 3y' + 2y = 0$ 的通解是_____.

3. 微分方程 $y'' + 4y' + 4y = xe^{-2x}$ 的待定特解 $y^* = $_____.

4. 微分方程 $\dfrac{\mathrm{d}y}{\mathrm{d}x} = \dfrac{y}{x} + \tan\dfrac{y}{x}$ 的通解是   （   ）

A. $\sin\dfrac{y}{x} = Cx$　　　B. $\sin\dfrac{y}{x} = \dfrac{1}{Cx}$　　　C. $\sin\dfrac{x}{y} = Cx$　　　D. $\sin\dfrac{x}{y} = \dfrac{1}{Cx}$

5. 求微分方程 $y'' - 2y' - 3y = e^{3x}$ 的通解.

6. 设 $f(x)$ 为连续函数且满足 $f(x) = \displaystyle\int_0^{3x} f\left(\dfrac{t}{3}\right)\mathrm{d}t + 3x - 3$，求 $f(x)$.

7. 已知 $y_1 = e^x, y_2 = e^{-x}$ 是 $y'' + py' + qy = 0$ 的特解.

（1）求 p, q；

（2）写出该方程的通解，并求满足条件 $y(0) = 1, y'(0) = 2$ 的特解.

练习题七

1. $\lim\limits_{n \to \infty} u_n = 0$ 是级数 $\sum\limits_{n=1}^{\infty} u_n$ 收敛的 （　　）

A. 必要非充分条件　　　　　　　　B. 充分非必要条件

C. 充要条件　　　　　　　　　　　D. 无关条件

2. 正项级数 $\sum\limits_{n=1}^{\infty} u_n$ 收敛的（　　）是前 n 项部分和数列 $\{s_n\}$ 有上界. （　　）

A. 必要非充分条件　　　　　　　　B. 充分非必要条件

C. 充要条件　　　　　　　　　　　D. 无关条件

3. 下列级数收敛的是 （　　）

A. $\sum\limits_{n=1}^{\infty} \left(-\dfrac{1}{n}\right)$　　　B. $\sum\limits_{n=1}^{\infty} \left(\dfrac{3}{2}\right)^n$　　　C. $\sum\limits_{n=1}^{\infty} \dfrac{1}{n\sqrt{n}}$　　　D. $\sum\limits_{n=1}^{\infty} \dfrac{n}{2n+1}$

4. 下列级数条件收敛的是 （　　）

A. $\sum\limits_{n=1}^{\infty} \dfrac{(-1)^{n-1}}{\sqrt{n}}$　　　　　　　　B. $\sum\limits_{n=1}^{\infty} (-1)^{n-1} \left(\dfrac{2}{3}\right)^n$

C. $\sum\limits_{n=1}^{\infty} \dfrac{(-1)^n n}{\sqrt{2^n+1}}$　　　　　　　　D. $\sum\limits_{n=1}^{\infty} \dfrac{(-1)^{n-1}}{\sqrt{2n^3+4}}$

5. 下列级数绝对收敛的是 （　　）

A. $\sum\limits_{n=1}^{\infty} \dfrac{(-1)^{n-1}}{n}$　　　　　　　　B. $\sum\limits_{n=1}^{\infty} (-1)^{n-1} \dfrac{n}{2n-1}$

C. $\sum\limits_{n=1}^{\infty} \dfrac{(-1)^{n-1}}{\sqrt{n}}$　　　　　　　　D. $\sum\limits_{n=1}^{\infty} \dfrac{(-1)^{n-1}}{n^2}$

6. 下列级数发散的是 （　　）

A. $\sum\limits_{n=1}^{\infty} \dfrac{(-1)^{n-1}}{\ln(n+1)}$　　B. $\sum\limits_{n=1}^{\infty} \dfrac{n}{3n-1}$　　C. $\sum\limits_{n=1}^{\infty} (-1)^n \dfrac{1}{3^n}$　　D. $\sum\limits_{n=1}^{\infty} \dfrac{n}{\sqrt{3^n}}$

7. 幂级数 $\sum\limits_{n=1}^{\infty} (-1)^n \dfrac{x^n}{n}$ 的收敛域是 （　　）

A. $[-1,1]$　　　　B. $(-1,1)$　　　　C. $[-1,1)$　　　　D. $(-1,1]$

8. 已知级数 $\sum\limits_{n=1}^{\infty} \dfrac{(-1)^{n-1}}{n^{p-3}}$，当＿＿＿＿＿＿时，级数绝对收敛；当＿＿＿＿＿＿时，级数条件收敛；当＿＿＿＿＿＿时，级数发散.

9. 判别下列级数的敛散性：

(1) $\sum\limits_{n=1}^{\infty} (-1)^n \dfrac{\sin\dfrac{n\pi}{3}}{n^2+2}$；　　　　　(2) $\sum\limits_{n=1}^{\infty} \dfrac{a^n n!}{n^n} (a>0, a \neq e)$；

(3) $\sum\limits_{n=1}^{\infty} (-1)^{n+1} \ln \dfrac{n^3+1}{n^3}$；　　　(4) $\sum\limits_{n=1}^{\infty} \left(\dfrac{1}{3^n} + \ln\dfrac{1}{n}\right)$；

(5) $\sum\limits_{n=1}^{\infty} \dfrac{1}{n}(\sqrt{n+1}-\sqrt{n-1})$;

(6) $\sum\limits_{n=1}^{\infty} \dfrac{2^n}{\sqrt{n^n}}$;

(7) $\sum\limits_{n=1}^{\infty} \dfrac{n^2}{(n!)^2}$;

(8) $\sum\limits_{n=1}^{\infty} \dfrac{\sqrt{n}+\sin n}{n^2-n+1}$;

(9) $\sum\limits_{n=2}^{\infty} \dfrac{(-1)^{n-1}n}{n^2-1}$;

(10) $\sum\limits_{n=1}^{\infty} (-1)^{n-1}\arcsin\dfrac{1}{n}$.

10. 求下列幂级数的收敛半径和收敛域：

(1) $\sum\limits_{n=1}^{\infty} \dfrac{2^n}{n^2+1}x^n$;

(2) $\sum\limits_{n=1}^{\infty} \dfrac{x^{2n-1}}{(2n-1)(2n-1)!}$;

(3) $\sum\limits_{n=1}^{\infty} (-1)^n \dfrac{x^{2n-1}}{5^n\sqrt{n+1}}$;

(4) $\sum\limits_{n=1}^{\infty} \dfrac{1}{n}(2x+1)^n$.

测试题七

1. 已知级数 $\sum\limits_{n=1}^{\infty} \dfrac{(-1)^n}{(2n+1)^{p-2}}$，当 _____ 时，级数绝对收敛；当 _____ 时，级数条件收敛；当 _____ 时，级数发散.

2. $\sum\limits_{n=0}^{\infty} \dfrac{3^n}{n+3} x^n$ 的收敛半径 $R=$ (　　)

　A. 1   B. 3   C. $\dfrac{1}{3}$ D. ∞

3. 幂级数 $\sum\limits_{n=1}^{\infty} \left[\dfrac{(-1)^n}{2^n} x^n + 3^n x^n \right]$ 的收敛半径是   (　　)

　A. 2   B. $\dfrac{1}{3}$ C. $\dfrac{1}{2}$ D. 3

4. 下列级数条件收敛的是   (　　)

　A. $\sum\limits_{n=1}^{\infty} \dfrac{(-1)^n n}{n+1}$ B. $\sum\limits_{n=1}^{\infty} \dfrac{(-1)^n}{\sqrt{n}}$

　C. $\sum\limits_{n=1}^{\infty} (-1)^n \dfrac{1}{n^2}$ D. $\sum\limits_{n=1}^{\infty} \dfrac{(-1)^n}{n(n+1)}$

5. 判断 $\sum\limits_{n=1}^{\infty} (-1)^n \left(\sqrt{n+1}-\sqrt{n}\right)$ 的敛散性.

6. 求幂级数 $\sum\limits_{n=1}^{\infty} \dfrac{x^{2n}}{2^n n}$ 的收敛半径和收敛区间.

7. 设 $p>0$，讨论 p 为何值时，级数 $\sum\limits_{n=1}^{\infty} \dfrac{(-1)^n}{n\, p^{n+1}}$ 收敛.

8. 讨论 $\sum\limits_{n=1}^{\infty} \dfrac{1}{1+a^n}$ 在 $0<a<1$，$a=1$ 和 $a>1$ 三种条件下的敛散性.

———◀ **练习题八** ▶———

1. 设 $u=x^{\frac{y}{z}}$, 则 $\mathrm{d}u=$ _____.

2. 设 $x^2+yz+\sin(x+2z)=0$, 则 $\dfrac{\partial z}{\partial x}=$ _____.

3. 设 $u=f(x^2y^2,\mathrm{e}^{xy})$, f 为已知可微函数,则 $\dfrac{\partial u}{\partial x}=$ _____.

4. 设 $u=x^y$, 则 $\dfrac{\partial^2 u}{\partial x\partial y}=$ _____.

5. 改变积分次序:$\displaystyle\int_0^\pi \mathrm{d}x\int_0^{\sin x}f(x,y)\mathrm{d}y=$ _____.

6. 改变积分次序:$\displaystyle\int_0^1 \mathrm{d}x\int_{x^3}^{x^2}f(x,y)\mathrm{d}y=$ _____.

7. 设 $u=\left(\dfrac{x}{y}\right)^z$, 求 $\dfrac{\partial u}{\partial x},\dfrac{\partial u}{\partial y},\dfrac{\partial u}{\partial z}$.

8. 设 $u=\arctan\dfrac{y}{x}$, 求其所有二阶偏导数.

9. 设 $u=x\sin(2x+y)$, 求 $\mathrm{d}u$.

10. 设 $z=f(x^2-y^2,xy)$, 求 $\dfrac{\partial^2 z}{\partial x\partial y}$.

11. 设 $z=f(2x-y)+g(x,xy)$, 其中 f,g 二阶可微,求 $\dfrac{\partial^2 z}{\partial x\partial y}$.

12. 设方程 $\dfrac{x}{z}=\ln\dfrac{z}{y}$ 确定 $z=z(x,y)$, 求 $\mathrm{d}z$.

13. 求 $\displaystyle\iint\limits_{D}y\mathrm{d}x\mathrm{d}y$, 其中 D 是由直线 $x=-2,y=0,y=2$ 及曲线 $x=-\sqrt{2y-y^2}$ 所围成的平面区域.

14. 设 $\displaystyle\int_0^{\frac{\pi}{6}}\mathrm{d}y\int_y^{\frac{\pi}{6}}\dfrac{\cos x}{x}\mathrm{d}x$.

15. 求 $\displaystyle\int_1^2 \mathrm{d}x\int_{\sqrt{x}}^x \sin\dfrac{\pi x}{2y}\mathrm{d}y+\int_2^4 \mathrm{d}x\int_{\sqrt{x}}^2 \sin\dfrac{\pi x}{2y}\mathrm{d}y$.

16. 求 $\displaystyle\iint\limits_{D}\sqrt{1-x^2-y^2}\,\mathrm{d}x\mathrm{d}y$, $D=\{(x,y)\mid x^2+y^2\leqslant x\}$.

17. 求 $\displaystyle\iint\limits_{D}\sqrt{x}\,\mathrm{d}x\mathrm{d}y$, $D=\{(x,y)\mid x^2+y^2\leqslant x\}$.

18. 求 $\displaystyle\iint\limits_{D}\dfrac{1-x^2-y^2}{1+x^2+y^2}\mathrm{d}x\mathrm{d}y$, 其中 D 是由 $x^2+y^2=1,x=0,y=0$ 所围区域的第一象限部分.

---◀ **测试题八** ▶---

1. 设 $z = 1 + xy - \sqrt{x^2 + y^2}$，则 $\dfrac{\partial z}{\partial x}\Big|_{\substack{x=3 \\ y=4}} = $ _____.

2. 设 $z = \arctan\dfrac{y}{x}$，则 $\mathrm{d}z = $ _____.

3. 设 $z = x^2 \ln(y+1)$，则 $\dfrac{\partial^2 z}{\partial x \partial y} = $ _____.

4. 更换积分次序：$\displaystyle\int_1^2 \mathrm{d}x \int_x^{x^2} f(x,y)\mathrm{d}y + \int_2^8 \mathrm{d}x \int_x^8 f(x,y)\mathrm{d}y = $ _____.

5. 更换积分次序：$\displaystyle\int_0^a \mathrm{d}x \int_{\frac{a^2-x^2}{2a}}^{\sqrt{a^2-x^2}} f(x,y)\mathrm{d}y = $ _____.

6. 设 $z = \mathrm{e}^{xy}$，则 $\mathrm{d}z = $ (   )

A. $\mathrm{e}^{xy}\mathrm{d}x$ B. $[x\mathrm{d}y + y\mathrm{d}x]\mathrm{e}^{xy}$

C. $x\mathrm{d}y + y\mathrm{d}x$ D. $(x+y)\mathrm{e}^{xy}$

7. 设二重积分的积分区域 D 是 $x^2 + y^2 \leqslant 4$，则 $\displaystyle\iint\limits_D \mathrm{d}x\mathrm{d}y = $ (   )

A. π B. 4π C. 3π D. 5π

8. 设 $x = z\ln\left(\dfrac{z}{y}\right)$，求 $\mathrm{d}z$.

9. 计算 $\displaystyle\iint\limits_D \dfrac{x}{y}\mathrm{d}x\mathrm{d}y$，其中 $D = \{(x,y) \mid x^2 + y^2 \leqslant 2y\}$.

10. 设 $z = z(x,y)$ 是 $z^3 - 3xyz = 1$ 所确定的隐函数，求 $\mathrm{d}z$.

11. 计算 $\displaystyle\iint\limits_D \ln(x^2 + y^2)\mathrm{d}x\mathrm{d}y$，其中 $D = \{(x,y) \mid \mathrm{e}^2 \leqslant x^2 + y^2 \leqslant \mathrm{e}^4\}$.

12. 设 $x^2 + y^2 + 2x - 2yz = \mathrm{e}^z$，求 $\dfrac{\partial z}{\partial x}, \dfrac{\partial z}{\partial y}$.

13. 设 $z = f(x^2 + y^2)$ 且 f 可微，证明：$y\dfrac{\partial z}{\partial x} - x\dfrac{\partial z}{\partial y} = 0$.

附录二

常用公式

1. 常用不等式

(1) 三角不等式：$|a|-|b|\leqslant|a\pm b|\leqslant|a|+|b|$.

(2) 平方-算术-几何均值不等式：设 $x_1,x_2,\cdots,x_n$ 均为正实数，则

$$\sqrt{\frac{x_1^2+x_2^2+\cdots+x_n^2}{n}}\geqslant\frac{x_1+x_2+\cdots+x_n}{n}\geqslant\sqrt[n]{x_1\cdot x_2\cdot\cdots\cdot x_n}.$$

其中等号当且仅当 $x_1=x_2=\cdots=x_n$ 时成立.

(3) 均值不等式的常用形式：设 $a,b>0$，则 $\dfrac{2}{\dfrac{1}{a}+\dfrac{1}{b}}\leqslant\sqrt{ab}\leqslant\dfrac{a+b}{2}\leqslant\sqrt{\dfrac{a^2+b^2}{2}}$.

(4) 二维柯西不等式：$(a^2+b^2)(c^2+d^2)\geqslant(ac+bd)^2$，等号当且仅当 $ad=bc$ 时成立.

2. 常用多项式算式

(1) $(a\pm b)^2=a^2\pm2ab+b^2$.

(2) $a^2-b^2=(a+b)(a-b)$.

(3) $(a\pm b)^3=a^3\pm3a^2b+3ab^2\pm b^3$.

(4) $a^3\pm b^3=(a\pm b)(a^2\mp ab+b^2)$.

(5) $(a+b+c)^2=a^2+b^2+c^2+2ab+2ac+2bc$.

(6) $(a+b)^n=\sum\limits_{k=0}^{n}C_n^k a^{n-k}b^k$，其中 $C_n^k=\dfrac{n!}{k!(n-k)!}$.

3. 三角函数关系

(1) 倒数关系：$\tan\alpha\cot\alpha=1$；$\sin\alpha\csc\alpha=1$；$\cos\alpha\sec\alpha=1$.

(2) 商数关系：$\tan\alpha=\dfrac{\sin\alpha}{\cos\alpha}$；$\cot\alpha=\dfrac{\cos\alpha}{\sin\alpha}$.

(3) 平方关系：$\sin^2\alpha+\cos^2\alpha=1$；$1+\tan^2\alpha=\sec^2\alpha$；$1+\cot^2\alpha=\csc^2\alpha$.

4. 三角函数诱导公式

(1) $\sin(\pi+\alpha)=-\sin\alpha$；$\cos(\pi+\alpha)=-\cos\alpha$；$\tan(\pi+\alpha)=\tan\alpha$；

$\cot(\pi+\alpha)=\cot\alpha$.

(2) $\sin(\pi-\alpha)=\sin\alpha$；$\cos(\pi-\alpha)=-\cos\alpha$；$\tan(\pi-\alpha)=-\tan\alpha$；

$\cot(\pi-\alpha)=-\cot\alpha$.

(3) $\sin\left(\dfrac{\pi}{2}+\alpha\right)=\cos\alpha$；$\cos\left(\dfrac{\pi}{2}+\alpha\right)=-\sin\alpha$；$\tan\left(\dfrac{\pi}{2}+\alpha\right)=-\cot\alpha$；

$\cot\left(\dfrac{\pi}{2}+\alpha\right)=-\tan\alpha$.

(4) $\sin\left(\dfrac{\pi}{2}-\alpha\right)=\cos\alpha$；$\cos\left(\dfrac{\pi}{2}-\alpha\right)=\sin\alpha$；$\tan\left(\dfrac{\pi}{2}-\alpha\right)=\cot\alpha$；

$\cot\left(\dfrac{\pi}{2}-\alpha\right)=\tan\alpha$.

5. 三角函数倍角公式

(1) $\sin 2\alpha=2\sin\alpha\cos\alpha$.

(2) $\cos 2\alpha=\cos^2\alpha-\sin^2\alpha=2\cos^2\alpha-1=1-2\sin^2\alpha$.

(3) $\tan 2\alpha=\dfrac{2\tan\alpha}{1-\tan^2\alpha}$；$\cot 2\alpha=\dfrac{\cot^2\alpha-1}{2\cot\alpha}$.

6. 三角函数和角、差角公式

(1) $\sin(\alpha\pm\beta)=\sin\alpha\cos\beta\pm\cos\alpha\sin\beta$.

(2) $\cos(\alpha\pm\beta)=\cos\alpha\cos\beta\mp\sin\alpha\sin\beta$.

(3) $\tan(\alpha\pm\beta)=\dfrac{\tan\alpha\pm\tan\beta}{1\mp\tan\alpha\tan\beta}$.

(4) $\cot(\alpha\pm\beta)=\dfrac{\cot\alpha\cot\beta\mp1}{\cot\alpha\pm\cot\beta}$.

7. 三角函数积化和差与和差化积公式

积化和差公式：

(1) $\sin\alpha\cos\beta=\dfrac{1}{2}\left[\sin(\alpha+\beta)+\sin(\alpha-\beta)\right]$.

(2) $\cos\alpha\sin\beta=\dfrac{1}{2}\left[\sin(\alpha+\beta)-\sin(\alpha-\beta)\right]$.

(3) $\cos\alpha\cos\beta=\dfrac{1}{2}\left[\cos(\alpha+\beta)+\cos(\alpha-\beta)\right]$.

(4) $\sin\alpha\sin\beta=-\dfrac{1}{2}\left[\cos(\alpha+\beta)-\cos(\alpha-\beta)\right]$.

和差化积公式：

(1) $\sin\alpha+\sin\beta=2\sin\left(\dfrac{\alpha+\beta}{2}\right)\cos\left(\dfrac{\alpha-\beta}{2}\right)$.

(2) $\sin\alpha-\sin\beta=2\cos\left(\dfrac{\alpha+\beta}{2}\right)\sin\left(\dfrac{\alpha-\beta}{2}\right)$.

(3) $\cos\alpha+\cos\beta=2\cos\left(\dfrac{\alpha+\beta}{2}\right)\cos\left(\dfrac{\alpha-\beta}{2}\right)$.

(4) $\cos\alpha-\cos\beta=-2\sin\left(\dfrac{\alpha+\beta}{2}\right)\sin\left(\dfrac{\alpha-\beta}{2}\right)$.

8. 三角函数万能公式

(1) $\sin\alpha=\dfrac{2\tan\dfrac{\alpha}{2}}{1+\tan^2\dfrac{\alpha}{2}}$.

(2) $\cos\alpha=\dfrac{1-\tan^2\dfrac{\alpha}{2}}{1+\tan^2\dfrac{\alpha}{2}}$.

（3）$\tan \alpha = \dfrac{2\tan\dfrac{\alpha}{2}}{1-\tan^2\dfrac{\alpha}{2}}$.

9. 常用平面图形面积公式

（1）平行四边形、矩形的面积：$S=ah$，其中 a 为平行四边形的一边长，h 为 a 所对应的高.

（2）梯形的面积：$S=\dfrac{(a_1+a_2)h}{2}$，其中 a_1,a_2 分别为梯形的上底和下底，h 为梯形的高.

（3）若圆的半径为 r，则圆的面积为 πr^2.

（4）椭圆 $\dfrac{x^2}{a^2}+\dfrac{y^2}{b^2}=1$ 的面积为 πab，其中 $a,b>0$.

10. 常用空间区域体积公式

（1）柱体的体积：$V=$ 底面积 $\times$ 高.

（2）球体的体积：$V=\dfrac{4}{3}\pi r^3$.

（3）棱锥的体积：$V=\dfrac{1}{3}\times$ 底面积 $\times$ 高.

11. 数列求和公式

（1）首项为 a_1，公差为 d 的等差数列求和公式：$S_n=na_1+\dfrac{n(n-1)}{2}d$.

（2）首项为 a_1，公比为 $q(q\neq1)$ 的等比数列求和公式：$S_n=\dfrac{a_1(1-q^n)}{1-q}$.

附录三

参考答案

---◀ **第1章** ▶---

习题 1-3

1. (1) -1;(2) $\dfrac{2}{3}$;(3) 12;(4) $-\dfrac{1}{2}$;(5) 2;(6) 1;(7) $\dfrac{1}{6}$;(8) 0;

(9) $\dfrac{1}{2}$;(10) $-\dfrac{3}{2}$;(11) 2;(12) -2.

2. $k=-3$,极限为 4.

习题 1-4

1. (1) 1;(2) 0;(3) 0;(4) $\dfrac{1}{2}$;(5) 1;(6) 1.

2. (1) $x=1$ 为第一类可去间断点,$x=2$ 为第二类无穷间断点;

(2) $x=0$,$x=k\pi+\dfrac{\pi}{2}$ 为第一类可去间断点,$x=k\pi$ 为第二类无穷间断点;

(3) $x=0$ 为第二类间断点;

(4) $x=-1$ 为第一类跳跃间断点.

3. 提示:令 $f(x)=x-a\sin x-b$.

4. $a=1$.

习题 1-5

1. (1) 2;(2) 3;(3) $\dfrac{2}{5}$;(4) $\dfrac{1}{2}$;(5) 2;(6) $\dfrac{2}{3}$.

2. (1) e^5;(2) e^{-k};(3) 1;(4) e;(5) e^2;(6) e^{-1}.

习题 1-6

1. (1) 0;(2) ∞;(3) $\dfrac{3}{5}$;(4) 0;(5) ∞;(6) $\dfrac{5^5}{3^{10}}$.

2. (1) $\dfrac{3}{2}$;(2) 0;(3) 2;(4) e^x;(5) $-\dfrac{4}{3}$;(6) -1.

历年真题

1. C.　2. A.　3. D.　4. A.　5. B.　6. A.　7. B.

8. B.　9. C.　10. C.　11. A.　12. C.　13. B.　14. C.

15. e^{-1}.　16. $\ln 2$.　17. e^2.　18. -1.　19. $\ln 2$.　20. 3.　21. e^{-2}.　22. $x=1$.

23. $x=0$ 为可去间断点, $x=k\pi(k\neq 0)$ 为无穷间断点.

24. $x=0$ 为跳跃间断点, $x=1$ 为可去间断点, $x=-1$ 为第二类间断点.

25. $x=1$ 为跳跃间断点.

26. e^2. 27. $\dfrac{1}{2}$. 28. e^{-6}. 29. 6. 30. $-\dfrac{1}{3}$. 31. 4. 32. $\dfrac{1}{12}$.

33. (1) $a=2$;(2) $a=-1$;(3) $a\neq 2$ 且 $a\neq -1$.

34. 提示:使用零点定理.

35. 提示:令 $g(x)=f(x+a)-f(x)$,对 $g(x)$ 使用零点定理.

36. 提示:令 $f(x)=x\ln(1+x^2)-2,f'(x)>0$.

本章自测题

一、填空题

1. $\{x\mid x\geqslant 4\}$. 2. x^2-6. 3. -2. 4. $\dfrac{7}{2}$. 5. ∞. 6. $\dfrac{2^{10}}{3^5}$.

7. 不存在,5,10. 8. $-3,-2$. 9. $0,1,1,0$.

二、选择题

1. B. 2. C. 3. C. 4. D. 5. A. 6. B. 7. D. 8. A.

三、综合题

1. (1) $\dfrac{5}{2}$;(2) $\dfrac{1}{4}$;(3) 3;(4) 0;(5) ∞;(6) $\dfrac{4}{3}$;(7) $-\dfrac{1}{2}$;(8) 2;

(9) e^{-2};(10) e^{-4};(11) 0;(12) $-\dfrac{1}{3}$.

2. $\lim\limits_{x\to 0}f(x)$ 不存在, $\lim\limits_{x\to 1}f(x)=4$.

3. $a=0$.

4. $a=-2,b=\ln 2$.

5. 提示:令 $f(x)=x^3-4x^2+1$,用零点定理.

6. $x=1$ 为第一类跳跃间断点, $x=0$ 为第二类无穷间断点.

◀ ▶ **第 2 章** ◀ ▶

习题 2-1

1. $x=0$ 或 $\dfrac{2}{3}$. 2. $f'(a)=\varphi(a)$.

3. 切线方程: $x-3\ln 3\cdot y-3+3\ln 3=0$;法线方程: $3\ln 3\cdot x+y-1-9\ln 3=0$.

4. (1) 连续,可导;(2) 连续,可导.

习题 2-2

1. (1) $y'=\dfrac{1}{x\ln 3}+\dfrac{5}{\sqrt{1-x^2}}+\dfrac{4}{3\sqrt[3]{x}}$; \qquad (2) $y'=\dfrac{3}{2}\sqrt{x}-\dfrac{3}{2\sqrt{x}}-\dfrac{3}{2x\sqrt{x}}$;

(3) $y'=\dfrac{7}{8}x^{-\frac{1}{8}}$; \qquad\qquad\qquad (4) $y'=\dfrac{\arcsin x}{2\sqrt{x}}+\dfrac{\sqrt{x}}{\sqrt{1-x^2}}$;

(5) $\rho' = \dfrac{1-\cos\varphi-\varphi\sin\varphi}{(1-\cos\varphi)^2}$;

(6) $y' = \dfrac{\pi}{2\sqrt{1-x^2}\arccos^2 x}$;

(7) $y' = -\dfrac{1+x}{\sqrt{x}\,(1-x)^2}$;

(8) $y' = \cos x\ln x - x\sin x\ln x + \cos x$;

(9) $y' = \csc x - x\csc x\cot x - 3\sec x\tan x$;

(10) $s' = -\dfrac{2}{t(1+\ln t)^2}$.

2. (1) $y'|_{x=0} = 3, y'|_{x=\frac{\pi}{2}} = \dfrac{5}{16}\pi^4$;

(2) $f'(0) = -3, f'(1) = \dfrac{5}{2}$.

3. $(4,8)$.

习题 2-3

1. (1) $y' = \dfrac{x}{(1-x^2)^{\frac{3}{2}}}$;

(2) $y' = \dfrac{12x^3-18x}{5\sqrt[5]{(x^4-3x^2+2)^2}}$;

(3) $y' = -3^{-x}\ln 3 \cdot \cos 3x - 3^{-x+1}\sin 3x$;

(4) $y' = \dfrac{2x+3}{x^2+3x}$;

(5) $y' = 2\sin(4x-2)$;

(6) $y' = \ln 2 \cdot 2^{\tan x} \cdot \sec^2 x$;

(7) $y' = \dfrac{1}{\sqrt{x^2+a^2}}$;

(8) $y' = -\tan x$;

(9) $y' = -(x^2-1)^{-\frac{3}{2}}$;

(10) $y' = -2\csc^2 2x\sec 3x + 3\cot 2x\sec 3x\tan 3x$;

(11) $y' = -\dfrac{\sin 2x}{\sqrt{1+\cos 2x}}$;

(12) $y' = \dfrac{x}{(2+x^2)\sqrt{x^2+1}}$;

(13) $y' = -2\sin(2\csc 2x)\csc 2x\cot 2x$;

(14) $y' = \csc x$;

(15) $y' = \dfrac{\sin 2x\sin x^2 - 2x\sin^2 x\cos x^2}{\sin^2 x^2}$;

(16) $y' = -\dfrac{|x|}{x^2\sqrt{x^2-1}}$.

2. (1) $y'|_{x=\frac{\pi}{4}} = 0$;

(2) $y'|_{x=\frac{\pi}{6}} = -8\sqrt{3}$;

(3) $y'|_{x=1} = \dfrac{\sqrt{2}}{2}$.

3. (1) $y' = \dfrac{2f'(2x)}{f(2x)}$;

(2) $y' = 2e^x f(e^x)f'(e^x)$.

习题 2-4

1. (1) $y' = -\sqrt{\dfrac{y}{x}}$;

(2) $y' = \dfrac{2x}{\dfrac{1}{1+y^2}-2y}$;

(3) $y'\big|_{\substack{x=2\\y=0}} = -\dfrac{1}{2}$;

(4) $y'\big|_{\substack{x=1\\y=1}} = \dfrac{\ln 2}{1-2\ln 2}$.

2. 切线方程：$x+3y+4=0$.

3. (1) $y' = (1+\cos x)^x \left[\ln(1+\cos x) - \dfrac{x \sin x}{1+\cos x} \right]$;

(2) $y' = (x-1)^{\frac{2}{3}} \sqrt{\dfrac{x-2}{x-3}} \left[\dfrac{2}{3(x-1)} + \dfrac{1}{2(x-2)} - \dfrac{1}{2(x-3)} \right]$;

(3) $y' = (\sin x)^{\cos x} (\cos x \cot x - \sin x \ln \sin x)$;

(4) $y' = \sqrt{x \sin x \sqrt{e^x}} \left(\dfrac{1}{2x} + \dfrac{1}{2} \cot x + \dfrac{1}{4} \right)$.

4. 切线方程：$x - y = 0$，法线方程：$x + y - 2 = 0$.

5. (1) $\dfrac{\sin t + t \cos t}{\cos t - t \sin t}$；(2) 2；(3) $-\dfrac{b}{a} \tan t$.

6. $a = \dfrac{e}{2} - 2, b = 1 - \dfrac{e}{2}, c = 1$.

习题 2-5

1. $y'' = -6x, y''' = -6$. 　2. $f'''(x) = 60(x+10)^2$.

3. (1) $y'' = -2\sin x - x\cos x$；　　　(2) $y'' = 3x(1-x^2)^{-\frac{5}{2}}$；

(3) $y' = \dfrac{\sqrt{1-x^2}(1+2x^2)\arcsin x + 3x(1-x^2)}{(1-x^2)^3}$；

(4) $y' = f''(e^x)e^{2x} + f'(e^x)e^x$.

习题 2-6

(1) $dy = \dfrac{1}{(1-x)^2} dx$；

(2) $dy = \dfrac{2}{2x-1} dx$；

(3) $dy = -\dfrac{x}{|x|\sqrt{1-x^2}} dx$；

(4) $dy = -e^{-x}[\cos(3-x) - \sin(3-x)] dx$；

(5) $dy = \sin 2x\, dx$；

(6) $dy = (1+x)^{\sec x} \left[\sec x \tan x \ln(1+x) + \dfrac{\sec x}{1+x} \right] dx$.

历年真题

1. B. 　2. B. 　3. B. 　4. B. 　5. C. 　6. C. 　7. A. 　8. C. 　9. B.

10. 2. 　11. 1. 　12. $n!$. 　13. $\dfrac{1}{4} dx$. 　14. 128. 　15. $x^x(\ln x + 1) dx$. 　16. 1.

17. $\left[\dfrac{1}{2\sqrt{x}(1+x)} + \dfrac{2^x \ln 2}{1+2^x} \right] dx$. 　18. 1. 　19. 1. 　20. $\dfrac{t}{2}, \dfrac{1+t^2}{4t}$. 　21. $-t, \csc t$.

22. $\cot \dfrac{t}{2}, -\dfrac{1}{(1-\cos t)^2}$. 　23. $2(1+t)^2, 4(1+t)^2$. 　24. $\dfrac{2-e^{x+y}}{1+e^{x+y}}, -\dfrac{9e^{x+y}}{(1+e^{x+y})^3}$.

25. $\dfrac{2t}{(e^y+1)(2t+1)}$. 　26. $2t, \dfrac{2t^2}{t^2+1}$. 　27. 略.

本章自测题

一、选择题

1. C.　2. B.　3. C.　4. B.　5. A.　6. D.　7. A.　8. C.

二、填空题

1. $-\dfrac{1}{2}$.　2. $2\cot x$；$2\sqrt{3}$.　3. 24.　4. $-\dfrac{y^2}{xy+1}\mathrm{d}x$.　5. $y=f(x_0)$；$x=x_0$.

6. $(x+2)\mathrm{e}^x$.

三、综合题

1. $a=2$，$b=-1$.

2. (1) $-2x\sin x^2$；(2) $\dfrac{1}{x\ln x}$；

(3) $\cos x \cdot \arctan x \cdot 2^x + \cos x \cdot \dfrac{1}{1+x^2} \cdot 2^x + \cos x \cdot \arctan x \cdot 2^x \ln 2$；

(4) $\dfrac{2\sec 2x \cdot \tan 2x \cdot (\ln x - x^2) - \sec 2x \cdot \left(\dfrac{1}{x} - 2x\right)}{(\ln x - x^2)^2}$；

(5) $-\mathrm{e}^{\cos(x^3+3x-1)} \cdot \sin(x^3+3x-1) \cdot (3x^2+3)$；

(6) $(\tan x)^{\sin x} \cdot (\cos x \ln \tan x + \sec x)$；

(7) $\sqrt[3]{\dfrac{x-5}{\sqrt[3]{x^2+2}}} \cdot \left[\dfrac{1}{3(x-5)} - \dfrac{2x}{9(x^2+2)}\right]$；

(8) $-\dfrac{x}{y}$；(9) $-\dfrac{3\sqrt[3]{(t-t^2)^2}}{2\sqrt{1-t}\,(1-2t)}$；(10) $\dfrac{3x^2}{\mathrm{e}^y - 2y\cos y^2}$.

3. (1) $(2x^3+3x)(1+x^2)^{-\frac{3}{2}}$；(2) $2\arctan x + \dfrac{2x}{1+x^2}$.

4. (1) $(1-x^2)^{-\frac{3}{2}}\mathrm{d}x$；(2) $\dfrac{1}{\sqrt{a^2-x^2}}\mathrm{d}x$；

(3) $\dfrac{2(1+x^2)-2x(1+4x^2)\arctan x}{(1+x^2)^2(1+4x^2)}\mathrm{d}x$；(4) $\dfrac{\ln x}{(1-x)^2}\mathrm{d}x$.

◀ **第 3 章** ▶

习题 3-1

1. $\xi=\dfrac{\pi}{2}$.　2. $\xi=\dfrac{\sqrt{3}}{3}$.　3. 有三个实根，分别在 $(1,2),(2,3),(3,4)$ 内.　4. 略.

习题 3-2

(1) 2；(2) $\dfrac{1}{a}$；(3) $\dfrac{3}{7}$；(4) 3；(5) 1；(6) 5；(7) 1；(8) 1；(9) 0；(10) $+\infty$；

(11) 1；(12) 0；(13) 1；(14) 1.

习题 3-3

1.（1）单调增区间 $(-\infty,0]$，单调减区间 $[0,+\infty)$；（2）单调增区间 $\left[\dfrac{1}{2},+\infty\right)$，单调减区间 $\left(-\infty,\dfrac{1}{2}\right]$；（3）单调增区间 $[0,1]$，单调减区间 $[1,2]$；（4）单调增区间 $\left(\dfrac{1}{3},1\right)$，单调减区间 $(-\infty,0),\left(0,\dfrac{1}{3}\right),(1,+\infty)$.

2. 略.

3.（1）极小值 3；（2）极大值 $\dfrac{\pi}{4}-\dfrac{1}{2}\ln 2$；（3）极小值 0；（4）极大值 $\dfrac{\sqrt{2}}{2}\mathrm{e}^{\frac{\pi}{4}}$.

4.（1）最大值 $\ln 5$；（2）最大值 1；（3）最大值 $\sqrt[3]{9}$；（4）最小值 $(a+b)^2$.

习题 3-4

1.（1）凹区间 $(-\infty,0),(1,+\infty)$，凸区间 $(0,1)$，拐点 $(0,0),(1,-1)$；

（2）凹区间 $\left(-\infty,\dfrac{1}{2}\right)$，凸区间 $\left(\dfrac{1}{2},+\infty\right)$，拐点 $\left(\dfrac{1}{2},\mathrm{e}^{\arctan\frac{1}{2}}\right)$；

（3）凹区间 $(-1,1)$，凸区间 $(-\infty,-1),(1,+\infty)$，拐点 $(-1,\ln 2),(1,\ln 2)$；

（4）凹区间 $(b,+\infty)$，凸区间 $(-\infty,b)$，拐点 (b,a).

2. $a=-\dfrac{3}{2},b=\dfrac{9}{2}$.　3. $a=1,b=-3,c=-24,d=16$.

历年真题

1. C.　2. B.　3. A.　4. A.　5. C.　6. C.

7. $(-\infty,1)$.　8. $(1,+\infty)$.　9. 2.　10. $\mathrm{e}-1$.　11. $\left(\dfrac{1}{2},\dfrac{13}{2}\right)$.

12. $a=\dfrac{2}{3},b=-2,f(x)=\dfrac{2}{3}x^3-2x$.　13.（1）$a=f'(0)$；（2）$g'(0)=\dfrac{f''(0)}{2}$.

14.（1）$k=\mathrm{e}$；（2）$f'(x)=\begin{cases}(1+x)^{\frac{1}{x}}\cdot\dfrac{x-(1+x)\ln(1+x)}{x^2(1+x)}, & x\neq 0,\\ -\dfrac{\mathrm{e}}{2}, & x=0.\end{cases}$　15. $a=8$.

16. $y=x^3-6x^2+9x+2$.　17. 略.　18. $a=-1,b=2,c=9$.　19. $x+y-2=0,4$.

20.（1）单调增区间 $(-\infty,-1],[1,+\infty)$，单调减区间 $[-1,1]$，极大值 3，极小值 -1；（2）凹区间 $(0,+\infty)$，凸区间 $(-\infty,0)$，拐点 $(0,1)$；（3）最大值 19，最小值 -1.

21. 底面半径为 $\sqrt[3]{\dfrac{2V}{5\pi}}$.　22. 距甲 $\left(50-\dfrac{50\sqrt{6}}{3}\right)$ km 处.　23～27. 略.

本章自测题

一、填空题

1. $f(a)=f(b)$.　2. $\dfrac{\sqrt{3}}{3}$.　3. $(-2,1)$.　4. 1.　5. $-2,-\dfrac{1}{2}$.　6. $\dfrac{5}{4}$.　7. $(0,0)$.

8. $y=0$；$x=1$ 及 $x=-1$.

二、选择题

1. B.　2. D.　3. C.　4. A.　5. C.　6. B.　7. D.　8. A.

三、综合题

1.(1) $\dfrac{1}{6}$；(2) 1；(3) e^{-2}；(4) 2；(5) $-\dfrac{1}{2}$；(6) 9.

2.(1) 单调增区间 $(-\infty,0),(1,+\infty)$，单调减区间 $(0,1)$，极大值 0，极小值 $-\dfrac{1}{2}$；

(2) 单调增区间 $(-\mathrm{e},0),(0,\mathrm{e})$，单调减区间 $(-\infty,-\mathrm{e}),(\mathrm{e},+\infty)$，极大值 $\dfrac{2}{\mathrm{e}}$，极小值 $-\dfrac{2}{\mathrm{e}}$；

(3) 单调增区间 $\left(\dfrac{\pi}{3},\dfrac{5\pi}{3}\right)$，单调减区间 $\left(0,\dfrac{\pi}{3}\right)$，$\left(\dfrac{5\pi}{3},2\pi\right)$，极大值 $\dfrac{5\pi}{3}+\sqrt{3}$，极小值 $\dfrac{\pi}{3}-\sqrt{3}$；

(4) 单调增区间 $\left(0,\dfrac{\pi}{6}\right)$，$\left(\dfrac{\pi}{2},\dfrac{5\pi}{6}\right)$，单调减区间 $\left(\dfrac{\pi}{6},\dfrac{\pi}{2}\right)$，$\left(\dfrac{5\pi}{6},\pi\right)$，极大值 $\dfrac{3}{2}$ 和 $\dfrac{3}{2}$，极小值 1.

3.(1) 凹区间 $(\pi,2\pi)$，凸区间 $(0,\pi)$，拐点 $(\pi,-\mathrm{e}^{\pi})$；

(2) 凹区间 $\left(-\infty,-\dfrac{1}{2}\right)$，$(0,+\infty)$，凸区间 $\left(-\dfrac{1}{2},0\right)$，拐点 $\left(-\dfrac{1}{2},-\dfrac{1}{16}\right)$，$(0,0)$.

4. 略.　5. $a=3,b=-9,c=8$.　6. $(-\infty,1)$.

◀ 第 4 章 ▶

习题 4-1

1.(1) $x^{2}-\dfrac{2}{5}x^{\frac{5}{2}}+C$；(2) $\dfrac{8}{15}x^{\frac{15}{8}}+C$；(3) $\dfrac{2}{3}x^{\frac{3}{2}}+2x^{\frac{1}{2}}+C$；(4) $\dfrac{2}{3}x^{\frac{3}{2}}-3x+C$；

(5) $5\mathrm{e}^{x}-2\arcsin x+C$；(6) $3x+\dfrac{4\cdot 3^{x}}{2^{x}(\ln 3-\ln 2)}+C$；(7) $\tan x-\sec x+C$；

(8) $\tan x-\cot x+C$；(9) $x^{3}+\arctan x+C$；(10) $\cos x-\sin x+C$.

2. 曲线方程为 $y=\ln|x|+2$.

习题 4-2

1.(1) $\dfrac{1}{8}(2x+1)^{4}+C$；　　　　(2) $-\dfrac{3}{20}(3-5x)^{\frac{4}{3}}+C$；

(3) $\dfrac{3}{4}(\ln x)^{\frac{4}{3}}+C$；　　　　(4) $-\mathrm{e}^{\frac{1}{x}}+C$；

(5) $\mathrm{e}^{\sin x}+C$；　　　　(6) $2\sin\sqrt{x}+C$；

(7) $\arcsin\dfrac{x}{3}+C$；　　　　(8) $\arcsin\dfrac{x-1}{2}+C$；

(9) $\dfrac{1}{15}\arctan\dfrac{5}{3}x+C$;

(10) $\dfrac{1}{4}\arctan\left(x+\dfrac{1}{2}\right)+C$;

(11) $\ln(x^2+2x+2)+C$;

(12) $\dfrac{1}{2}\arctan(\sin^2 x)+C$;

(13) $-\cos(\ln x)+C$;

(14) $\ln|\ln(\ln x)|+C$;

(15) $-2\sqrt{1-x^2}-\arcsin x+C$;

(16) $-\sqrt{a^2-x^2}-a\arcsin\dfrac{x}{a}+C$;

(17) $\dfrac{1}{5}\sin^5 x-\dfrac{2}{7}\sin^7 x+\dfrac{1}{9}\sin^9 x+C$;

(18) $\dfrac{1}{8}\sin 4x+\dfrac{1}{4}\sin 2x+C$;

(19) $\dfrac{1}{4}\sin 2x-\dfrac{1}{16}\sin 8x+C$;

(20) $\dfrac{1}{6}\tan^6 x+\dfrac{1}{4}\tan^4 x+C$;

(21) $\tan x-\dfrac{3}{2}x+\dfrac{1}{4}\sin 2x+C$;

(22) $\dfrac{1}{4}\ln\left|\dfrac{x-2}{x+2}\right|+C$;

(23) $2\sqrt{1+\tan x}+C$;

(24) $\dfrac{1}{2}\ln^2(\tan x)+C$;

(25) $\dfrac{\sqrt{2}}{2}\text{arctan}\left(\dfrac{\tan x}{\sqrt{2}}\right)+C$;

(26) $\dfrac{1}{8}\ln\left|\dfrac{2x-1}{2x+3}\right|+C$.

2. (1) $\dfrac{3}{2}\sqrt[3]{(1+x)^2}-3\sqrt[3]{1+x}+3\ln|1+\sqrt[3]{1+x}|+C$;

(2) $x-2\sqrt{1+x}+2\ln(1+\sqrt{1+x})+C$;

(3) $6\sqrt[6]{x}-6\arctan\sqrt[6]{x}+C$;

(4) $\sqrt{2x+1}+2\sqrt[4]{2x+1}+2\ln|\sqrt[4]{2x+1}-1|+C$;

(5) $\dfrac{9}{2}\arcsin\dfrac{x}{3}+\dfrac{x\sqrt{9-x^2}}{2}+C$;

(6) $-\dfrac{1}{3}(25-t^2)^{\frac{3}{2}}+C$;

(7) $\arctan\sqrt{x^2-1}+C$;

(8) $\dfrac{\sqrt{x^2-9}}{9x}+C$;

(9) $\sqrt{x^2-2x}-\arccos\dfrac{1}{x-1}+C$;

(10) $\dfrac{9}{2}\arcsin\dfrac{x}{3}-\dfrac{x}{2}\sqrt{9-x^2}+C$;

(11) $\ln\dfrac{\sqrt{1+e^x}-1}{\sqrt{1+e^x}+1}+C$;

(12) $2\ln(1+e^x)-x+C$.

习题 4-3

(1) $\dfrac{x}{2}\sin 2x+\dfrac{1}{4}\cos 2x+C$;

(2) $-xe^{-x}-e^{-x}+C$;

(3) $\dfrac{1}{3}x(x^2+3)\ln x-\dfrac{x^3}{9}-x+C$;

(4) $\dfrac{x^3}{3}\arctan x-\dfrac{x^2}{6}+\dfrac{1}{6}\ln(1+x^2)+C$;

(5) $x\ln(x+\sqrt{1+x^2})-\sqrt{1+x^2}+C$;　　(6) $x\arcsin x+\sqrt{1-x^2}+C$;

(7) $-x\cot x+\ln|\sin x|-\dfrac{x^2}{2}+C$;　　(8) $\dfrac{1}{5}e^x(\sin 2x-2\cos 2x)+C$;

(9) $\dfrac{1}{2}e^{x^2}(x^2-1)+C$;　　　　　　(10) $-\sqrt{1-x^2}\arcsin x+x+C$.

历年真题

1. D.　2. A.　3. C.　4. D.　5. D.

6. $-\cos x+\dfrac{1}{2}x+C$.　7. $\dfrac{1}{4}\arcsin^4 x+C$.　8. $\dfrac{2x e^{2x}-3e^{2x}}{8x}$.　9. $x\sin x-\cos x+C$.

10. $e^x-\ln(e^x+1)+C$.　11. $\dfrac{1}{4}\arcsin^2 x^2+C$.　12. $\dfrac{1}{2}x^2\ln x-\dfrac{1}{4}x^2+C$.

13. $\dfrac{1}{3}\sec^3 x-\sec x+C$.　14. $-e^{-x}(x^2+2x+2)+C$.

15. $\dfrac{1}{3}x^3-\dfrac{1}{2}x^2+x-\ln|x+1|+C$.

16. $-\sqrt{2x+1}\cos\sqrt{2x+1}+\sin\sqrt{2x+1}+C$.　17. $(2x+1)\tan x+2\ln|\cos x|+C$.

本章自测题

一、填空题

1. $e^{-x^2}dx$;$\ln\left|\dfrac{a+\sqrt{a^2-x^2}}{x}\right|+C$.　　2. $2x-3\cdot\dfrac{2^x}{3^x(\ln 2-\ln 3)}+C$.

3. $\ln x-\dfrac{2}{\sqrt{x}}-\dfrac{1}{x}+C$.　　4. $\dfrac{1}{2}\arctan x^2+C$.

5. $\dfrac{x^3}{3}-x+\arctan x+C$.　　6. $\tan x-\sec x+C$.

7. $-\dfrac{1}{x^2}+C$.　　8. $\dfrac{1}{x}+C$.

9. $1-2\csc^2 x\cot x$.　　10. $xf'(x)-f(x)+C$.

二、选择题

1. B.　2. A.　3. D.　4. B.　5. D.　6. B.　7. C.　8. C.

三、综合题

1.(1) $-\sin x+C$;　　　　　(2) $\dfrac{1}{2}\ln(x^2+3)+C$;

(3) $\ln|x+2|+\dfrac{3}{x+2}+C$;　　(4) $2\sin(\sqrt{x}-1)+C$;

(5) $-2\sqrt{1-\ln x}+C$;　　(6) $2\ln|\ln x|+C$;

(7) $\dfrac{1}{3}\arcsin^3 x+C$;　　(8) $\dfrac{1}{5}(x^2+1)^{\frac{5}{2}}-\dfrac{1}{3}(x^2+1)^{\frac{3}{2}}+C$;

(9) $2\arctan\sqrt{x+1}+C$;　　(10) $2\sqrt{x-1}-4\ln(\sqrt{x-1}+2)+C$;

(11) $-\dfrac{\sqrt{1-x^2}}{x}+C$;　　(12) $\ln\left|\dfrac{1-\sqrt{1-x^2}}{x}\right|+\sqrt{1-x^2}+C$;

（13）$-\dfrac{\sqrt{a^2-x^2}}{x}-\arcsin\dfrac{x}{a}+C$;　　　　（14）$\dfrac{1}{2}\ln\left|\dfrac{\sqrt{x^2+4}-2}{x}\right|+C$;

（15）$\dfrac{x^2}{4}-\dfrac{x}{2}\sin x-\dfrac{\cos x}{2}+C$;　　　　（16）$\dfrac{1}{5}e^{2x}(2\sin x-\cos x)+C$;

（17）$\sin x\,e^{\sin x}-e^{\sin x}+C$;　　　　（18）$-x\cot x+\ln|\sin x|+C$;

（19）$\ln\left|\dfrac{x-3}{x-2}\right|+C$;　　　　（20）$\dfrac{\sqrt{2}}{2}\arctan\left(\dfrac{\tan x}{\sqrt{2}}\right)+C$;

（21）$\arctan(e^x)+C$;　　　　（22）$-\dfrac{\ln x}{x-1}+\ln\left|\dfrac{x-1}{x}\right|+C$;

（23）$x\arctan x-\dfrac{1}{2}\arctan^2 x-\dfrac{1}{2}\ln(1+x^2)+C$;

（24）$-\sqrt{1-x^2}\arcsin x+x+\dfrac{1}{2}\arcsin^2 x+C$;

（25）$x-\dfrac{\sqrt{2}}{2}\arctan(\sqrt{2}\tan x)+C$;　　　　（26）$\ln\left|\dfrac{\sin x}{1+\sin x}\right|+C$.

2．$y=x^3-3x+2$,作图略.

3．$y=x^3-6x^2+9x+2$,作图略.

◀ 第 5 章 ▶

习题 5-2

1.（1）$\dfrac{15}{4}$;（2）$\dfrac{\pi}{6}$;（3）$\dfrac{17}{6}$;（4）4.

2.（1）$3x^2\sqrt{1+x^6}$;　　　　（2）$\dfrac{3\cos x^3-2\cos x^2}{x}$.

3．$y'=-\dfrac{e^x}{\cos y}$.　　　　4. 0.

习题 5-3

1.（1）$\dfrac{1}{2}\ln 2$;（2）$\dfrac{1}{2}(1-e^{-4})$;（3）$\dfrac{\pi}{6}$;（4）$2+2\ln 2$;（5）$\ln\dfrac{2+\sqrt{3}}{\sqrt{2}+1}$.

2.（1）$2e^2\ln 2e-e^2+\dfrac{1}{4}$;（2）$\dfrac{\pi}{12}+\dfrac{\sqrt{3}}{2}-1$;（3）$\dfrac{\sqrt{3}\pi^2}{18}+\dfrac{\pi}{3}-\sqrt{3}$.

3.（1）0;（2）$-2\ln 3$.

4. 提示:$t=\dfrac{\pi}{2}-x$.

习题 5-4

（1）1;（2）发散;（3）发散;（4）发散.

习题 5-5

1.（1）$\dfrac{4}{3}a\sqrt{a}$;（2）$\dfrac{1}{2}$;（3）$\dfrac{8}{3}$;（4）$e+\dfrac{1}{e}-2$;（5）5;（6）$\dfrac{3}{2}-\ln 2$;（7）$\dfrac{32}{3}$;

(8) $\pi-\dfrac{8}{3}$，$\pi-\dfrac{8}{3}$，$2\pi+\dfrac{16}{3}$．

2. (1) $\dfrac{\pi^2}{4}$；(2) $\dfrac{512\pi}{7}$；(3) $\dfrac{44\pi}{15}$；(4) $\dfrac{28\sqrt{3}}{5}\pi$．

历年真题

1. D. 2. A. 3. B. 4. B. 5. D.

6. $\dfrac{64}{5}$. 7. 2π. 8. $\dfrac{\pi}{2}$. 9. $\dfrac{1}{\pi}$. 10. $-\dfrac{1}{3}$. 11. $\dfrac{1}{24}$. 12. $\ln(1+\mathrm{e})$.

13. $\dfrac{\pi}{2}$. 14. $\dfrac{\pi^2}{4}$. 15. $\dfrac{\pi}{4}-\dfrac{1}{2}\ln 2$. 16. $\dfrac{\pi}{4}-\dfrac{1}{2}$. 17. $\dfrac{\pi}{6}$.

18. 略. 19. (1) $\dfrac{16}{3}$；(2) $\dfrac{512\pi}{15}$.

20. (1) $y=\dfrac{1}{2}x-\dfrac{1}{2}$；(2) $\dfrac{1}{3}$；(3) $\dfrac{\pi}{6}$；$\dfrac{6}{5}\pi$.

21. (1) $\dfrac{1}{6}$；(2) $\dfrac{\pi}{4}$.

22. (1) πa^4；$\dfrac{128\pi}{5}-\dfrac{4\pi}{5}a^5$.(2) $\sqrt[3]{4}$.

本章自测题

一、填空题

1. 3. 2. 0. 3. $1+a-b$. 4. 0. 5. 0. 6. $\dfrac{1}{2}\ln\dfrac{5}{9}$. 7. 4. 8. $\dfrac{\pi}{8}$.

二、选择题

1. C. 2. A. 3. D. 4. A. 5. C. 6. B.

三、综合题

1. (1) $\dfrac{1}{2}-\dfrac{1}{2}\ln 2$；

(2) $\dfrac{\mathrm{e}^2}{2}\ln 2\mathrm{e}-\dfrac{1}{2}\ln 2-\dfrac{1}{4}\mathrm{e}^2+\dfrac{1}{4}$；

(3) $-\cos\pi^2+\dfrac{1}{\pi^2}\sin\pi^2$；

(4) $\dfrac{2\sqrt{2}}{3}-\dfrac{1}{3}$；

(5) $\dfrac{1}{4}(\mathrm{e}-1)^4$；

(6) $\dfrac{28}{3}$；

(7) $\sqrt{3}-\dfrac{\pi}{3}$；

(8) $\dfrac{506}{375}$；

(9) $1-\dfrac{\pi}{4}$；

(10) 1；

(11) $+\infty$.

2. 最大值为 $F(1)=\ln 2+\dfrac{\pi}{4}$，最小值为 $F(0)=0$. 3. $\dfrac{9}{8}$. 4. $\dfrac{\pi}{5}$；$\dfrac{\pi}{2}$. 5. $160\pi^2$.

◀ 第6章 ▶

习题 6-1

1. (1) $y = x\arctan x - \dfrac{1}{2}\ln(1+x^2) + C_1 x + C_2$;

(2) $y = \dfrac{x^4}{12} - \sin x + C_1 x^2 + C_2 x + C_3$.

习题 6-2

1. (1) $y = \dfrac{x^3}{5} + \dfrac{x^2}{2} + C$; (2) $y = \mathrm{e}^{\tan\frac{x}{2}}$; (3) $(x^2-1)(y^2-1) = C$;

(4) $\cos y = \dfrac{\sqrt{2}}{2}\cos x$; (5) $(1-\mathrm{e}^y)(1+\mathrm{e}^x) = C$; (6) $y = x$.

2. (1) $\sin\dfrac{y}{x} = Cx$; (2) $\ln\dfrac{y}{x} = Cx+1$; (3) $\left(\dfrac{x}{y}\right)^2 = \ln Cx$;

(4) $y^2 = 2x^2(2+\ln x)$; (5) $\mathrm{e}^{-\frac{y}{x}} = 1 - \ln x$; (6) $\sin\dfrac{x}{y} = \ln y$.

3. (1) $r = \dfrac{2}{3}C\mathrm{e}^{-3\theta}$; (2) $y = x\mathrm{e}^{-\sin x}$;

(3) $y = \dfrac{1}{2}x^2 + Cx^3$; (4) $xy = \mathrm{e}^y + 6 - \mathrm{e}^3$;

(5) $y = \dfrac{\sin x + C}{x^2 - 1}$;

(6) $y = (1+x^2)\left[\arctan x + \dfrac{1}{2}\ln(1+x^2) + \dfrac{1}{2}\right]$.

4. $y = -\dfrac{x}{\cos x}$. 5. $y = \dfrac{1}{3}x^2$.

习题 6-3

1. (1) $y = C_1\mathrm{e}^{3x} + C_2\mathrm{e}^{-3x}$; (2) $y = (C_1 + C_2 x)\mathrm{e}^x$;

(3) $y = C_1\cos 2x + C_2\sin 2x$; (4) $y = \mathrm{e}^{-3x}(C_1\cos x + C_2\sin x)$.

2. (1) $y = 4\mathrm{e}^x + 2\mathrm{e}^{3x}$; (2) $y = (2+x)\mathrm{e}^{-\frac{x}{2}}$;

(3) $y = \mathrm{e}^{-x}(2\cos 2x + \sin 2x)$.

3. (1) $y^* = 2x^2 - 7$; (2) $y^* = x^2\mathrm{e}^{-2x}$.

4. (1) $y = \left(\dfrac{5}{6}x^3 + C_1 x + C_2\right)\mathrm{e}^{-3x}$; (2) $y = C_1\mathrm{e}^{-4x} + C_2\mathrm{e}^x + x\mathrm{e}^x$;

(3) $y = \mathrm{e}^{-\frac{1}{2}x}(C_1 x + C_2) + \dfrac{1}{4}\mathrm{e}^{\frac{x}{2}}$.

5. $y = -\dfrac{7}{6}\mathrm{e}^{-2x} + \dfrac{5}{3}\mathrm{e}^x - x - \dfrac{1}{2}$. 6. $y = (9\mathrm{e}^4 x - 14\mathrm{e}^4)\mathrm{e}^{-2x}$.

历年真题

1. C. 2. B. 3. D. 4. B.

5. $\ln\dfrac{x}{y^2}+y+\dfrac{1}{2}x^2+C=0.$ 6. $y=e^3(C_1\cos 2x+C_2\sin 2x).$ 7. $\sqrt{3-2e^{-x}}.$

8. $y=\dfrac{x}{\cos x}.$ 9. $y=e^{\sin x}(x+1).$ 10. $y=x(e^x+C).$ 11. $y=2+3e^{\frac{1}{2}x^2}.$ 12. $y=\dfrac{e^x}{x}.$

13. $y=2\,007x^2+x.$ 14. $y=x^2(\ln x+C).$ 15. $\ln 2.$

16. (1) $-x^2+2x$;(2) $\dfrac{8\pi}{15}$;(3) $\dfrac{5\pi}{6}.$

17. (1) $y=x^3-3x^2.$(2) 增区间:$(-\infty,0),(2,+\infty)$;减区间:$(0,2).$当 $x=0$ 时,有极大值 0;当 $x=2$ 时,有极小值 $-4.$(3) 凸区间为 $(-\infty,1)$,凹区间为 $(1,+\infty)$,拐点为 $(1,-2).$

18. $y''-5y'+y=0.$ 19. $y=C_1e^x+C_2e^{-x}-x.$

20. $p=1,q=-2,y=\dfrac{x}{3}e^x+C_1e^x+C_2e^{-2x}.$

21. $y=C_1e^{-x}+C_2e^{-2x}+\left(\dfrac{1}{2}x+\dfrac{1}{4}\right)e^x.$

22. $y=\left(\dfrac{x}{9}+\dfrac{1}{27}\right)e^x+(C_1+C_2x)e^{-2x}.$

本章自测题

一、填空题

1. $y=Ce^{-x^2}.$ 2. $y=C_1\cos\sqrt{2}\,x+C_2\sin\sqrt{2}\,x.$

3. $y=C_1e^{-2x}+C_2e^x.$ 4. $y=3\left(1-\dfrac{1}{x}\right).$

5. $y=x(b_2x^2+b_1x+b_0).$

二、选择题

1. C. 2. A. 3. B. 4. B. 5. C.

三、综合题

1. (1) $\tan x\cdot\tan y=\sqrt{3}$; (2) $y=\ln x-\dfrac{1}{2}+Cx^{-2}$;

(3) $y=\dfrac{1}{9}e^{3x}-\dfrac{1}{3}e^3x+\dfrac{2}{9}e^3$; (4) $y=-\dfrac{x^2}{2}-x+C_1e^x+C_2$;

(5) $y=C_1e^{-x}+C_2e^{-4x}+\dfrac{11}{8}-\dfrac{1}{2}x.$

2. $xy=2.$

第 7 章

习题 7-1

(1) 发散;(2) 收敛;(3) 收敛;(4) 收敛;(5) 收敛;(6) 发散.

习题 7-2

1.（1）发散;（2）收敛;（3）收敛;（4）收敛.

2.（1）发散;（2）收敛;（3）收敛;（4）收敛.

3.（1）收敛;（2）收敛;（3）收敛;（4）$a<1$ 时,收敛,$a \geqslant 1$ 时,发散.

4.（1）条件收敛;（2）条件收敛;（3）绝对收敛;（4）发散.

习题 7-3

（1）$[-2,2)$;（2）$\left(-\dfrac{1}{10},\dfrac{1}{10}\right)$;（3）$\left[\dfrac{2}{3},\dfrac{4}{3}\right)$;（4）$(-1,1]$;（5）$[-3,3]$;（6）$[-1,1]$.

历年真题

1. B. 2. C. 3. D. 4. C. 5. D. 6. D.

7.$(-1,3)$. 8.$(-1,1)$. 9.$[-2,2]$. 10. 2. 11.$[-1,1)$. 12.$(0,6]$.

本章自测题

一、填空题

1. 收敛. 2.$(0,1]$. 3.$[-9,1)$. 4.$(-2,4)$. 5. 9.

二、选择题

1. D. 2. B. 3. D. 4. D. 5. C. 6. C.

三、综合题

1.（1）发散;（2）收敛;（3）收敛;（4）收敛.

2.（1）$(-2,2),[-2,2]$;（2）$(2,4),[2,4]$.

◀ ▶ 第 8 章 ◀ ▶

习题 8-1

1.（1）$\{(x,y)|x^2-y-1>0\}$;　　　　（2）$\{(x,y)|x+y \geqslant 0,\text{且 } x \leqslant 2\}$;

（3）$\{(x,y)|-1 \leqslant x \leqslant 1,\text{且 } y^2 \geqslant 1\}$;　　（4）$\left\{(x,y)\left|-1 \leqslant \dfrac{x}{y} \leqslant 1\right.\right\}$.

2.（1）31;（2）$\dfrac{1}{y^3}-\dfrac{4}{xy}+\dfrac{12}{x^2}$.

3.（1）1;（2）不存在.

习题 8-2

1.（1）$\dfrac{\partial z}{\partial x}=3x^2y^3,\dfrac{\partial z}{\partial y}=3x^3y^2$;　　　　　　（2）$\dfrac{\partial z}{\partial x}=y\mathrm{e}^{xy},\dfrac{\partial z}{\partial y}=x\mathrm{e}^{xy}$;

（3）$\dfrac{\partial z}{\partial x}=\dfrac{y^3-x^2y}{(x^2+y^2)^2},\dfrac{\partial z}{\partial y}=\dfrac{x^3-xy^2}{(x^2+y^2)^2}$;　　（4）$\dfrac{\partial z}{\partial x}=yx^{y-1},\dfrac{\partial z}{\partial y}=x^y\ln x$;

（5）$\dfrac{\partial z}{\partial x}=\mathrm{e}^{\sin x}\cos x\cos y,\dfrac{\partial z}{\partial y}=-\mathrm{e}^{\sin x}\sin y$;

（6）$\dfrac{\partial z}{\partial x}=\dfrac{1}{y}\cot\dfrac{x}{y}\sec^2\dfrac{x}{y},\dfrac{\partial z}{\partial y}=-\dfrac{x}{y^2}\cot\dfrac{x}{y}\sec^2\dfrac{x}{y}$.

2. 1.

3. (1) $\dfrac{\partial^2 z}{\partial x^2}=\dfrac{x+2y}{(x+y)^2}$，$\dfrac{\partial^2 z}{\partial x\partial y}=\dfrac{\partial^2 z}{\partial y\partial x}=\dfrac{y}{(x+y)^2}$，$\dfrac{\partial^2 z}{\partial y^2}=\dfrac{-x}{(x+y)^2}$；

(2) $\dfrac{\partial^2 z}{\partial x^2}=2\mathrm{e}^y$，$\dfrac{\partial^2 z}{\partial x\partial y}=\dfrac{\partial^2 z}{\partial y\partial x}=2x\mathrm{e}^y$，$\dfrac{\partial^2 z}{\partial y^2}=x^2\mathrm{e}^y$；

(3) $\dfrac{\partial^2 z}{\partial x^2}=2\cos(x^2+y^2)-4x^2\sin(x^2+y^2)$，$\dfrac{\partial^2 z}{\partial x\partial y}=\dfrac{\partial^2 z}{\partial y\partial x}=-4xy\sin(x^2+y^2)$，

$\qquad\dfrac{\partial^2 z}{\partial y^2}=2\cos(x^2+y^2)-4y^2\sin(x^2+y^2)$；

(4) $\dfrac{\partial^2 z}{\partial x^2}=6y^2+6x$，$\dfrac{\partial^2 z}{\partial x\partial y}=\dfrac{\partial^2 z}{\partial y\partial x}=12xy$，$\dfrac{\partial^2 z}{\partial y^2}=6x^2+6y$.

4. (1) $\mathrm{d}z=-\dfrac{y}{x^2}\mathrm{d}x+\dfrac{1}{x}\mathrm{d}y$；

(2) $\mathrm{d}z=\dfrac{\cos y}{2\sqrt{x}}\mathrm{d}x-\sqrt{x}\sin y\mathrm{d}y$；

(3) $\mathrm{d}z=\dfrac{y}{1+(xy)^2}\mathrm{d}x+\dfrac{x}{1+(xy)^2}\mathrm{d}y$；

(4) $\mathrm{d}z=\dfrac{x}{1+x^2+y^2}\mathrm{d}x+\dfrac{y}{1+x^2+y^2}\mathrm{d}y$.

5. $\mathrm{d}z=\mathrm{d}x$.

习题 8-3

1. (1) $\dfrac{\mathrm{d}u}{\mathrm{d}t}=\dfrac{3-12t^2}{\sqrt{1-(3t-4t^3)^2}}$；

(2) $\dfrac{\partial z}{\partial x}=-\dfrac{2y^2}{x^3}\ln(x^2+y^2)+\dfrac{2xy^2}{x^2(x^2+y^2)}$，$\dfrac{\partial z}{\partial y}=\dfrac{2y}{x^2}\ln(x^2+y^2)+\dfrac{2y^3}{x^2(x^2+y^2)}$；

(3) $\dfrac{\partial z}{\partial x}=2xf_1'+y\mathrm{e}^{xy}f_2'$，$\dfrac{\partial z}{\partial y}=-2yf_1'+x\mathrm{e}^{xy}f_2'$；

(4) $\dfrac{\partial z}{\partial x}=\left(y-\dfrac{y}{x^2}\right)f_1'$，$\dfrac{\partial z}{\partial y}=\left(x+\dfrac{1}{x}\right)f_1'$.

2. $\dfrac{\partial^2 z}{\partial x^2}=f_{11}''\cos^2 x+4x\cos xf_{12}''-f_1'\sin x+2f_2'+4x^2f_{22}''$，

$\qquad\dfrac{\partial^2 z}{\partial x\partial y}=\dfrac{\partial^2 z}{\partial y\partial x}=-2y\cos xf_{12}''-4xyf_{22}''$，$\dfrac{\partial^2 z}{\partial y^2}=-2f_2'+4y^2f_{22}''$.

3. $\dfrac{\partial^2 z}{\partial x\partial y}=-\dfrac{x}{y^3}f_{11}''-\dfrac{f_1'}{y^2}-\dfrac{x\varphi'(x)}{y^2}f_{21}''$.

4. (1) $\dfrac{\mathrm{d}y}{\mathrm{d}x}=\dfrac{y^2}{1-xy}$；$\qquad\qquad$ (2) $\dfrac{\partial z}{\partial x}=\dfrac{2-x}{z}$，$\dfrac{\partial z}{\partial y}=-\dfrac{y}{z}$；

(3) $\dfrac{\partial z}{\partial x}=\dfrac{z^x\ln z}{y^z\ln y-xz^{x-1}}$，$\dfrac{\partial z}{\partial y}=\dfrac{-zy^{z-1}}{y^z\ln y-xz^{x-1}}$.

5. $\dfrac{\partial^2 z}{\partial x^2}=\dfrac{2z^2-2z-z^3}{x^2(z-1)^3}$，$\dfrac{\partial^2 z}{\partial y^2}=\dfrac{2z^2-2z-z^3}{y^2(z-1)^3}$.

6. $\mathrm{d}z=\dfrac{z-xz^2}{x^2z-x}\mathrm{d}x+\dfrac{z}{xyz-y}\mathrm{d}z$.

7. 略.

习题 8-4

1.（1）极大值为 25；（2）极小值为 $-\dfrac{e}{2}$.

2. 极小值为 $\dfrac{11}{2}$.

习题 8-6

1.（1）-1；（2）e^{-2}；（3）$\dfrac{1}{2}e^4-\dfrac{3}{2}e^2+e$；（4）$\dfrac{1}{4}(1+e^2)$.

2.（1）$\dfrac{20}{3}$；（2）$\dfrac{64}{15}$；（3）$\dfrac{9}{4}$.

3.（1）$\displaystyle\int_0^1 dy\int_{e^x}^{e} f(x,y)dx$；（2）$\displaystyle\int_0^1 dy\int_{2-y}^{1+\sqrt{1-y^2}} f(x,y)dx$.

4.（1）54π；（2）$\dfrac{\pi}{4}(2\ln 2-1)$；（3）$\dfrac{16}{9}$.

5. $\dfrac{9}{2}$.

历年真题

1. A.　2. B.　3. A.　4. A.　5. A.　6. D.　7. D.　8. B.

9. $-\dfrac{z^2}{2xz+y}$.　10. $yx^{y-1}dx+x^y\ln x\,dy$.　11. $dx+2dy$.　12. $\displaystyle\int_0^e dx\int_0^{\ln x} f(x,y)dy$.

13. $\displaystyle\int_0^1 dy\int_{-\sqrt{1-y^2}}^{y-1} f(x,y)dx$.　14. $\displaystyle\int_0^2 dx\int_{\frac{1}{2}x}^{3-x} f(x,y)dy$.

15. $\dfrac{1}{\sqrt{x^2+y^2}}$，$-y(x^2+y^2)^{-\frac{3}{2}}$.　16. $-f''_{11}+(x-y)f''_{12}+f'_2+xyf''_{22}$.

17. $f''_{11}+\left(\dfrac{1}{x}-\dfrac{y}{x^2}\right)f''_{12}-\dfrac{1}{x^2}f'_2-\dfrac{y}{x^3}f''_{22}$.　18. $3y^2f'_1+2ye^xf'_2+xy^3f''_{11}+xe^xy^2f''_{12}$.

19. $f'_2-\dfrac{y}{x^2}f''_{11}-\dfrac{y}{x}f''_{12}$.　20. $xf''_{12}+f'_2+xyf''_{22}+4xy\varphi''$.

21. $\dfrac{1}{y}\sec^2\dfrac{x}{y}dx-\dfrac{x}{y^2}\sec^2\dfrac{x}{y}dy$.　22. $\dfrac{\sqrt{2}}{6}$.　23. $\dfrac{1}{12}$.　24. $\dfrac{7}{4}$.　25. $\dfrac{1}{2}-\dfrac{1}{2}\cos 4$.

26. $1-\sin 1$.　27. $\dfrac{\pi}{2}-\dfrac{16}{9}$.　28. $\dfrac{\pi}{12}$.　29.（1）$\displaystyle\int_1^u dx\int_1^x f(x)\,dy$；（2）$1$.

30. 略（提示：交换累次积分的次序）.

本章自测题

一、选择题

1. D.　2. C.　3. C.

二、填空题

1. $\{(x,y)\,|\,x^2+y^2<1,\text{且}(x,y)\neq(0,0)\}$.

2. $\dfrac{x^2-2yz}{y^2-2xz}$.

3. $\dfrac{1}{2}\sqrt{\dfrac{x}{y}}\left(\dfrac{1}{x}\mathrm{d}x-\dfrac{1}{y}\mathrm{d}y\right)$.

4. $\displaystyle\int_{1}^{2}\mathrm{d}y\int_{1}^{y}f(x,y)\mathrm{d}x+\int_{2}^{3}\mathrm{d}y\int_{1}^{2}f(x,y)\mathrm{d}x+\int_{3}^{6}\mathrm{d}y\int_{\frac{y}{3}}^{2}f(x,y)\mathrm{d}x$.

三、综合题

1. 1 000.　2. $-\dfrac{3y^{2}z+4xyz^{3}}{4x^{2}yz^{2}+1}\mathrm{d}x-\dfrac{6xy^{2}z+2x^{2}yz^{3}+z}{4x^{2}y^{2}z^{2}+y}\mathrm{d}y$.　3. 极小值为 8.

4. 2π.　5. 16π.

--------------- ◀ **专题练习** ▶ ---------------

练习题一

1. $\ln 2$.　2. 0.　3. $\dfrac{9}{2}$;2.　4. $\dfrac{1}{2}$;$\dfrac{1}{4}$.　5. $x=1,x=2$.　6. -4;3.　7. C.　8. C.　9. B.

10. (1) $-\dfrac{1}{2}$;(2) 0;(3) e^{4};(4) -1;(5) 2;(6) $\dfrac{3}{2}$;(7) 1;(8) $-\dfrac{2}{\pi}$;

(9) 1;(10) $\dfrac{1}{6\ln 2}$;(11) $\dfrac{2}{3\ln 3}$.

11. $x=k\pi,k\in\mathbf{Z}$,$k=0$ 时为可去间断点,$k\neq 0$ 时为无穷间断点.

12. $x=\pm 1$,跳跃间断点.

13. $x=0$ 为可去间断点,$x=1$ 为无穷间断点,$x=k\pi+\dfrac{\pi}{2}$ 为无穷间断点.

14. $x=1$ 为跳跃间断点.

15. 提示:零点定理.

16. 提示:零点定理.

17. 1(提示:极限存在准则).

18. $\dfrac{1}{3}$(提示:极限存在准则).

测试题一

1. $\left(\dfrac{3}{2},2\right)\cup(2,3]$.　2. $[-2,3)$;$\sqrt{4-\dfrac{\pi^{2}}{4}}$.　3. 1;$\dfrac{2}{\pi}$;0;0;1.

4. $[1,3)\cup(3,+\infty)$,$x=3$.　5. $\dfrac{1}{2}$.

6. B.　7. A.　8. C.　9. B.　10. D.　11. C.　12. B.　13. A.　14. A.　15. A.　16. C.

17. $x=1$ 为无穷间断点.　18. $a=1,b=-1$.　19. $\dfrac{p+q}{2}$.　20. -2.　21. $\dfrac{2\sqrt{2}}{3}$.

22. $\dfrac{3}{2}$.　23. $a=3$.　24. $a=1,b=2$.

25. (1) $x=0$ 为跳跃间断点;(2) $x=1$ 为跳跃间断点;(3) $x=0$ 为可去间断点,$x=1$

为震荡间断点，$x=-1$ 为可去间断点，$x=k\pi+\dfrac{\pi}{2}$，$k\in\mathbf{Z}$，$k=-1$ 为可去间断点，$x=k\pi+$ $\dfrac{\pi}{2}$，$k\in\mathbf{Z}$，$k\neq-1$ 为无穷间断点.

26. 提示：令 $g(x)=f(x)-x$，使用零点定理.

27. 提示：令 $g(x)=f(x)-x$，使用零点定理.

28. 提示：使用零点定理.

29. 提示：令 $g(x)=x-f(x)$，不妨设 $g(a)>0$，在 $[f(a),a]$ 上使用零点定理.

练习题二

1. $x^2(\ln x+1)\mathrm{d}x$.　2. -12.　3. $\dfrac{-2xy-y^2}{x^2+2xy+6y^2}$.　4. 1.　5. e^2-1.　6. k.　7. -1.

8. $\cos\{f[\sin f(x)]\}f'[\sin f(x)]\cos f(x)f'(x)$.　9. $y=-2x+1$.

10. C.　11. B.　12. B.　13. B.　14. C.　15. D.

16. $-\dfrac{1}{x^2+1}$.

17. $2x\cos(x^2+1)\mathrm{e}^{\sin(x^2+1)}\mathrm{d}x$.

18. $x^{\sin x}\left(\cos x\ln x+\dfrac{\sin x}{x}\right)$.

19. $\dfrac{\ln y-\dfrac{y}{x}}{\ln x-\dfrac{x}{y}}\mathrm{d}x$.

20. -4.

21. $2f'(x^2)+4x^2f''(x^2)$.

22. $\mathrm{e}^{\mathrm{e}^{x-1}}\mathrm{e}^{x-1}+3\mathrm{e}^{x-1}$.

23. $\dfrac{\cos t-\sin t}{\sin t+\cos t}$.

24. $-\dfrac{1}{2\mathrm{e}}$.

25. $y^{(n)}=\begin{cases}-1+\dfrac{1}{(x-1)^2}, & n=1,\\[3mm]\dfrac{n!}{(1-x)^{n+1}}, & n\geqslant2.\end{cases}$

26. $y'=3x^2\ln x+x^2$，$y''=6x\ln x+5x$，$y'''=6\ln x+11$，$y^{(n)}=\dfrac{(-1)^n6(n-4)!}{x^{n-3}}$，$n\geqslant4$.

27. $f'(x)=\begin{cases}\dfrac{x+x\mathrm{e}^{\frac{1}{x}}+\mathrm{e}^{\frac{1}{x}}}{x(1+\mathrm{e}^{\frac{1}{x}})^2}, & x\neq0,\\[3mm]\text{不存在}, & x=0.\end{cases}$

28. $f'(x)=\begin{cases}\arctan\dfrac{1}{x-2}+\dfrac{(x-2)^3}{(x-2)^2+1}, & x\neq2,\\[3mm]\text{不存在}, & x=2.\end{cases}$

29. $y'=\begin{cases}(x-1)(x+1)^2(3x+1), & x>-1,\\-(x-1)(x+1)^2(3x+1), & x<-1,\\0, & x=-1.\end{cases}$

30. $y'=\begin{cases}2^{x^2-2x-3}\ln 2(2x-2), & x<-1,\\2^{-x^2+2x+3}\ln 2(-2x+2), & -1<x<3,\\2^{x^2-2x-3}\ln 2(2x-2), & x>3,\end{cases}$ $x=-1,x=3$ 时，y 不可导.

31. (1) $f'(x) = \begin{cases} 2x\sin\dfrac{1}{x} - \cos\dfrac{1}{x}, & x>0, \\ 2x, & x<0, \\ 0, & x=0; \end{cases}$ (2) $f'(x)$ 在 $x=0$ 处不连续.

32. $-\dfrac{1}{\ln y + 1}$.

33. $f'(x) = \begin{cases} -2x, & -2<x<2, \\ 0, & x<-2 \text{ 或 } x>2, \\ \text{不可导}, & x=\pm 2. \end{cases}$

34. 长度为 a.证明略.   35. $\dfrac{x+y}{x-y}$.

测试题二

1. $0; a_0 n!$.   2. $3x^2 + 3^x\ln 3 + x^x(\ln x + 1)$.   3. $x+y = \dfrac{\pi}{2}$.   4. $\dfrac{2}{\sqrt{x}}$.   5. B.   6. B.

7. $-\dfrac{1}{1+x^2}$.   8. $\dfrac{2}{\sqrt{4-x^2}}\arcsin\dfrac{x}{2}$.   9. $(1+x^2)^{\arctan x}\left[\dfrac{\ln(1+x^2)}{1+x^2} + \dfrac{2x\arctan x}{1+x^2}\right]$.

10. $2^{\sec x}\sec x\tan x\ln 2\,\mathrm{d}x$.   11. $f'(x) = \begin{cases} -2x, & x<0, \\ \arctan x + \dfrac{x}{1+x^2}, & x>0, \\ 0, & x=0. \end{cases}$

12. $(-1)^n 2^n n!$.   13. $\dfrac{2x}{(1+x^2)^2} + \dfrac{1}{2x}$.   14. 16.   15. $\sqrt{3}\left(\ln 3 - \dfrac{2}{3}\right)$.   16. 1.

17. $-\dfrac{1}{x\sqrt{1-x^2}} - \dfrac{\arccos x}{x^2} + \dfrac{x}{\sqrt{1-x^2}+1-x^2} + \dfrac{1}{x}$.

练习题三

1. $y=f(x_0)$.   2. $(1, e^{-1}); (2, 2e^{-2})$.   3. $y=1; x=1$.   4. $(1, +\infty)$.   5. $<$.

6. A.   7. C.   8. B.   9. (1) 1;(2) 1;(3) 2;(4) $-\dfrac{1}{2}$;(5) $\dfrac{1}{6}$;(6) $\dfrac{1}{4}$.

10. (1) 提示:设 $f(x) = \ln x$,在 $[1, 1+x]$ 上使用拉格朗日中值定理.

(2) 提示:设 $f(x) = x^3$,在 $[a, b]$ 上使用拉格朗日中值定理.

(3) 提示:使用函数单调性证明.

(4) 提示:使用函数单调性证明.

(5) 提示:使用函数单调性证明.

(6) 提示:设 $f(x) = x^p + (1-x)^p$,计算其最大最小值.

11. $(-\infty, 0)$ 递减凸,$(0, 1)$ 递减凹,$(1, +\infty)$ 递增凹,极小值点 $(1, e)$,无拐点,渐近线 $y=0, x=0$.

12. $(-\infty, 0)$ 递增凸,$\left(0, \dfrac{1}{2}\right)$ 递增凹,$\left(\dfrac{1}{2}, \dfrac{3}{4}\right)$ 递增凸,$\left(\dfrac{3}{4}, +\infty\right)$ 递减凸,极大值点 $\left(\dfrac{3}{4}, \dfrac{27}{256}\right)$,拐点 $(0, 0)$,$\left(\dfrac{1}{2}, \dfrac{1}{16}\right)$,无渐近线.

13. $\left(\dfrac{1}{2\sqrt{2}},\dfrac{1}{\sqrt{2}}\right)$.

14. (1) $f'(x)=\begin{cases}\dfrac{x[g'(x)+\mathrm{e}^{-x}]-g(x)+\mathrm{e}^{-x}}{x^2}, & x\neq 0,\\[2mm]\dfrac{g''(0)-1}{2}, & x=0;\end{cases}$ (2) $f'(x)$连续.

15. (1) $a=g'(0)$;(2) $f'(x)=\begin{cases}\dfrac{x[g'(x)+\sin x]-g(x)+\cos x}{x^2}, & x\neq 0,\\[2mm]\dfrac{g''(0)-1}{2}, & x=0.\end{cases}$

测试题三

1. 2. 2. $(1,3)$. 3. $y=1,x=1;y=1$.

4. B. 5. A. 6. C. 7. D. 8. C. 9. C. 10. C. 11. C.

12. 0. 13. $\mathrm{e}^{-\frac{1}{2}}$. 14. 0.

15. $(-\infty,-1)$递减凸,$(-1,0)$递减凹,$(0,1)$递增凹,$(1,+\infty)$递增凸,极小值点$(0,0)$,拐点$(-1,\ln 2),(1,\ln 2)$.

16. 不可导,极小值 $y(0)=1$.

17. 最大值 $f(0)=0$,最小值 $f(4)=f(-2)=-4$.

18. 提示:$f(x)=x^m(a-x)^n$,令 $f'(x)=0$,求最大值.

19. 提示:设 $F(x)=\dfrac{1}{\sqrt{x^2+x}}-\ln\left(1+\dfrac{1}{x}\right),G(x)=\ln\left(1+\dfrac{1}{x}\right)-\dfrac{2}{2x+1}$,令 $u=\dfrac{1}{x}$,分别证明两个不等式.

练习题四

1. $\cos 2x+C$. 2. $-\dfrac{x^3}{3}+x^2+C$. 3. $\tan^3 x\ln\left(1+\dfrac{1}{x}\right)$. 4. 2. 5. $\mathrm{e}^{\sqrt{x}}+\dfrac{\mathrm{e}^{\sqrt{x}}}{\sqrt{x}}$. 6. C.

7. (1) $-\dfrac{1}{4}(1-3x)^{\frac{4}{3}}+C$; (2) $2\arctan\sqrt{x}+C$;

(3) $\dfrac{1}{2}x[\sin(\ln x)-\cos(\ln x)]+C$; (4) $\dfrac{1}{2}\arctan^2 x+C$;

(5) $\dfrac{1}{4}\mathrm{e}^{2x}-\dfrac{1}{8}\mathrm{e}^{2x}(\cos 2x+\sin 2x)+C$; (6) $\dfrac{1}{2}\tan^2 x+\ln|\cos x|+C$;

(7) $x\tan x+\ln|\cos x|+C$; (8) $\ln(\sqrt{1+\mathrm{e}^{-2x}}-\mathrm{e}^{-2x})+C$;

(9) $\arcsin(2x-1)+C$;

(10) $-\dfrac{1}{3}\dfrac{1}{\cos^3 x}-\dfrac{1}{\cos x}+\dfrac{1}{2}\ln\left|\dfrac{1+\cos x}{1-\cos x}\right|+C$;

(11) $\dfrac{1}{\sqrt{2}}\arcsin\dfrac{\sqrt{6}\sin x}{3}+C$; (12) $-\dfrac{4}{1+\sqrt[4]{x}}+\dfrac{2}{(1+\sqrt[4]{x})^2}+C$;

(13) $\dfrac{x^2}{2}-x+\ln|x+1|+C$;

(14) $\dfrac{1}{4}x^4-\dfrac{2}{3}x^3+\dfrac{3}{2}x^2-6x+13\ln|x+2|+C$;

(15) $-\dfrac{1}{2}\ln\left|\dfrac{1+\sqrt{1-x^2}}{1-\sqrt{1-x^2}}\right|-\dfrac{2\sqrt{1-x^2}}{x}+C$；

(16) $\tan x+\dfrac{1}{3}\tan^3 x+C$；

(17) $\dfrac{1}{2}(4+x^2)\ln(4+x^2)-\dfrac{1}{2}x^2+C$；

(18) $-\dfrac{\arctan x}{x}+\ln|x|-\dfrac{1}{2}\ln(1+x^2)-\dfrac{1}{2}\arctan^2 x+C$；

(19) $\dfrac{2}{3}(1+\ln x)^{\frac{3}{2}}-2\sqrt{1+\ln x}+C$；

(20) $\dfrac{a^2}{2}\arcsin\dfrac{x}{a}-\dfrac{x}{2}\sqrt{a^2-x^2}+C$；

(21) $\dfrac{2}{3}x^{\frac{3}{2}}\ln^2 x-\dfrac{8}{9}x^{\frac{3}{2}}\ln x+\dfrac{16}{27}x^{\frac{3}{2}}+C$；

(22) $x\arctan\sqrt{x}-\sqrt{x}+\arctan\sqrt{x}+C$；

(23) $x\arcsin^2 x-2\sqrt{1-x^2}\arcsin x-2x+C$；

(24) $-2x^{\frac{3}{2}}\cos\sqrt{x}+6x\sin\sqrt{x}+12\sqrt{x}\cos\sqrt{x}-12\sin\sqrt{x}+C$.

测试题四

1. $\dfrac{2}{x^3}$.   2. $\cos x+C$.

3. $x^3 e^x+C$.   4. $-\cot^2 x+C$.

5. $\left(\dfrac{x^2}{2}+x\right)\ln x-\dfrac{x^2}{4}-x+C$.   6. $2\sqrt{x}\ln x-4\sqrt{x}+C$.

7. $-\dfrac{1}{4}\dfrac{\sqrt{4-x^2}}{x}+C$.   8. $-2\ln|\cos x|+C$.

9. $\tan x-\dfrac{x}{2}+C$.   10. $\dfrac{2}{5}(x\ln x)^{\frac{5}{2}}+C$.

11. $\ln(\sqrt{x^2+4}+x)-\dfrac{\sqrt{x^2+4}}{x}+C$.   12. $-\dfrac{1}{5}x+\dfrac{2}{5}\ln|2\sin x-\cos x|+C$.

13. 提示：分部积分法.   14. 提示：分部积分法.

15. $x\ln(x+\sqrt{x^2+1})-\sqrt{x^2+1}+C$.

练习题五

1. $\dfrac{4}{5}$.   2. 0.   3. $-2x\sin x^4$.   4. 1.   5. e^e-e.   6. B.   7. C.   8. D.   9. B.   10. C.

11. (1) 1；(2) 1；(3) $\dfrac{1}{3}$；(4) 0.

12. (1) $2\left(1-\dfrac{\pi}{4}\right)$；(2) $\dfrac{2}{5}(e^\pi-1)$；(3) $\dfrac{1}{2}\ln 3-\dfrac{3\sqrt{3}}{32}\pi$；(4) $-\dfrac{468}{7}$；

(5) $\dfrac{29}{270}$；(6) $\dfrac{1}{3}\ln 2$；(7) $\dfrac{1}{4}$；(8) $\dfrac{\sqrt{3}}{6}$；(9) $\dfrac{\pi}{2}$；(10) $\dfrac{3}{4}\pi$；(11) $\dfrac{1}{2}\ln 2$；

(12) 1;(13) $2-\dfrac{2}{e}$;(14) $\dfrac{37}{24}-\dfrac{1}{e}$.

13. 连续,可导. 14. 极小值点 $\left(1,-\dfrac{17}{12}\right)$,拐点 $\left(\dfrac{4}{3},-\dfrac{112}{81}\right),\left(2,-\dfrac{4}{3}\right)$.

15. (1) 提示:$F''(x)>0$;(2) $x=0,F(0)=2\displaystyle\int_0^a tf(t)\mathrm{d}t$.

16. $\ln(e+1)-\dfrac{e}{e+1}$. 17. (1) $x+y-6=0$;(2) $\dfrac{992}{15}\pi$.

18. $9.9\ln 10-8.1$. 19. $\dfrac{\pi}{2}$. 20. $\dfrac{\pi}{6}$.

测试题五

1. $\dfrac{2}{3}$;$\dfrac{1}{6}$. 2. $\dfrac{\pi}{2}$;0. 3. D. 4. 提示:设 $\displaystyle\int_0^a f(x)\mathrm{d}x=A$,等式两边求积分.

5. 16. 6. $\dfrac{1}{3}$. 7. $\dfrac{\pi}{6}+1-\dfrac{\sqrt{3}}{2}$.

8. 最小值 $f(0)=0$,最大值 $f(1)=\dfrac{1}{2}(\ln 5-\ln 2)+\arctan 2-\dfrac{\pi}{4}$.

9. $\dfrac{1}{3}$. 10. $2e^2$. 11. $\ln 2$. 12. (1) $y-2=\dfrac{1}{2}(x-2)$;(2) $\dfrac{4}{3}$.

13. (1) $\dfrac{\pi a}{2}$;(2) $\pi a^3-\pi a$. 14. $\dfrac{27}{4}$.

15. 提示:零点定理. 16. 提示:$t=\arccos x$.

17. 提示:定积分性质 $\displaystyle\int_a^b f(x)\mathrm{d}x\leqslant M(b-a)$.

18. (1) $\dfrac{e}{2}-1$;(2) $2\pi\left(1-\dfrac{e}{3}\right)$. 19. 连续,可导.

20. 提示:设 $F(x)=xf(x)$,使用积分中值定理及罗尔定理证明.

练习题六

1. C. 2. 二. 3. $y=C_1\cos x+C_2\sin x$. 4. $y^*=xe^{3x}(Ax+B)$.

5. (1) $y=C(x+1)e^{-x}$;   (2) $y-\ln|1+y|=x+\ln|x-1|+C$;

(3) $y^2=2x^2\ln|Cx|$;   (4) $y=\left(\dfrac{1}{2}x^2+C\right)e^{-x^2}$;

(5) $y=-e^x+\dfrac{1}{2}x+\dfrac{1}{4}+2e^{2x}$;   (6) $y=C_1e^{3x}+C_2xe^{3x}+\dfrac{1}{2}x^2e^{3x}$.

6. $y=2e^x-2x-2$.   7. $x^2+y^2=C$.

8. $f(x)=\dfrac{1}{2}(e^x-e^{-x})$.   9. $f(x)=xe^x$.

10. $y=1+5x-6x^2$.

测试题六

1. 一. 2. $C_1e^x+C_2e^{2x}$. 3. $x^2e^{-2x}(Ax+B)$. 4. A.

5. $y=C_1e^{3x}+C_2e^{-x}+\dfrac{1}{4}xe^{3x}$. 6. $-2e^{3x}-1$.

7. (1) $p=0,q=-1$;(2) 通解 $y=C_1\mathrm{e}^x+C_2\mathrm{e}^{-x}$,特解 $y=\dfrac{3}{2}\mathrm{e}^x-\dfrac{1}{2}\mathrm{e}^{-x}$.

练习题七

1. A. 2. C. 3. C. 4. A. 5. D. 6. B. 7. D. 8. $p>4,3<p\leqslant 4,p\leqslant 3$.

9. (1) 绝对收敛;(2) $a>\mathrm{e}$ 时发散, $a<\mathrm{e}$ 时收敛;(3) 绝对收敛;(4) 发散;

(5) 收敛;(6) 收敛;(7) 收敛;(8) 收敛;(9) 条件收敛;(10) 条件收敛.

10. (1) $\dfrac{1}{2}$, $\left[-\dfrac{1}{2},\dfrac{1}{2}\right]$;(2) ∞ , $(-\infty,+\infty)$;(3) $\sqrt{5}$, $[-\sqrt{5},\sqrt{5}]$;(4) $\dfrac{1}{2}$, $[-1,0)$.

测试题七

1. $p>3$; $2<p\leqslant 3$; $p\leqslant 2$. 2. C. 3. B. 4. B. 5. 条件收敛. 6. $\sqrt{2}$, $(-\sqrt{2},\sqrt{2})$.

7. $0<p<1$ 时发散, $p=1$ 时条件收敛, $p>1$ 时绝对收敛.

8. $0<a\leqslant 1$ 时发散, $a>1$ 时收敛.

练习题八

1. $\dfrac{y}{z}x^{\frac{y}{z}-1}\mathrm{d}x+\dfrac{1}{z}x^{\frac{y}{z}}\ln x\,\mathrm{d}y-x^{\frac{y}{z}}\ln x\,\dfrac{y}{z^2}\mathrm{d}z$. 2. $\dfrac{-2x-\cos(x+2z)}{y+2\cos(x+2z)}$.

3. $2f_1'xy^2+f_2'y\mathrm{e}^{xy}$. 4. $x^{y-1}+yx^{y-1}\ln x$. 5. $\displaystyle\int_0^1\mathrm{d}y\int_{\arcsin x}^{\pi-\arcsin x}f(x,y)\mathrm{d}x$.

6. $\displaystyle\int_0^1\mathrm{d}y\int_{\sqrt{y}}^{\sqrt[3]{y}}f(x,y)\mathrm{d}x$. 7. $\dfrac{\partial u}{\partial x}=\dfrac{zx^{z-1}}{y^z},\dfrac{\partial u}{\partial y}=-\dfrac{zx^z}{y^{z+1}},\dfrac{\partial u}{\partial z}=\left(\dfrac{x}{y}\right)^z\ln\left(\dfrac{x}{y}\right)$.

8. $\dfrac{\partial^2 u}{\partial x^2}=\dfrac{2xy}{(x^2+y^2)^2},\dfrac{\partial^2 u}{\partial y^2}=-\dfrac{2xy}{(x^2+y^2)^2},\dfrac{\partial^2 u}{\partial x\partial y}=\dfrac{\partial^2 u}{\partial y\partial x}=\dfrac{y^2-x^2}{(x^2+y^2)^2}$.

9. $[\sin(2x+y)+2x\cos(2x+y)]\mathrm{d}x+x\cos(2x+y)\mathrm{d}y$.

10. $-4xyf_{11}''+2x^2f_{12}''+f_2'-2y^2f_{21}''+xyf_{22}''$.

11. $-2f''+xg_{12}''+g_2'+xyg_{22}''$. 12. $\dfrac{z}{x+z}\mathrm{d}x+\dfrac{z^2}{y(x+z)}\mathrm{d}y$.

13. $4-\dfrac{\pi}{2}$. 14. $\dfrac{1}{2}$. 15. $\dfrac{4\pi+8}{\pi^3}$. 16. $\dfrac{2}{3}\left(\dfrac{\pi}{2}-\dfrac{2}{3}\right)$. 17. $\dfrac{8}{15}$. 18. $\dfrac{\pi}{2}\left(\ln 2-\dfrac{1}{2}\right)$.

测试题八

1. $\dfrac{17}{5}$.

2. $-\dfrac{y}{x^2+y^2}\mathrm{d}x+\dfrac{x}{x^2+y^2}\mathrm{d}y$.

3. $\dfrac{2x}{y+1}$.

4. $\displaystyle\int_1^4\mathrm{d}y\int_{\sqrt{y}}^{y}f(x,y)\mathrm{d}x+\int_2^8\mathrm{d}y\int_2^{y}f(x,y)\mathrm{d}x$.

5. $\displaystyle\int_{\frac{a}{2}}^a\mathrm{d}y\int_0^{\sqrt{a^2-y^2}}f(x,y)\mathrm{d}x+\int_0^{\frac{a}{2}}\mathrm{d}y\int_{\sqrt{a^2-2ay}}^{\sqrt{a^2-y^2}}f(x,y)\mathrm{d}x$. 6. B. 7. B.

8. $\dfrac{1}{1+\ln\frac{z}{y}}\mathrm{d}x+\dfrac{z}{y\left(1+\ln\frac{z}{y}\right)}\mathrm{d}y$. 9. 0. 10. $\dfrac{yz}{z^2+xy}\mathrm{d}x+\dfrac{xz}{z^2+xy}\mathrm{d}y$.

11. $\pi(3\mathrm{e}^4-\mathrm{e}^2)$. 12. $\dfrac{\partial z}{\partial x}=\dfrac{2x+2}{\mathrm{e}^z+2y},\dfrac{\partial z}{\partial y}=\dfrac{2y-2z}{\mathrm{e}^z+2y}$. 13. 提示:求偏导数代入.